系 统 生 物 学

朱作斌　张　潇　王　亮　主编

东南大学出版社
SOUTHEAST UNIVERSITY PRESS

南京

图书在版编目(CIP)数据

系统生物学 / 朱作斌，张潇，王亮主编. —南京：
东南大学出版社,2022.12(2024.2 重印)
ISBN 978-7-5766-0171-8

Ⅰ. ①系… Ⅱ. ①朱… ②张… ③王… Ⅲ. ①系统生
物学－高等学校－教材 Ⅳ. ①Q111

中国版本图书馆 CIP 数据核字(2022)第 122660 号

责任编辑：杨　凡　　　　　责任校对：杨　光
封面设计：顾晓阳　　　　　责任印制：周荣虎

系统生物学
Xitong Shengwuxue

主　　编：朱作斌　张　潇　王　亮
出版发行：东南大学出版社
社　　址：南京市四牌楼 2 号　邮编：210096　电话：025 - 83793330
网　　址：http://www.seupress.com
经　　销：全国各地新华书店
排　　版：南京布克文化发展有限公司
印　　刷：广东虎彩云印刷有限公司
开　　本：787 mm×1092 mm　1/16
印　　张：15.25
字　　数：388 千
版　　次：2022 年 12 月第 1 版
印　　次：2024 年 2 月第 2 次印刷
书　　号：ISBN 978-7-5766-0171-8
定　　价：49.00 元

本社图书若有印装质量问题,请直接与营销部调换。电话(传真)：025-83791830

编委会

前　言

　　系统生物学(systems biology)是生命科学的最新研究领域之一,旨在细胞、组织、器官和生物体整体水平系统性研究结构和功能各异的各种分子及其相互作用,并通过计算生物学来定量描述和预测生物功能、表型和行为,被誉为"21世纪的生物学"。20世纪生物学从宏观到微观进步巨大,传统的分析还原的研究方法受到质疑。而系统生物学是以系统论、整体性研究为特征,在基因组学、转录组学、蛋白质组学和代谢组学等深入发展的基础上产生的一门新兴的生物学交叉学科。它使生命科学由描述式的科学转变为定量描述和预测的科学,在预测医学、预防医学和个性化医学中得到应用。从系统角度来进行生物学研究逐步成为现代生物学研究方法的主流。系统生物学代表着生命科学发展总体趋势的大方向。

　　本书由朱作斌、张潇和王亮三位教授主编,在整合了后基因组时代多种组学研究的基础上,借鉴国内外最新研究进展和相关教材论著的基础上,相比于国内现有相关教材新增表观遗传系统、生物系统网络、基于系统理论的人工智能数据挖掘、进化生物学等内容,使其更加符合系统生物学的发展趋势。李颖、张强、温鹏博、王引引、刘莘、闫微、王楠、郭梦喆、张芳等老师参与了了本书的主要编写工作,宋远见、牛海晨、王会平、于亚男、刘妍等老师也对本书的编写和出版提供了大量的帮助。

　　虽然编委们做出了很大努力,但由于水平所限,书中难免仍存在不当之处,真诚期望同行专家、使用本教材的师生及其他读者,指出本书的不足之处,以便再版时修正。本书编写过程中,编委们参阅了众多作者的研究论文及相关书籍(见文后参考文献),特向这些作者致谢!

朱作斌

2022年7月

目 录

第一章　绪论

系统生物学是研究生物系统组成成分的构成与相互关系的结构、动态与发生,以系统论和试验计算方法整合研究为特征的生物学。20 世纪中叶贝塔兰菲定义"机体生物学"的"机体"为"整体"或"系统"概念,并阐述了以开放系统论研究生物学的理论、数学模型与应用计算机方法等。系统生物学不同于以往仅着重研究个别的基因和蛋白质的分子生物学,而在于对细胞信号传导和基因调控网络、生物系统组成之间相互关系的结构和系统功能的研究。系统是由相互依赖并由此互连的组件组成的网络而构成的统一整体。

1　系统生物学的发展历史

系统生物学的发展最早可追溯到 19 世纪末,其中与之相关的两个重要概念"还原论"和"系统论"起源于 17 世纪。

"还原论"的奠基者笛卡尔强调,为了认识整体必须认识部分,只有把部分弄清楚才能真正把握整体,即可以通过将复杂情况简化为可管理的部分,依次分析每个部分,并根据各部分的行为重新组合成整体来分析复杂情况。笛卡尔的"还原论"提出时生物学尚处于萌芽阶段,主要以物理学和数学为依据。在笛卡尔清晰描述了一种服务于科学方法的哲学理论的同时,牛顿在数学上对行星运动和表征引力方面的描述,也成功地展示了简化和精确的数学理想化模型在统一和定量预测各种现象的运行状况中的巨大威力。"还原论"的研究仍然是当今生物学的一个重要组成部分,并导致一个简单的假设,即可以理解为从生物等级中较低级别的行为到较高级别。

机械生物学也起源于 17 世纪,并在同样强大的影响下发展起来,这些影响使"还原论"脱颖而出。物理学发展的显著成功,尤其是对简单发条装置的构造,是至关重要的贡献。发条拆卸和重新组装的容易性不仅使早期的科学思维倾向于笛卡尔"还原论"方法,而且随着时间的推移,暗示着一切物体,包括生物体,都基于简单的发条式、易于理解的确定性原理。机械生物学在 1912 年 Jacques Loeb 的著作中得到了终极表达。Jacques Loeb 是一位早期且富有成效的植物生物学家,其著作反映了当时的普遍观点,并基于幼苗对光和重力的简单反应的机械态势,总结为:所有生物行为都是预先确定的、被迫的,并且在特定物种的所有个体之间都是相同的,因此生物体只是个复杂的机器。

2　"还原论"的局限性与"系统论"的发展

在 20 世纪早期,少数生物学家开始对这些预测性"机械论"和"还原论"进行反应。首先,古希腊哲学家亚里士多德(公元前 384—前 322 年)曾说过,"整体是超越部分的东西,而不仅仅是它们的总和"。亚里士多德的观点在 17 世纪之前一直主导着科学,但随着实验物理学和后来的生物学的发展而消失。到 19 世纪,这种强调整体行为基本上是不可分割的思想开始复苏。史末资创造了常用术语整体论。整个系统,例如细胞、组织、生物体和种群,都被提议具有独特的(涌现的)特性。不可能尝试从单个组件的属性重新组合整体的行为,因此需要新技术来定义和理解系统的行为。其次,从对大脑和动物发育的简单调查中可以明显看出,整个系统的结构实际上协调并约束了组成部分的行为。复杂性、组织性、独特性、涌现性、整体性、不可预测性、开放性、相互关联性、目的性、不平衡性和演化性成为文献中更占主导地位的术语。

尽管"还原论"和"整体论"经常相互对立,但它们之间是可以相互调和的。需要了解有机体是如何组合在一起的("系统论"),正如反过来需要了解为什么有机体以自己本来的方式组合在一起("系统论""整体论"),这两种方法都是富有成效的,可以回答不同的问题。然而,生物系统的研究确实需要了解控制和设计结构、结构稳定性、弹性和鲁棒性的元素,这些元素不容易从机械信息中构建出来,而对生物复杂性的计算机建模将带来更好的理解。

威廉姆斯于 1925 年在其博士论文中对勒布的机械方法实验性地反驳。他观察到,光线和重力对昆虫行为的改变会导致所有个体产生相同的最终行为反应,但每个个体都通过独特的行为途径接近这种最终反应。不管是什么机制,它既不具备发条的特性,也不具备勒布精确的机械顺序。当前的观点会将行为视为由对预定设定点的负面反馈引起的。朝向设定点的个体轨迹源自每个个体中存在的分子成分的已知变化(参见下面对负反馈的进一步讨论)。对光或重力响应的幼根茎、幼苗、根和下胚轴的生长轨迹的测量值同样是个体可变的,因此,这些数据与勒布形成的机械行为信念的基础相矛盾。虽然大多数个体幼苗对重力和光的最终反应是可以预测的,但到达新位置的生长轨迹在时间、空间或两者上都是独一无二的。这些个体反应并未得到更广泛的认可,因为测量通常表示为总体平均值,而假定该平均值适用于所有个体。

1956 年,第一部开创性的汇编动物分子、生理和解剖学个性的书籍的出版加速了人们对系统的理解。书中描述正常、健康和有生育能力的人类个体之间在众多生化、激素和生理参数以及器官大小方面的巨大差异,通常是 20～50 倍;随后的研究还观察到单个细胞之间的蛋白质组成存在显著差异。因此,每个生物体都有独特的生化和激素反应模式,基于解剖学和生理学以及每个生物体之间存在的复杂平衡,这是系统的基本属性,与机器不同,它可以容忍这种变化。机器只有在对其成分进行严格规范的情况下才能正常运行,容错性极低。正如勒布于 1912 年提出,活细胞和生物体显然不是机器,更不是复杂的机器。由于威廉姆斯的数据是根据正常表型范围内的哺乳动物构建的,因此必须存在强大的补偿机制,以避免将如此巨大的分子变异转化为等效的表型变异。例如,可以通过增加激素敏感性来补偿低水平的激素;胃小的人可能吃得更频繁,等等。这种补偿是一种系统特征,是一种整体协调着各部分的行为。

3 生物系统的结构

系统具有层次结构,并且该结构由众多链接联系在一起以构建非常复杂的网络。伍德格于 1929 年在其早期研究中指出组织是生命系统的重要属性,并强调:大多数高等生物的生命周期都是从单细胞开始的。在发展过程中,多个细胞以典型的多样性、典型的空间分布和典型的时间顺序出现。细胞服从于这个发展秩序,其行为自由受到它的限制。将单个植物细胞彼此隔离,一旦摆脱组织约束,它们的行为就会发生变化。因此,组织拥有一种超细胞特性,其所代表的控制水平高于任何单个细胞的控制水平。同样,组织有组织的细胞复合体;从植物中分离出的任何个体组织,其行为相对于完整植物上剩余的组织会发生变化。在细胞中,多酶复合物或钙/钙调蛋白的亚基与依赖酶的聚集产生了新酶活性的简单突现特性。试管中的微管蛋白或肌动蛋白聚合产生分离微管或细丝的紧急行为。相比之下,细胞周期蛋白和其他众多调节蛋白的有组织的细胞行为支撑着细胞周期的涌现特性。这个过程,是由复杂的反馈机制、蛋白质磷酸化、第二信使分布、结构相互作用、细胞器相互作用和其他尚未发现的控制机制综合而产生的。这种组织水平比单个酶的组织水平复杂得多,如何构建这种突现特性是系统生物学的重要研究领域。

冯·贝塔兰菲提出:系统都具有由相互关联的组件组成的共同属性,它们可能在详细结构和控制设计方面有相似之处。这种具有预见性和想象力的通用系统理论最近得到了大量的支持,因为人们认识到一个共同的稳定的系统结构是由集线器和连接器表示的。集线器连接到许多组件(连接器),每个组件仅连接到少数其他组件。目前,许多经济、工业、语言、政治、管理、信息理论(IT)、细胞、生态和心理系统被认为具有这种结构,包括细胞内的蛋白质网络。这是对一般系统理论的过度简化,这里仅用于说明不同的网络如何共享拓扑特征。

生物系统由相互依赖的网络组件组成,这些组件将系统集成为一个统一的整体。通过修改一个组件的级别并观察对其他组件的传达效果来证明系统中组件间相互链接。此外,链接的强度(灵敏度)可以通过测量响应的程度来确定。因此,在系统层次结构内运行的各种通信形式对于理解整个系统行为至关重要。使用数学和计算模型,对于严格解释生物系统的内在复杂性至关重要。

4 系统生物学的研究内容

系统生物学主要研究一个生物系统不同组成成分(DNA、RNA 和蛋白质等)的构成,以及在特定条件下各组分之间的相互作用,并通过计算生物学建立一个数学模型来定量描述和预测生物功能、表型和行为。系统生物学将在基因组测序基础上完成由 DNA 序列到生命活动的过程,这是逐步整合并逐步优化的过程。

系统生物学的研究内容包括"湿实验"和"干实验"。"湿实验"是主要通过众多组学,尤其是基因组学、转录组学、蛋白组学和代谢组学等的研究,采用高通量实验技术,在整体和动态研究水平上积累数据并在挖掘时发现新规律、新知识,提出新概念。"干实验"是利用计算生物学建立生物模型。真实的生物学系统非常复杂,将系统的内在联系及与外界的关系抽象为数学模型,是当今使用的最广泛的系统生物学方法。系统生物学即根据被研究的真实系统的模型,利用计算机进行实验研究。这是一种建立在系统科学、系统识别、控制理论和计算机等之上,属于控制工程基础上的综合性实验科学技术。系统生物学需要"湿实验"和"干实验"紧密结合,才能真正揭示生物体的复杂生命现象。

5　未来展望

生物系统的复杂性源于组分(基因、蛋白质和代谢物)的多样性、各组分相互作用的高选择性以及这些相互作用的非线性特性,这些特性使生物系统的行为难以用纯直觉的方法来处理。计算模型通常需要基于与实验的比较进行迭代构建和逐步改进,一旦充分完善,这些模型就有能力预测生物系统在不同扰动下的行为,或者模拟可能感兴趣但在实验环境中不可行的假设条件。生物系统的数学和计算模型可能涉及不同级别的细节和规模,这取决于研究的目标、先验已知的内容以及可通过实验获得的其他信息。例如,可以对蛋白质复合物进行全面研究,或者重点可能放在负责特定功能的蛋白质子集上,或者重点研究蛋白质进入线粒体的过程。大多数从相互作用的描述开始的所谓自下而上的方法都集中在生物系统的一部分上,因为人们缺乏有关系统的全面信息。尽管如此,自下而上的方法为整合各种知识提供了非常有用的框架,再者,从几十年的生化工作中建立的原则,以及只有通过最新实验才能获得的信息。两者相比之下,自上而下的方法主要是数据驱动的,但需要注意的是,它们的全面性受到实验方法的限制,如在代谢组学研究中,在基本培养基中生长的细胞中,只同时量化了预期的 453 种初级代谢物中的 198 种。因此,在此类应用中,技术的进步将推动可以实现的"系统"水平提升。未来需要越来越复杂的模型来解释越来越准确和全面的实验测量。系统方法已经提供了对不同生化过程的更深入理解,从个体代谢途径到信号网络,再到基因组规模的代谢网络。因此,未来系统思维将变得更加普遍。数学和计算模型在系统方法中的作用使得生物信息学在系统生物学研究中的作用越来越重要。

(本章编委:朱作斌　张　潇　李　颖)

第二章　生物学网络

第一节　图论基础

网络的概念可以用来刻画事物之间的复杂关系,例如社交网络、地铁网络等。随着对生物系统的认识加深,建立相应的生物关系网络可以更好地展示生物系统中各组分之间的相互联系、相互影响,从而从整体上认识整个生物系统。生物体有着酶、激素等各种各样的成分,这些分子之间存在着广泛的相互作用,例如,一个小分子可以结合到另一个蛋白酶分子从而激活蛋白,一个小分子也可以通过代谢酶作用转化成另一个分子。另外,一个分子也可以影响另一个分子在体内的吸收、分布或功能的发挥。通过对生物网络拓扑学上的分析,越来越多潜在的生物学关系被挖掘和证实。

1　网络的基本概念

网络是由节点和连接线组成的关系(Connection)的总和,网络关系构成的可视化的网络又称图形网络(Graph network)。在图谱基础上构建数学模型并结合计算机方法形成了很多图谱网络的概念和理论,包括节点(Node)、边(Edge)、相邻节点(Neighbors,又称邻近节点)、节点之间最短路径(Shortest path)、中心节点(Center node)、模块(Module)、子网络(Subnetwork)等。

(1) 节点和连接线(Node and Edge)

在生物网络里,节点又叫顶点,通常是化合物、蛋白靶点、基因等。而连接线则用来刻画两个节点的作用关系。通常,连接线又分为有向(directed)、无向(undirected)和双向(bidirectional)。在有向网络里,方向通常用箭头表示,箭头起点是初始节点(Source),终点为被作用节点(Target)。在多种生物网络中,信号通路网络是典型的有向网络,而蛋白-蛋白相互作用网络常常是无向网络。在同一网络里,可以用不同种类的连接线代表不同种类的作用关系,例如在基因-疾病-表型网络中有 3 种节点(基因、疾病、表型)以及两种作用关系(基因-疾病、疾病-表型)。在图 2-1 的信号通路网络中,则存在激活、抑制以及未知三种不同的作用类型。

在网络中除了作用类型,还可以用节点之间连接线的权重代表作用强弱。例如在STRING 数据库的蛋白-蛋白相互作用网络中,每个蛋白-蛋白作用的连接线都有相应的权重值来代表蛋白间相互作用的可能性大小。而在简单化合物-蛋白靶标的网络中,网络的连接仅仅代表化合物和靶标被实验验证有一定结合,这种结合不考虑结合力的大小,也就是说默认节点之间的相互作用是统一的。另外,在图 2-1 的信号通路网络中,连接线也仅代表两节点之间有信号传递,并不考虑信号传导的强弱。

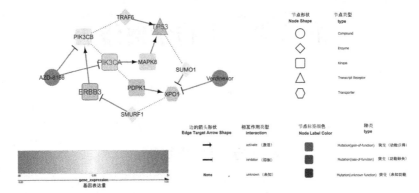

注:节点的形状代表着不同的节点类型,节点的颜色代表着相应基因的表达量,线的箭头方向代表着节点间信号传导方向。

图 2-1　信号通路网络

（2）邻近节点（Neighbors）

所有和某节点相连的节点都称为该节点的邻近节点,用以刻画节点的相互作用。在无向网络中,相连的两个节点互为相邻节点。但是,在有向网络中,相邻节点则是和作用方向单向一致的,例如,图 2-1 中,PIK3CB 是 ERBB3 的相邻节点,反之则不然。

（3）度和枢纽节点（Degree and Hub node）

一个节点的度表示与该节点相连的邻近节点的个数。在无向网络里,度就是节点相连的边的个数。在有向网络里,用 $\deg_{in}(N_i)$ 代表作用到 N_i 节点的节点个数,用 $\deg_{out}(N_i)$ 代表受到 N_i 节点所作用的节点个数。相邻节点的个数（Degree）远远超出其他节点的节点个数,和其他节点广泛相关的节点被称为枢纽节点。例如,图 2-2(B)中,T_5 具有多相邻节点,Degree＝4。

度的分布是网络的一个重要特征。网络中所有节点都有度。有的网络较为稀疏,很多节点可能只有一个或者两个邻近节点;而有的网络节点分布则较为密集,密集节点和网络的大多数节点都为邻近节点。例如图 2-2(A)中,N_1、N_2、N_4、N_6 只有 2 个节点,而 N_5 则与 4 个节点相连。

我们可以将网络中度为 K 的节点占所有节点数的比例定义为 $P(k)$,网络中所有 K 的 $P(k)$ 分布则为该网络的度的分布。例如,图 2-2(A)共有 8 个节点,其中有 4 个节点度为 2（$k=2$）,则 $P(2)=4/8=0.5$。而该网络度的分布为 $P(2),P(3),P(4)$ 分别为 $\frac{4}{8}$,$\frac{3}{8}$,$\frac{1}{8}$。所有度分布之和为 1。

生物网络和随机生成网络在度的分布上有着很大的区别。通常,随机网络的节点的度也是随机的,所以度的分布类似于正态分布。而生物网络节点之间代表着生物意义上的相互作用关系,一些节点是枢纽节点,并且扮演着重要的功能,而其他大多数的非关键节点,重要性较低,相应的连接关系也少,有着较小的度。整体看来,生物网络度的分布大致遵循幂次定律分布（Power-law distribution）[如图 2-2(c)],用数学公式可以定义为 P

$(k) \propto k^{-\gamma}$,通常是 $P(k)$ 反比于 k 的 2 次方或者 3 次方($\gamma=2$ 或 3)。这种遵循幂次定律分布的网络也叫无度网络(Scale-free network),无度网络的次方随着网络的大小变化。通常大的生物网络常常接近于无度网络,例如蛋白-蛋白相互作用网络。

（4）最短路径(Shortest path)

两个节点之间的最短路径是指从一个节点到另一个节点所经过的边最少的路径。两个节点的最短路径越短,说明其发生相互作用越直接,相互作用的可能性越大。虽然最短路径不完全等同于间接作用强弱,但节点之间最短路径在生物学上仍然有着重要的意义。例如,图 2-1 中从 PIK3CA 到 XPO1 的最短路径为 PIK3CA→PDPK1→XPO1,最短路径长度为 2。当然,两者之间还有其他路径,例如 PIK3CA→MAPK8→TP53→SUMO1→XPO1,但其长度为 4,大于 2。

（5）接近中心性(Closeness centrality)

用来刻画两节点之间的邻近程度,并且和最短路径距离成反比,路径越短,邻近度越大。在整个网络中,一个节点到其他节点接近程度的总和越大,说明一个节点和其他点的联系越密切。所有节点中,到其他节点相近度最大的节点被称为中心节点(Center node)。在生物网络中,中心节点往往扮演重要的生物功能。

（6）中介中心性(Betweenness centrality)

中介中心性指一个节点是任意两个节点最短路径上的节点的次数。中介中心性越高,则该节点在保证整个网络联通性上越必要。例如,图 2-2(A) 中 N_5 节点有着最高的中介中心性,成为 N_1、N_2、N_3、N_4、N_6、N_7、N_8 之间的最短路径上重要的必经节点。

（7）特征向量中心度(Eigenvector centrality)

特征向量中心度是一种度量方法,衡量一个节点连接到网络中"重要节点"(如枢纽节点)的能力。节点的特征向量中心度与相邻节点的中心度之和成正比,相邻节点的中心度越大,则其加和越大,则特征向量中心度越大。

（8）模块(Modularity)

生物网络的模块是指根据网络的相似性将相似的节点聚类在一起形成的子网络。模块是功能上密切相关的一组节点。同一模块内节点之间距离之和最小,而一个模块节点到其他模块节点之间距离之和最大,如图 2-2(A) 的两个阴影内的节点在拓扑结构上可以看到明显的分组。根据具体情形,有很多不同的聚类的算法来实现模块聚类,例如依据曼哈顿距离、几何距离等不同计算距离的方法实现。经典的 K-means 是以 k 为参数,把所有节点分成 k 组,使组内节点具有较高的相似度,而组间具有较低相似度。K-means 算法是一个不断循环计算所有可能性直到找出最优解的过程。首先,随机地选择 k 个节点作为组的中心节点,然后计算其他节点到这些中心节点的距离,并将节点分配给距离最近的一个中心节点,然后重新计算每个簇的平均值。这个过程不断重复,找到组内节点具有距离最近而组间的距离最长的 k 个模块。

（9）聚类系数(Clustering coefficient)

一个节点的聚类系数是该节点的邻近节点之间的相互关系的分布特征。那么节点 N 的聚类系数为真实值和所有可能情况的比值:

$$C_N = \frac{m}{k(k-1)/2}(\text{if } G \text{ is undirected})$$

其中,C_N 定义为节点 N 聚类系数:假设在无向网络中,已知节点 N 有 k 个邻近节点,那么如果在这 k 个节点之间两两连接,最多有 $k(k-1)/2$ 种连接关系,然后我们已知在真实网络中这 k 个节点有 m 种连接,m 是已知真实网络中这 k 个节点之间的连接数。在有向网络中,k 个节点两两组合,所有可能关系则为 $k(k-1)$。C_N 表示一个节点附近节点的关系的完整程度。在生物网络中,某个点的聚类系数越大,则说明这个点周围越存在密切的相互作用,从而更容易聚类在一起,实现一定的复杂功能。例如,在图 2-2(A)中,N_3 有 3 个邻近节点 N_1、N_2、N_5,这 3 个邻近节点之间实际只有 1 条边(N_1—N_2),那么聚类系数为 $1/(3\times(3-1)/2)$,聚类系数为 1/3。而 $N8$ 有 3 个邻近节点 N_4、N_5、N_7,这 3 个邻近节点之间实际有 2 条边(N_4—N_5、N_5—N_7),那么聚类系数为 $2/(3\times(3-1)/2)$,聚类系数为 2/3,也就是 N_8 节点的聚类系数大于 N_3。

对于整个网络而言,聚类系数则为其中每一个节点聚类系数的平均值。因为生物网络具有生物学意义,是复杂关系的总和,所以通常来讲生物网络的聚类系数会大于随机建立的网络的聚类系数。

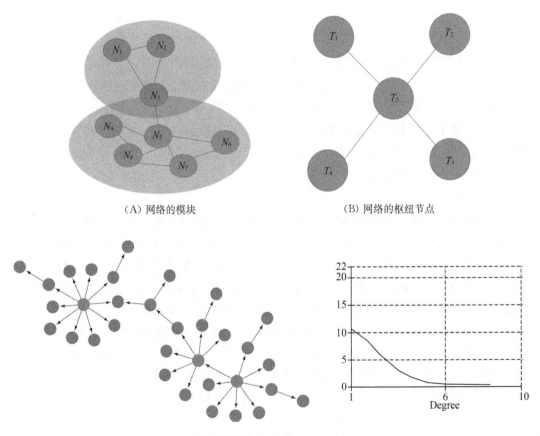

(A) 网络的模块

(B) 网络的枢纽节点

(C) 无度网络(scale-free network)

图 2-2

2　生物网络的类型

从时间维度来看,网络分为动态网络和静态网络。动态网络比静态网络更难用数学模型刻画。虽然整个生物系统处于一种动态的过程,但是在一定时间内网络中的各组成部分相对静止,而且即使物质在变化,有些网络的特征也是相对稳定的。因此,目前很多生物研究基于静态网络。

从信息的维度来看,网络又分为有权重的定量网络和无权重的关系网络。例如,代谢网络里,物质的变化遵循物质守恒原理,其中的物质转化按照一定的公式定量进行,属于定量的网络。而在信号通路网络里,信号传导的有无对整个网络更加重要,属于关系网络。

根据网络在生物体中的主要功能特征和节点组成类型,又分为蛋白网络、基因网络、代谢网络、信号通路网络等。

根据节点和边的连接方式,又分为二项网络(Bipartite network)和多项网络(Multi-partite network)。二项网络是一种特殊的网络,只包含两种节点,同一种节点完全不相连。图 2-3(A)展示了化合物-蛋白质靶标作用的二项网络,该网络只包含化合物和蛋白质靶标两种节点,而且作用关系只存在于化合物和靶标之间,不考虑任何化合物-化合物之间以及靶标-靶标之间的关联。生物系统中存在很多这种简单而朴素的二项网络。通过二项网络,我们可以挖掘化合物-化合物之间的相似性。如果两个化合物作用到同一靶标,则说明两者存在生物学功能上相似的可能性。通过二项网络,我们可以建立化合物之间在靶标分布相似性的多项网络,也就是化合物-化合物多项网络,如图 2-3(B)所示,来代表两个化合物在靶标分布的内在的联系。将二项网络的信息整合成多项网络的过程叫做映射(Projection)。

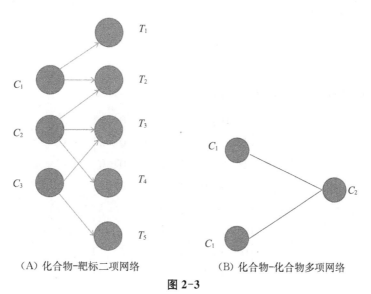

（A）化合物-靶标二项网络　　　　　　（B）化合物-化合物多项网络

图 2-3

虽然映射对于发现潜在的作用关系非常重要,但是我们仍然要认识到,在无向生物网络中,相互连接的两个节点仅仅代表相关,其中的因果关系是未知的。虽然生物网络的作用极其复杂,但是一些功能学上密切相连的网络节点在网络的分布上常常呈现出一定的相关性。例如,在特定的组织器官中,某些基因常常呈现相似的作用模式,识别这种共表达的基因对于深入探索全新的基因-疾病、基因-表型等基因相关性具有非常大的价值。

信息熵(Mutual information entropy)被用来刻画网络中两个节点在已知一个节点后相互降低对方不确定性的程度。如果 A 和 B 完全独立,则信息熵是 0,即使我们完全了解一个节点,也无法预测另一个节点。相反,当知道节点之间的信息熵很高时,我们可以通过一个节点推测另一个节点。例如,如果蛋白 A 是蛋白 B 的激活酶,则 A 和 B 密切相关,A 的高表达很大程度会让 B 高表达。相反,如果蛋白 A 是蛋白 B 的抑制剂,那么 A 表达,则 B 很可能不会表达。当然,很多时候,生物个体发挥特定生命活动功能需要达到相应条件(例如浓度等),并且可能受到其他因素的影响,这时两个节点的信息熵则是 0 到 1 之间的一个共表达概率。

第二节　网络模型

1　生物网络的数学模型

为了更好地用数学和计算机方法探索网络的结构特征,邻接矩阵(Adjacency matrice)被用以实现对生物网络的数学模型刻画。通常我们用 G 代表一个网络图谱,用 $e(N_i, N_j)$ 代表节点 N_i 和 N_j 的相连情况,$\deg(N_i)$ 表示节点 N_i 上相连节点的个数。在无向网络里与节点相连的边的个数也就是邻近节点的个数,在有向网络里,$\deg_{in}(N_i)$ 代表作用到节点 N_i 的其他节点个数,而 $\deg_{out}(N_i)$ 代表 N_i 节点作用到其他节点个数。

邻接矩阵 A 则定义为:

$$A = (a_{ij}) = \begin{cases} 1, \text{if } e(N_i, N_j) \text{ is connected in } G \\ 0, \text{otherwise} \end{cases}$$

图 2-2(A)的邻接矩阵可以表示为:

$$A = \begin{bmatrix} 0 & 1 & 1 & 0 & 0 & 0 & 0 \\ 1 & 0 & 1 & 0 & 0 & 0 & 0 & 0 \\ 1 & 1 & 0 & 0 & 1 & 0 & 0 & 0 \\ 0 & 0 & 0 & 0 & 1 & 0 & 0 & 1 \\ 0 & 0 & 1 & 1 & 0 & 1 & 1 & 1 \\ 0 & 0 & 0 & 0 & 1 & 0 & 1 & 0 \\ 0 & 0 & 0 & 0 & 1 & 1 & 0 & 1 \\ 0 & 0 & 0 & 1 & 1 & 0 & 1 & 0 \end{bmatrix}$$

有些大型网络的节点成千上万,具有错综复杂的关系,已经超越人的计算能力,有了数学模型和计算机的帮助,我们就可以通过邻接矩阵相乘来实现。

例如,如果要得到图 2-3(A)中的所有最短路径距离为 2 的节点连接情况,可以将图

2-3(A)的邻接矩阵进行矩阵相乘(AA)即可得到两步矩阵 B。如果矩阵 B 的 $B_{2,5}$ 等于 0，节点 N_2 和 N_5 无法通过两个边的路径连通；如果矩阵 B 的 $B_{2,5}$ 大于 0，则能够连接。通过计算，我们得到：

$$B_{2,5} = a_{21}a_{15} + a_{22}a_{25} + a_{23}a_{35} + a_{24}a_{45} + a_{25}a_{55} + a_{26}a_{65} + a_{27}a_{75} + a_{28}a_{85}$$

$$= 1 \times 0 + 0 \times 0 + 1 \times 1 + 0 \times 1 + 0 \times 1 + 0 \times 1 + 0 \times 1 + 0 \times 1 = 1$$

因此 N_2 和 N_5 在 2 步网络可以相连。虽然在简单网络中，这个结论很容易通过可视化网络图得到，但是当网络规模变大，要解决的问题更复杂时，将网络图谱用数学模型去表述和计算则成为一种必然。

2　生物网络的分析工具

Cytoscape 是一个功能很强大且界面友好的网络可视化软件，广泛地用于生物网络分析。在 Cytoscape 软件里，用户可以用不同的颜色、形状、大小等展示丰富的节点信息，并且可以通过设置线的粗细、类型、颜色等展示节点之间连接的信息。另外，Cytoscape 里面有很多插件可以实现复杂的网络分析，例如 Cytoscape 可以进行基本网络信息的统计分析、Go function 分析、模块分析和聚类、通路分析等。此外，Cytoscape 还整合了多个公共数据库的生物信息，如蛋白-蛋白相互作用网络、化合物-靶标、KEGG 通路等，为生物网络的分析提供更多信息支撑。

目前，除了 Cytoscape 软件工具，很多编程语言也已经开发了成熟的安装包来支持个性化、灵活的生物网络分析方法的开发和使用。例如 R 中，graph 包主要用于构建网络和简单的对网络属性的操作；RBGL 包用于对网络分析算法的实现，包括求最短路径、子网络等；Rgraphviz 用于可视化网络。另外，Python 的 Network-X 也可以实现各种网络属性的计算。

第三节　基因表达调控网络

基因是具有遗传信息的 DNA 片段，是生命的基本构造和功能的遗传载体和模板。基因的序列中蕴藏着生命的种种特征，生物体的生、长、衰、病、老、死等生命现象都与基因有关。20 世纪 50 年代以后，沃森和克里克提出的 DNA 双螺旋结构帮助人类认识了生命的本质——基因。在分子水平的研究发现，基因由脱氧核糖核酸（DNA，deoxyribonucleic acid）组成。诺贝尔奖得主 Francis Crick 发现，DNA 被转录成匹配的核糖核酸（RNA，ribonucleic acid），RNA 翻译出蛋白质，蛋白质控制着生命活动，这个过程被称为中心法则。

1　DNA 结构

研究结果表明，每条染色体只含有 1～2 个 DNA 分子，每个 DNA 分子上有多个基因片段，每个基因含有成百上千个脱氧核苷酸，分为不同的功能区域。

在基因序列中,并不是所有的基因序列都编码相应 RNA。根据编码与否,基因可以分为编码区(Coding region)和非编码区(Non-coding region)。研究发现,人类基因中超过 90% 是非编码区。

真核生物的编码区是不连续的,分为外显子(Exo)和内含子(Intron)。外显子是经 preRNA 剪切或修饰后能够保留的 DNA 部分;内含子是阻断基因线性表达的一段 DNA 序列,转录过程中被修剪,只将外显子拼合形成转录产物,以保证只有外显子最终出现在成熟 RNA 的序列中。在原核生物中,基因是连续的,无外显子和内含子之分。

非编码区虽然不会出现在最终转录的 mRNA 中,但是这些区域对基因的表达调控发挥重要作用。根据非编码区对基因表达调控的不同功能,又可将其分为启动子、增强子、终止子等。另外一些非编码区可以转录为功能性 RNA,比如转录 tRNA(Transfer RNA)、核糖体 rRNA(Ribosomal RNA)等。

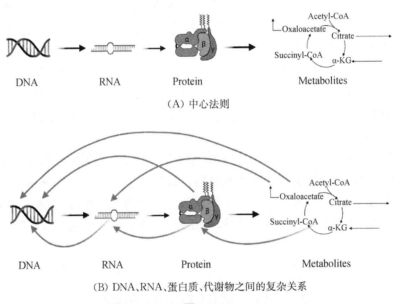

(A) 中心法则

(B) DNA、RNA、蛋白质、代谢物之间的复杂关系

图 2-4

2 DNA、RNA、蛋白质、代谢物之间的复杂关系

虽然中心法则高度概括了 DNA、RNA、蛋白质之间遗传信息表达的过程(图 2-4(A)),但是整个基因信息传递和表达其实是双向的,过程复杂很多。并非所有 DNA 都表达信息;有些生物体通过 RNA 遗传信息;DNA 甲基化等分子修饰作用可以控制转录;真核细胞中的选择性剪接可能会产生许多不同的 RNA,从而使得同一 DNA 片段编码不同蛋白质的现象。此外,除了生命信息传递过程的复杂性,编码的产物蛋白质也可以作为转录因子对 DNA 产生影响。大多数生物又通过各种各样的不同类型的功能 RNA 控制相应基因的表达时间、表达区域以及表达量甚至让基因不表达(Silenced)。

除了蛋白质,代谢通路中所产生的代谢物也可以控制基因的表达。也就是说,基因决定了 RNA 的合成,继而编码了蛋白质,调控生命活动,导致产生一系列代谢产物,而这些代谢产物反过来不同程度地影响蛋白质、RNA、DNA 的活动。同时蛋白质也会影响

RNA、DNA 的转录和翻译(图 2-4(B))。正是这种双向调节、相互影响保证了遗传物质控制下的生命活动有条不紊地进行。

3 基因的调控

虽然不同细胞中包含着相同的 DNA 序列,但是不同组织中的细胞却可以发挥不同的功能,这种现象称为基因的选择性表达。基因的选择性表达源于基因调控。基因的调控受到多种因素影响,除了按照 DNA 作为转录模板进行表达,RNA 的表达还受到蛋白质和代谢物的影响。每个基因的 DNA 序列上都有一段可以调节基因表达的区域,称为操纵子(Operon)。操纵子的启动子区域通常有多个顺式调节基序(Motif),可以与阻遏子(Repressor)或诱导子(Inducers)结合。阻遏子是一些可以结合 DNA 的蛋白质,可以通过结合特定的 DNA 序列阻止基因的转录。阻遏子通常具有特定的非蛋白辅助因子的结合位点。如果阻遏子被结合,阻遏因子就能有效地阻止转录;否则,阻遏因子就从操作位点分离,让操纵子中的基因被转录。诱导剂是通过结合 DNA 片段而启动基因表达的分子。

根据阻遏物或诱导物作用机制的不同,操纵子调控基因表达一共有四种模式:

(1) 正向诱导剂操纵子(Positively inducible operons)

这种基因调节是通过激活型蛋白控制,正常情况下该蛋白不结合 DNA,但是在与诱导剂结合后发生构象变化,该蛋白被激活而结合 DNA,使得 DNA 表达相应基因。

(2) 正向抑制剂操纵子(Positively repressible operons)

这种基因调节也是通过激活型蛋白控制。正常情况下,该蛋白结合在 DNA 序列使得基因表达。但是,在与共抑制蛋白结合后会发生构象变化,从而导致该蛋白不再结合 DNA 序列,使基因的表达终止。

(3) 负向诱导剂操纵子(Negatively inducible operons)

这种基因调节是通过抑制型蛋白控制,正常情况下,该蛋白结合 DNA 使其不表达基因。但是,在与诱导剂结合后发生构象变化,这使该蛋白与 DNA 的结合无效,从而启动 DNA 表达相应基因。

(4) 负向抑制操纵子(Negatively repressible operons)

这种情况下基因一般是表达的,但是 DNA 存在与抑制蛋白的结合位点。抑制蛋白只有在共抑制物质存在的情况下才会结合 DNA,从而使基因表达停止。

以上能够结合在基因特异核苷酸序列上的蛋白质(诱导剂和阻遏等)统称为转录因子(Transcription factor)。

目前,很多大型数据库整合收集了已知的基因调控网络(Regulatory pathways)以方便基因组学的研究,例如 Transcription Factor Database(TRANSFAC, http://www.gene-regulation.com/index2.html)、Database(miRBase, http://www.mirbase.org/index.shtml)、Prokaryotic database of gene regulation(PRODORIC, http://prodoric.tubs.de)等。

4 转录组学数据和药物发现

随着科技的进步,Western blot、RT - PCR 等技术已经可以定量测得全基因组转录水平的表达,挖掘基因组学的数据对系统性地探索疾病的治病机制和药物开发有着重要意义。

目前,实验测得的转录组学数据已经被搜集和整合成各种公共数据库以提供 DNA 水平和转录组水平的实验数据和分析服务。例如 Gene Expression Omnibus(GEO)是一个包含基于丰富功能学研究的各类组学数据的大型公共平台,并且支持用户提交和下载数据,从而实现数据共享。另外,ArrayExpress(http://www.ebi.ac.uk/arrayexpress)也是一个公共基因表达数据库,提供高通量功能基因组学实验数据。Expression Atlas(https://www.ebi.ac.uk/gxa/home)提供了不同生物条件下的基因表达特征信息,如在基因敲除、化合物作用到特定物种的特定组织或细胞后而产生的基因变化的 microarray 和 RNA-seq 数据。ArrayTrack(http://www.fda.gov/ScienceResearch/BioinformaticsTools/Arraytrack)是一个 microarray 数据库,包含公共和私人数据,具有集成的数据分析和注释工具。NCI mAdb(https://madb.nci.nih.gov)是 National Cancer Institute(NCI)的 microarray 数据库(mAdb)。GXD(http://www.informatics.jax.org/expression.shtml)搜集了实验室测定的小鼠基因表达信息。

转录组学的研究思路之一就是探索研究组和对照组的显著变化基因。根据某些药物对整个基因组的影响来研究化合物对基因转录组水平的扰动,探索其药理机制。例如,大规模测得化合物在基因扰动中的 Connectivity Map(CMAP,https://clue.io/),即 1 309 个活性小分子作用到人类各细胞系后引起的全基因组转录水平表达的扰动变化。有了这些数据作为参考,当测得新的药物的基因组学扰动后,对比已知的约 1 300 个化合物产生的扰动数据,从而得到基因-疾病在基因组学水平上的共表达特征来探索新化合物的作用机制。另外 CMAP 也提供 web 服务界面 clue(https://clue.io/),来进行数据的分析对比,例如,为了探索中药方剂四物汤的药效机制,首先测得方剂使用前后的转录组学变化来对比 CMAP 中的已知小分子扰动数据特征,从而得到该方剂和小分子可能的相似作用机制。

除了 CMAP,Genomics of drug sensitivity in cancer(GDSC,http://www.cancerrxgene.org/)也包含了来自 29 个组织 11 289 个肿瘤样本的癌症相关的突变(包括体细胞突变、拷贝数改变、DNA 甲基化和基因表达等),并整合了 265 种化合物在 1 001 个人类癌症细胞系中的药物反应相关性数据。Cancer Therapeutics Response Portal(CTRP,https://portals.broadinstitute.org/ctrp/)整合比较了约 860 种癌症细胞系遗传、谱系和其他细胞特征(包括突变、基因表达、拷贝数变异),以及 481 种药物反应的数据,并通过这些数据来预测疾病的生物标志物,从而探索小分子的作用机制和新的治疗策略。Profiling Relative Inhibition Simultaneously in Mixtures(PRISM,https://depmap.org/portal/prism/)目前已包含约 30 000 化合物在大约 1 000 个细胞系上的高通量转录组学的扰动数据。通过测定基因水平的表达和变化,可以更好地建立定量网络,探索基因水平的相互作用。

第四节　蛋白质相互作用网络

根据中心法则,DNA 转录出 mRNA,再翻译出蛋白质。mRNA 以 64 种密码子,每个密码子由 3 个连续的碱基对组成的三联体核苷酸,密码子作为一个单位,形成相应的 mRNA 序列作为模板。64 种密码子可以编码为 20 种不同氨基酸,氨基酸序列是蛋白质的一级序列,还要经过加工、折叠等操作形成相应的二级、三级、四级三维结构才能发挥相应功能,变成具有生物活性的蛋白质。例如,酶蛋白质可以形成口袋,口袋内氨基酸残基与所催化的化合物底物结合,实现催化功能。因此,认识蛋白质的空间结构对认识生命活动具有重要意义。目前,有许多数据库提供实验室测得的蛋白质的三维结构,例如从 Protein Data Bank(PDB,http://www.rcsb.org/pdb)上可以下载到多物种的蛋白质三维结构,其中 89% 是通过晶体衍射得到的。

蛋白质作为中心法则的最终产物,不仅仅是生物体自身的结构组成,也是一切生命活动的物质基础,在生命活动中发挥至关重要的作用。首先,细胞膜上具有载体蛋白,维持肌体正常的新陈代谢和各类物质在体内的输送作用;其次,蛋白质也是人体免疫系统的重要组成部分,如免疫系统中的白细胞、淋巴细胞、巨噬细胞、抗体(免疫球蛋白)、干扰素等也是由蛋白质构成;再次,大多数酶也是蛋白质,对于实现体内的物质代谢有着重要作用;此外,有些激素也是蛋白质,对生命调节进行调节。在本章,我们主要关注蛋白质在生物网络中的重要功能。

1　蛋白质作为酶在代谢通路中的重要作用

虽然蛋白质是基因的表达产物,但是蛋白质反过来也可以作为基因的阻遏剂或诱导剂,影响 DNA 到 mRNA 的转录;另一方面,mRNA 翻译为蛋白质的过程也会受到蛋白质的调控,通过影响 mRNA 甲基化等来影响蛋白质的功能表达。蛋白酶除了对上游 DNA 和 RNA 的影响,也可以通过和底物小分子结合催化生物体内化学反应的进行从而完成生物网络的代谢循环,其中最重要的一类就是 ATP-ADP 转化,为生命活动提供能量。

具体而言,在蛋白质酶的特定空间区域,化合物的功能键可以和氨基酸的残基在蛋白质酶的特定空间区域发生交联,这个特定区间称为蛋白质口袋(Groove or pocket),能结合的小分子称为该蛋白的底物(Substrate)。特定的化合物可以结合特定的酶,从而实现特异性催化。

代谢反应中,酶的参与极其重要。一方面,酶决定了代谢反应的程度和速度,一些化合物反应只有在特定酶催化下才能完成。另一方面,环境又可以通过影响酶的功能来调节物质代谢。这些因素可以是光、热等外界环境因素,也可以是化合物,例如自身代谢产物、其他代谢反应的产物、食物、药物等。

化合物可以通过多种模式影响酶的功能而影响代谢。例如,代谢产物可以和原来底物竞争酶的结合位点,从而抑制该反应进行;或者,通过结合酶的其他位点,使得蛋白质构象发生变化,原蛋白质的口袋发生构象变化导致原底物不再和口袋结合,实现负向调节代谢反应;化合物也可以通过影响其他蛋白质酶,使其他蛋白质酶也能竞争性消耗底物,发生不同的催化反应,随着底物的减少,原来的反应也会减少;同时代谢产物还可以通过影响基因表达来间接调节蛋白质活性和数量,对代谢反应发生影响。

目前上市的药物大多数是针对疾病相关蛋白或基因的靶向药物。因此,认识化合物-蛋白质的亲和性和相互作用机制是发现靶向药物的重要前提。目前,已经有很多大型公共数据库提供大量实验测得的化合物-靶标亲和性的数据,如 ChEMBL,BingdingDB,DrugBank 等。但是,化合物-靶标的实验测定费事、费力,随着计算机水平的发展,越来越多的工具和方法可以根据化合物和蛋白质的结构信息进行化合物-靶标亲和力预测。除了利用对接、动力学模拟等大型商业软件,也可以基于机器学习、神经网络等复杂算法学习已知的化合物-靶标关系特征,从而预测潜在的化合物-靶标作用。

2 蛋白质与信号传导网络

蛋白质除了作为酶之外,还可以作为细胞的转运载体,在代谢反应中发挥重要的功能。细胞之间可以通过化学信号、电信号、机械信号等多种方式实现信息传导产生相互影响,这个过程被称为信号传导。

化学信号的传导主要依靠细胞膜上的蛋白质作为中间媒介,这种蛋白也叫转运蛋白。例如,细胞膜上有一类转运蛋白叫受体蛋白酪氨酸激酶(RTKs,receptor tyrosine kinases),当配体(如表皮生长因子、细胞因子或激素)与细胞外部的受体蛋白结合时,该受体蛋白位于细胞内部(即细胞质)的蛋白结构域启动自磷酸化。这一过程会导致信号蛋白的募集,从而启动细胞内的信号传导过程。

一些激素也是蛋白质,可以作为信号实现远程调控。蛋白质还可以作为免疫系统的抗体、细胞因子等信号。信号传导和免疫反应的交叉点也是蛋白质 toll 样受体(TLRs),它能识别许多表位,包括细菌细胞壁的组成部分肽聚糖和脂多糖。在识别特定的表位后,TLR 激活促炎细胞因子和信号传导,从而引发适当的免疫反应。

3 蛋白组学

随着检测技术的进步,二维(2D)凝胶电泳(two-dimensional gel electrophoresis)、MudPIT、iTRAQ 技术等已经能够高通量测得在特定时间、特定条件、特定组织中的所有蛋白质的氨基酸序列、蛋白质的表达量、蛋白质活性、被修饰的状况、与其他蛋白质或分子的相互作用情况、亚细胞定位、三维结构等各种信息,这些信息可以帮助我们大规模、系统化地研究蛋白质的特性,进而在蛋白质水平上解释各种复杂的生命活动的发生机制。我们把这种蛋白质水平的多种数据称为蛋白组学(Proteomics)。

目前,已经有非常多蛋白组学的数据库。常用的蛋白组学的数据库 UniProt (https://www.uniprot.org/)提供蛋白质的序列、三维结构、功能、表达、分布蛋白相互作用、相似蛋白质等多种信息,其中 Uniprot 的 Retrieve/ID mapping 工具可以实现不同来源蛋白 ID 之间的转化。

4 蛋白质在生物网络中的调节

蛋白质的作用渗透到生命活动的方方面面。一方面,蛋白质作为酶,可以较直接快速地与化合物结合,催化代谢反应,实现物质交换。另一方面,蛋白质也可以通过影响基因的转录而影响下游的蛋白质功能,与蛋白酶催化的反应相比,这一过程是间接作用,相应反馈时间也更长。在基因的调控网络中,蛋白质可以作为阻遏物等调控操纵子从而调节基因的转录过程。另外,蛋白质作为载体蛋白、激素等,对信号传导网络的调控起着重要作用。

从整个生物系统的角度,蛋白质功能的发挥和其他蛋白质的调节密切相关。蛋白质之间通过形成复合物而实现特定生物功能的过程称为蛋白-蛋白相互作用(Protein-protein interaction,PPI)。蛋白质作为生物网络重要的组成部分,深刻理解蛋白-蛋白相互作用将有助于从系统的角度深层次理解生物网络。蛋白质相互作用的测定主要是通过蛋白-蛋白复合物检测实现的,常见检测方法可分为体内方法和体外方法,体内方法包括免疫共沉淀、酵母双杂交等,体外方法包括 GST-pull down、生物膜干涉技术、表面等离子共振等。

目前很多研究提供实验验证的蛋白-蛋白相互作用的数据。Cheng 等人从 15 个系统生物学数据库中收集整合了多种类型的 PPI 相互作用关系,包括:①高通量酵母双杂交(Y2H);②文献来源的低通量和实验高通量获得的激酶-底物相互作用,包括 KinomeNetworkX、Human Protein Resource Database(HPRD)、Phosphonetworks、PhosphositePlus、dbPTM 3.0 和 Phospho. ELM;③从文献收集的亲和纯化数据;④Instruct 提供的蛋白质三维(3D)结构的 PPIs;⑤SignaLink2.0 中从文献搜集的信号网络。最终,他们获得了 16 677 个蛋白之间的 243 603 对蛋白-蛋白相互作用。

除了实验测得的蛋白-蛋白相互作用,一些间接的蛋白-蛋白相关性对于生物网络的研究也具有很大的价值,例如 STING(http://string-db. org/)整合了多种 PPI 网络:①通过自动文本挖掘的科学文献的数据;②相互作用实验和一些复合物/通路的数据库;③通过共表达以及保守基因组的计算预测;④从一个物种到另一个物种的相互作用推演。总体而言,这些数据既包括实验测得的相互作用,也包括计算机预测的相互作用;既有直接相互作用,也包括功能学相关的相互作用。在接下来的系统生物网络分析案例中,我们会详细介绍蛋白-蛋白相互作用网络在各方面的广泛应用。

第五节 代谢网络

代谢指将体内物质转化成能量和代谢产物来维系个体生命活动的过程。这个过程通常涉及若干的物质转化并形成一个物质循环过程,进而维持机体的动态平衡。这一系列转化的过程称为代谢通路(Metabolic pathways)。

1 基因、蛋白质和代谢的关系

生命体内的 DNA、RNA、蛋白质、代谢产物等物质的本质都是化合物,但是这些化合物的复杂度和分子质量不同。DNA、RNA、蛋白质可以看作是大分子化合物,而代谢产物等相对分子量较小。

基因通过转录翻译蛋白质,蛋白质作为酶可以参与代谢通路,催化代谢反应,同时蛋白质作为载体也可以实现细胞内外物质交换。但是这个过程受各种宏观和微观环境的影响,例如外界的辐射导致基因突变、毒性化合物的摄入导致基因表达的变化、甲基化对蛋白质的影响等。无论是基因突变还是转录或翻译异常,最终都会影响蛋白功能,导致代谢的过程变化。因此,疾病的最终表现是整个代谢系统的混乱。

2 代谢组学

认识生命的物质交换对提高人类健康水平有着重要意义,随着科技进步,目前已经可以通过复杂的仪器和研究方法,高通量地测定生物体代谢数据,这种高通量测得的所有代谢相关的数据又被称为代谢组学(Metabolomics)。

和信号通路不同,代谢网络更多的是物质的转化以及酶之间的关系,所以代谢网络的研究通常是定量的和动态的。定量的代谢网络需要利用数学模型去定义代谢过程的物质的量以及酶促反应率。这种以代谢组分为节点,反应类型为连接的网络,被称为计量网络(Stoichiometric networks)。这种代谢组学的研究让我们能够从整体角度更系统地认识整个生物网络的相互作用。虽然目前代谢的研究相当系统化,但是这些网络模型或网络通路只包含人类认知水平内最重要的节点。目前实验建立的代谢网络只能看作现实情况的简化,真实的代谢情况远比此复杂。

常用的公共代谢通路数据库包括 KEGG(the Kyoto Encyclopedia of Genes and Genomes,http://www. genome. ad. jp/kegg)、BioCyc、Reactome 等。另外,还有一些人体代谢相关数据库,包括 Human Metabolome Database(HMDB, http://www. hmdb. ca)、Yeast Metabolome Database(YMDB,http://www. ymdb. ca)、E. coli Metabolome Database(ECMDB,http://ecmdb. ca)等。大多数的代谢网络都是在静态下测得的,包括该时间点各代谢组分的浓度和反应率。此外,一些软件 ERGO、Pathway Studio、KInfer(Kinetics Inference)等提供了代谢分析的工具。

3 代谢物对生物网络的调节

代谢平衡的实现依赖于对整个反应过程的系统控制,而疾病则是种种因素影响下的代谢失衡。生物系统的稳态需要一个复杂的调控过程。

代谢产物可以作为酶的抑制剂,通过影响酶活性直接影响代谢产物的转化,实现代谢水平的控制。代谢通路之间也是相互影响的。例如生成的代谢产物抑制某代谢通路某一反应,而该反应的底物的生成反应却不断进行,导致底物逐渐累积,从而流入其他的通路,实现代偿作用。这也是很多癌症在切除病灶后反而发生大规模转移的原因。另外,一些癌症的治疗在使用靶向药的时候,起初有效,但过一段时间后,其他代偿通路被激活,癌症便会复发。因此,组合用药的策略逐渐变得流行起来。组合用药可以通过多靶点、多通路实现疾病治疗。

代谢产物也可以通过影响蛋白质的磷酸化、泛素化、糖基化等共价修饰来影响蛋白酶的激活状态,调节蛋白质的功能。代谢产物还可以在转录水平上来影响基因的表达。

第六节 信号网络

细胞生物学中,细胞的信号传导指细胞接受内部或外部的信号并作出相应反应的过程,这种信号可以是化学物质,也可以是光、电等物理刺激。细胞外部的化学信号对于生物网络的研究具有重要意义。在信号传导的过程中,细胞膜上的载体蛋白(也称受体蛋白,Receptor)是信号传导的重要信息中介,化合物(也叫配体,Ligand)结合到载体蛋白的细胞外结构域(Intracellular domain)引发受体构象或功能的变化。构象的改变可以传播到受体的细胞内结构域从而激活细胞内的相关级联反应,实现信号传导。例如,整合素(Integrin)是一种跨膜蛋白,它将细胞外基质或周围组织的信息传导到细胞内部,参与细胞的生存、凋亡、增殖和分化。

1 跨膜蛋白:G蛋白偶联受体

G蛋白偶联受体是一类连接细胞内部G蛋白的膜蛋白受体的总称。这些受体从细胞的内表面一直延伸到细胞的外表面。如图2-5所示的GPCR信号通路,当配体与细胞外区域结合后,受体发生构象变化,G蛋白随之发生变化,触发不同类型G蛋白传导下的内部信号。很多药物是通过G蛋白偶联受体而发挥药效的。外部化学信号可以通过G蛋白触发环状单磷酸腺苷(cAMP)的产生,cAMP又可以激活蛋白激酶A,而蛋白激酶A又可以磷酸化,从而激活许多可能的下游靶点。

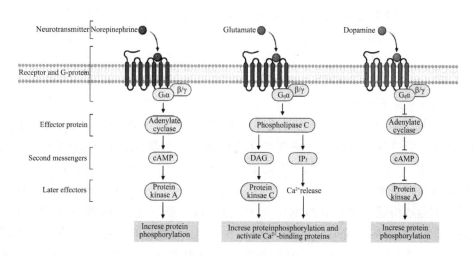

图 2-5 GPCR 信号通路

2 细胞内信号传导

细胞内的信号传导过程是由一系列酶催化、第二信使调节的生化反应构成。第二信使通常是水溶性或不溶性分子或气体,如一氧化氮。典型的水溶性亲水信使是钙和

cAMP,它们通常位于细胞质中,可被特定的酶激活或抑制。

当细胞膜接收到信号后,可以在细胞质或细胞核中触发一连串的反应事件(cascade of events),放大传入信号并滤除噪声,这个过程被称为级联反应。信号传导的速度很大程度上取决于其作用机制,有的电信号反应发生在毫秒级,比如钙引发的信号反应;有的级联反应发生在分钟内,比如蛋白质和脂质的反应;而涉及基因组反应的信号会在几十分钟、几个小时甚至几天内发生。

3　信号传导网络

信号传导涉及的各种小分子物质、蛋白质以及相互作用关系称为信号传导网络,即信号通路(Signaling pathways)。经过若干年的实验积累,目前已经有很多数据库提供实验测得的信号通路,例如,The Signaling PAthway Database(SPAD,http://www. grt. kyushu-u. ac. jp/spad)、Cell Signaling Technology Pathway Database(CST, http://www. cellsignal. com)、Transduction Knowledge Environment(STKE, http://stke. sciencemag. org/cm)、Cytokines and Cells Online Pathfinder Encyclopedia(COPE,http://www. copewithcytokines. de)等数据库。SPAD 是一个蛋白质信号级联的数据库,包含生长因子、细胞因子、激素三个领域的细胞外信号通路图。

4　信号传导网络的数学模型

在生物网络中,各种通路往往相互交织。从实验测得的表观数据往往仅代表最主要的关系,这也是网络模型得以构建的关键。很多时候,信号传导的作用的判断不是简单的有或无,而是一种可能性的大小。

概率相关的生物问题常常用贝叶斯模型进行分析。例如,信号通路可以用贝叶斯模型来探索网络作用关系和相应发生概率。贝叶斯概率模型能很好地模拟生物网络的复杂性,让一些异常的现象得以解释。除了信号网络,贝叶斯模型也被广泛地用于刻画其他生物问题,例如蛋白-蛋白作用网络中的蛋白-蛋白相互作用的概率,基因调节网络中基因和蛋白之间的相互影响概率等。

图 2-6 是一个简单的贝叶斯信号通路模型示例。R 和 S 是细胞膜上的受体蛋白,相应的配体和它们结合后,激活细胞内级联反应 C,进而影响基因组反应 G。假设 R 被激活的概率是 $P(R)=0.2$,S 被激活的概率是 $P(S)=0.4$,在 S 和 R 同时被激活的状态下,C 级联反应被激活概率为 $P(C|R\ and\ S)=0.9$;S 激活 R 不激活情况下 $P(C|only\ S)=0.2$;R 激活 S 不激活情况下 $P(C|only\ R)=0.1$。在 S 和 R 都不激活的情况下,C 也可以通过其他途径激活,只是概率较小,为 $P(C\ spont)=0.02$。当然也有可能 C 始终不激活,概率为 $1-0.9-0.1-0.02=0.08$。C 发生条件下,G 发生的概率为 $P(G|C)=0.8$。G 依靠其他因素发生的概率为 0.1,始终不发生的概率为 $1-0.8-0.1=0.1$。按照这种已知的概率表,R 和 S 激活 C,再激活 G 的概率为 $P(G|C)*P(C|R\ and\ S)*P(R)*P(S)=0.8*0.9*0.2*0.4=0.056$。

在真实的生物网络,尤其是信号网络中,因为实验水平的限制,这个概率表很多时候是未知的。但是,在已知信息的基础上,可以通过开发相应算法来预测各事件发生的概率。

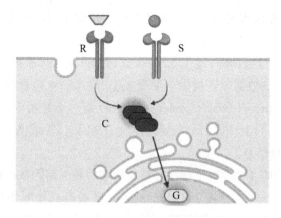

图 2-6 贝叶斯信号通路模型

第七节 疾病与网络

1 基因与疾病

疾病的发生是多种因素作用下生命个体自身调节发生紊乱的复杂过程。有些遗传性疾病是由于 DNA 的异常;有些疾病是在后天环境(辐射或者毒性化合物等)影响下发生基因突变,从而导致基因表达或蛋白翻译的表达异常;还有一些疾病则是细菌感染等引起的调节紊乱。认识不同疾病的发病机制是治疗疾病的重要前提。

随着多组学数据的发展,越来越多的临床研究也开始关注疾病状态下的基因表达情况,从而探索疾病的发病机制,尤其是对于基因突变所引起的疾病。例如,针对各种癌症可以根据病人的基因表达和对不同药物的反应进行个性化给药。临床发现,病人之间存在个体差异,而疾病又分为不同亚型,这就导致同样的药物治疗方案对有些病人有效,但对另一些病人却没有很好的效果。因此,通过整合病人用药反应和基因组学信息,找到影响药物反应的一些生物标志基因(Biomarker),有助于临床用药的选择。Liu 等人通过探索急性髓系白血病(Acute myeloid leukemia)的转录组水平的基因表达以及临床用药后的病人生存情况,最终发现 S100A8 和 S100A9 表达升高与药物 venetoclax 的耐药相关。因此,在临床上,当病人 S100 基因表达高时,可以预见病人用 venetoclax 的反应不佳,应该优先选择其他药物。

目前有很多大型的数据库整合了多种疾病-表型-基因之间的相互关系,例如人类基因和遗传表型关系数据库——人类孟德尔遗传数据库(Online Mendelian Inheritance in Man,OMIM,http://www. ncbi. nlm. nih. gov/omim);毒理基因组学数据库(Comparative Toxicogenomics Database, CTD,http://ctdbase. org)通过提供化合物、基因、疾病之间相互作用来帮助认识所暴露环境对人类的影响;疾病遗传关联数据库(Disease genetic Association Database, DisGeNET,http://disgenet. org)整合了多种基于经验和文本挖掘得到的人类基因-疾病关联数据;DECIPHER 数据库(http://decipher. sanger. ac. uk)

整合了 18 359 个病人基因组变异和表型等各种生物信息学资源以方便临床诊断；印度遗传病数据库(Indian Genetic Disease Database，IGDD，http：//www. igdd. iicb. res. in)是印度人口常见遗传病的突变数据库，包含 52 种疾病、5 760 名个体所携带致病基因突变的信息。在文献的基础上，该数据库还提供了突变类型、临床和生化数据、地理位置和常见突变等信息；GeneCards(http：//www. genecards. org)是一个人类基因数据库，整合了约 150 个不同来源的数据，针对 332 121 条基因提供了基因组、转录组、蛋白组、临床、功能性等水平上的丰富的注释信息。

除了通用的基因组学数据库，还有一些特定疾病种类的基因数据库。例如，著名的肿瘤数据库 TCGA、Oncomine、ICGC、cBioPortal 等。随着高通量测序技术的广泛应用，研究人员可以针对不同的肿瘤类型进行高通量测序并获得不同肿瘤的基因组数据，通过综合分析比较肿瘤的基因数据可以探索肿瘤发生、发展过程的关键基因。cBioPortal(http：//www. cbioportal. org/)包括多种癌症的基因组学数据集，从中可以快速、直观、高质量地获取大规模的癌症基因组学的分子谱和临床预后相关信息。

2　蛋白质与疾病

疾病状态最终表现为一些代谢通路的失衡，而代谢通路和各种代谢反应酶密切相关。因此，蛋白质组学的研究对探索疾病的发生机制非常有价值。例如，通过测定不同条件下的蛋白表达差异，可以得到疾病相关的诊断性生物标志物。不同蛋白质在不同的组织部位也有着特异性表达，从而产生不同的生命活动调节作用。

认识了疾病的致病机理和主要靶标后，就可以大规模筛选能够与相关靶点产生亲和作用的化合物，利用这些化合物使靶点发生构象改变或活性变化，从而通过影响疾病发生通路的某些过程定向治疗疾病。以治疗非小细胞肺癌的表皮生长因子受体(EGFR)酪氨酸激酶抑制剂吉非替尼为例，某些人类癌细胞(例如肺癌和乳腺癌细胞)和 EGFR 的过表达密切相关。EGFR 的过度表达导致抗凋亡 Ras 信号传导级联的激活，继而使得癌细胞存活率上升，细胞增殖不受控制。吉非替尼作为 EGFR 酪氨酸激酶的选择性抑制剂，可与该酶的三磷酸腺苷(ATP)结合位点结合并抑制其表达，下游信号传导级联也被抑制，从而使恶性细胞增殖受到抑制。

3　疾病与代谢通路、信号通路

目前，研究人员发现很多植物药和人体的代谢产物有着高度的相似性，因而可以替代相应代谢产物产生生理活性，达到治疗疾病的目的。据报道，人体的肠道菌群失调也会通过影响代谢而导致疾病的产生，因此，改变疾病的代谢网络使其达到健康的平衡也可以达到治疗疾病的目的。

信号的传导是保证正常生命活动的关键，理解整个信号传导的路径将有助于认识细胞和生命活动，从而更好地利用信号网络实现对疾病的治疗。随着实验数据的增多，信号通路网络逐渐在疾病的研究中得到广泛研究和应用。例如，He 等人通过研究药物靶标在 T 细胞前淋巴细胞白血病患者的信号通路的影响，从信号通路角度阐释了不同药物组合的协调机制。

第八节　网络药理学

目前,大多数的药物依靠一个化合物作用于单靶点来治疗疾病。然而,该策略忽视了生物网络的复杂性,疾病的产生往往是多个因素综合作用的结果,基于单靶点策略的药物虽然一定程度上能够有效地治疗疾病,但是往往伴随着耐药性、副作用等弊端。随着对系统生物学研究的深入,通过多个药物的组合用药进行多成分、多靶点的治疗,可以达到更好的治疗效果,同时克服副作用、耐药性等弊端。因此,从系统生物学和生物网络的角度去理解疾病的发生、发展,这就是网络药理学(Network pharmacology)的内涵。网络药理学提倡从整体观角度认识疾病,并从改善或恢复生物网络平衡的角度来认识药物与机体的相互作用,从而进行新药开发。

建立生物网络最重要的是理解生物成分之间的作用关系。在药学领域,常见的作用关系网络包括化合物-靶标、化合物-基因、化合物-表征、化合物-通路、化合物-疾病、基因-疾病、疾病-表征、疾病-通路、蛋白-蛋白相互作用网络等。利用这些已知的生物关系网络,借助复杂网络分析方法,可以进一步由已知推测未知,挖掘深层次的网络关系。

生物网络中,已知的相互作用可以来自实验验证的直接作用,也可以来自间接的功能学相关性。来自 ChEMBL、BingdingDB 等数据库的化合物-蛋白关系是通过 KI50,EC50 等实验测得,而来自 STITCH 的化合物-靶标作用关系不仅包括实验测得数据,还包括一些间接作用。整合多组学数据将有助于利用计算机方法研究生物网络,从而进行更深入的数据挖掘。Tanoli 等人对化合物、疾病、蛋白质、基因以及其相互作用等多个方面的大型生物数据库工具做了详细的介绍。

对于不同的课题应当应选择相应类型的生物网络。基于生物网络的系统网络药理分析可以分为以下几步:① 明确研究目标;② 搜集相互作用关系,建立网络;③ 探索网络深层次的关系,得到结论;④ 根据具体研究内容,由网络得到的预测结论,该预测结论可能还需要实验验证。下面我们将结合具体案例进行说明。

1　网络药理在中药中的广泛应用

多靶点、多成分的组合用药策略在癌症治疗等领域取得了很大的成功。然而,根据生物实验来发现新的组合用药非常费时费力,穷尽所有药物组合是不现实的,这也成为实现组合用药的一大阻碍。事实上,组合用药的理论和中药的方剂不谋而合。中药作为一种存在了几千年的经验医学,利用方剂配伍,实现了多中药、多种成分、多靶点的组合用药。因此,利用网络药理学探索中药方剂组合用药的治病机制,有利于从天然产物发现新的组合用药。

Zhang 等人通过网络药理学探索了乌头汤治疗类风湿性关节炎的机制和其中的活性成分。首先,收集乌头汤的方剂组成中药以及其中含有的化合物成分。然后,从数据库中搜索已知的化合物靶标,对于靶标未知的化合物通过 drugCIPHER-CS 预测靶标,从而建立方剂-中药-成分-靶点的网络。然后,通过网络分析得到枢纽节点,再对此类风湿性关节炎的疾病相关靶标进行通路富集,阐明乌头汤治疗类风湿性关节炎可能的作用靶标和通路。

2　整合基因组学和蛋白组学:Hot diffusion 网络算法

明确化合物-靶标蛋白关系不仅有助于开发靶向药物,也有助于对药物副作用的研究。然而,目前很多化合物-靶标蛋白是未知的,实验测定化合物-蛋白质亲和力费时费力。因此,如何准确预测化合物-靶标蛋白亲和性成为研究热点。

考虑到亲和力和蛋白质结构以及化合物结构密切相关,一些算法根据化合物的相似性以及已知靶标的相似性来预测全新的化合物靶标。从更深层上讲,化合物影响了靶标之后,通过改变其构象或影响其活性,进而会影响相应代谢通路以及基因的表达。

那么,化合物在蛋白质水平上所结合的蛋白和基因表达层面上引起的化合物基因扰动到底存在怎样的联系呢?是否化合物结合了某蛋白后其基因一定会发生显著变化呢?根据研究,答案是否定的。化合物的大多数靶标蛋白相对应的基因并不会差异性表达,这是因为基因和蛋白质的关系网络很复杂,对基因表达的影响在时间上更长久。但是,化合物对蛋白质的活性功能的影响,必将对整个系统产生错综复杂的影响,包括基因水平。

蛋白-蛋白相互作用网络体现了蛋白质功能的相关性。蛋白-蛋白相互作用网络里的相邻节点往往具有相似的生物活性,并且产生更直接的相互影响。因此,当我们把基因的变化依次映射到相应的 PPI 网络蛋白节点后,化合物扰动所激活通路上的节点在基因表达上变化更大,表现为网络上某些区域的基因节点整体受干扰程度较大。根据基因变化的大小,我们将每个节点周围节点变化之和作为该节点的"热"(Hot,即基因变化)即传导后的"热"度。通过热量在网络的传导,可以把这种基因水平的变化依次叠加,则得到变化最大的 Hot 节点。将节点按照热量从高到低排序,热量最高的点则为该化合物在蛋白-蛋白作用网络产生扰动的核心节点。节点的热度越高则越可能是该化合物的靶标。这种结合 PPI 网络和基因组学变化找到最核心基因的方法,正如同热流的汇聚过程,所以也叫作热扩散网络(Hot diffusion)。

根据节点 Hot 值计算方式的不同,Hot diffusion 又包括很多不同算法。例如,图 2-7 是 Isik 等人开发的 local radiality(LR)模型的工作流程。首先,从 Connectivity Map(CMap)搜集获得 1 309 个化合物在基因水平上的扰动数据。化合物作用前后基因的 Folder change 代表化合物对基因扰动的强弱,一般基因变化大于 1.5 即被认为是显著变化基因。然后从 STITCH 获得这 1 309 个化合物的已知靶标蛋白。从 STRING 数据库下载得到 PPI 网络,包括 11 787 蛋白节点以及 170 273 相互作用。通过计算发现,42 331 个已知化合物靶标作用中,很多化合物的靶标所对应的基因并没有表现出显著变化,这说明了化合物扰动和基因扰动的差别。由数学模型刻画得到的节点 n 的 LR 可以定义为:

$$LR(n) = \frac{\sum_{dg \in DG} |sp(n, dg, G)|}{|DG|}$$

其中,dg 是在 CMap 数据库中某化合物扰动下所有显著性变化的基因;$|sp(n, dg, G)|$ 是 PPI 网络中 dg 节点到节点 n 的最短路径(Shortest path)长度;$|DG|$ 是

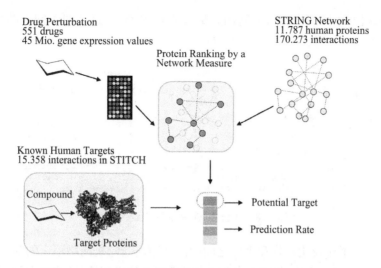

Drug Perturbation
551 drugs
45 Mio. gene expression values

STRING Network
11.787 human proteins
170.273 interactions

Protein Ranking by a
Network Measure

Known Human Targets
15.358 interactions in STITCH

Compound

Target Proteins

Potential Target

Prediction Rate

图 2-7　Hot diffusion 模型来探索化合物-靶标蛋白的例子

所有显著性变化 dg 节点的总个数。

　　LR 算法不仅考虑了化合物的基因扰动,还体现了蛋白-蛋白相互作用下这些节点的拓扑特征,从而有助于系统地评价化合物扰动下的核心蛋白(Hot target)。最终,该算法预测的 Hot 节点和真实的化合物靶标有着高度的一致性。这说明网络分析是认识生物系统的有效工具。

3　基于网络的药物发现:Disease Z-score 算法

　　研究化合物的蛋白靶标对理解化合物的药理活性以及药物研发具有重要意义。同时,我们也知道特定的疾病与特定的基因相关。那么,怎么判断一个药物是否对某疾病有效呢?

　　在传统的药物研发中,科研人员首先根据自己的经验提出设想,然后通过细胞实验、动物实验、临床实验等进行验证。但是,对所有化合物进行实验验证是不现实的。随着计算机的发展,计算机辅助药物发现逐渐变得至关重要。计算机可以利用复杂算法,整合多方面的数据,预测最有潜力的化合物以缩小研究范围,从而大大节约时间和金钱成本。

　　如果化合物的靶标和疾病的相关靶标重合度高,某种程度上,该化合物对疾病产生影响的可能性也相对较大。另一方面,即使化合物的靶标和疾病靶标完全没有重合,而如果这些靶标之间存在着很大的相互作用,也就是在 PPI 网络里距离很近,那么该化合物也可能密切在影响该疾病。因此,计算 PPI 网络里两个子网络的距离可以在一定程度上体现两个网络相互作用的程度,这种距离又称为网络距离(Network proximity)。

　　在化合物和疾病关系评价中,我们可以得到化合物-蛋白靶标网络、疾病-基因(蛋白质)网络,然后利用共有的蛋白质节点,把这种关系映射到 PPI 网络中建立化合物-蛋白-蛋白-疾病之间的多层网络关系,再计算网络中两个子网络(Subnetwork)的距离。这种基于网络关系进行推广演绎的方法已被广泛用于整合多类型数据,探索新的作用关系。

　　Emre 等人通过比较多种网络距离的算法,证明化合物和疾病的靶标网络在 PPI 网络中的距离和随机产生的两个网络之间的距离有着显著差异,这证明了网络距离在探索新化合物-疾病关系上的潜在价值(如图 2-8)。

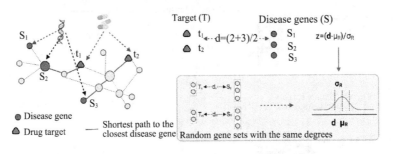

图 2-8　化合物-疾病相关性 z - score

具体而言,为了比较化合物和靶标之间的网络距离与随机网络距离的显著性差异,分别随机选择与疾病和化合物的度相同的节点组成两个随机网络,计算两者的网络距离,重复该过程 1 000 次,得到随机网络之间距离的分布,这个过程叫作 Permutation。如果真实的化合物-疾病网络距离在随机距离分布下属于极端情况,则表明化合物-疾病的网络距离不是随机产生,在概率分布上具有显著的相关性。用数学模型定义相关度 z score 为:

$$z(S,T) = \frac{d(S,T) - \mu_{d(S,T)}}{\sigma_{d(S,T)}}$$

其中 $\mu_{d(S,T)}$ 是所有随机产生的网络距离的平均值,一般符合正正态分布;$\sigma_{d(S,T)}$ 代表随机网络距离的方差;$d(S,T)$ 代表真实化合物-疾病的网络距离;$z(S,T)$ 代表了其显著性程度。

在数学模型上,我们可以采用不同方法定义两个子网络之间的距离,常用的方法包括 Closest、Shortest、Kernel 等。用 Shortest 可以定义为:

$$d_{closest}(S,T) = \frac{1}{||T||} \sum_{t \in T} min_{s \in S} d(s,t)$$

其中 S 是疾病相关蛋白的集合;T 是化合物相关蛋白的集合;$d(s,t)$ 是疾病相关蛋白 s 和化合物相关蛋白 t 在 PPI 网络中的最短距离。那么,$min_{s \in S} d(s,t)$ 代表一个靶标 s 到所有疾病相关靶标距离中最短的距离。图 2-8 中,t_1 是化合物,t_1 到疾病靶标 s_1 最短路径长度为 2,到 s_2 最短路径长度为 3,到 s_3 最短路径长度为 3。那么,$min(2,3,3)$ 为 2,也就是 $min_{s \in S} d(s,t1)$ 是 2。同理,t_2 到 s_1、s_2、s_3 最短路径分别为 5、4、3,因此 $min_{s \in S} d(s,t2)$ 是 3。因此,最终疾病-化合物的靶标之间的 $d_{closest}(S,T) = [min_{s \in S} d(s,t1) + min_{s \in S} d(s,t2)]/2 = (2+3)/2 = 2.5$。

Shortest 和 Closest 略有不同,定义如下:

$$d_{shortest}(S,T) = \frac{1}{||T||} \sum_{t \in T} \frac{1}{||S||} \sum_{s \in S} d(s,t)$$

Shortest 和 Closest 的不同在于 Shortest 采用了所有最短路径长度的平均值

$\dfrac{1}{||S||}\sum\limits_{s\in S}d(s,t)$。具体而言，$t_1$ 到疾病节点 s_1 最短路径长度为 2，到 s_2 最短路径长度为 3，到 s_3 最短路径长度为 3，则三者平均为 8/3，即 $\dfrac{1}{||S||}\sum\limits_{s\in S}d(s,t1)$ 是 8/3。同理，t_2 到 s_1、s_2、s_3 最短路径分别为 5、4、3，因此 $\dfrac{1}{||S||}\sum\limits_{s\in S}d(s,t2)$ 是 12/3。最终，$d_{shortest}(S,T)=$

$$\left(\dfrac{1}{||S||}\sum\limits_{s\in S}d(s,t1)+\dfrac{1}{||S||}\sum\limits_{s\in S}d(s,t2)\right)/2=\left(\dfrac{8}{3}+\dfrac{12}{3}\right)/2。$$

4　基于生物网络的分析方法的广泛应用

生物网络的分析有着广泛的应用。网络距离不仅可以用于计算化合物和疾病的相关性，如 Cheng 等人还用来计算两个组合用药的化合物在 PPI 网络中的距离，从而发现临床上的组合用药和有副作用的组合用药呈现出不同的网络特征；此外，生物网络分析在药物重定位领域（Drug repurposing）也有了很大的发展。

第九节　机器学习与生物网络

网络分析有助于机器学习过程中的特征选择（Feature selection）。在机器学习模型中，可以根据生物课题本身的特殊性，通过网络分析进行特征选择找出系统生物学上最具有生物意义的特征，从而减少变量的个数，降低计算量，提高模型准确度。例如，通过药物反应的病人基因表达情况进行最相关的通路富集，并进一步计算药物的蛋白靶点与通路的靶标在 PPI 网络中的距离，以得到的关键通路为特征，进行机器学习，从而成功建立了病人药物反应预测模型。另外，除了网络距离的计算，还可以通过 Hotnet、DiaMond 等网络算法，得到功能学最密切相关的特征模块（Module）作为机器学习模型的特征，建立更具有生物学意义的机器模型。

（本章编委：王引引）

第三章 DNA 系统

基因(gene)是生物信息世代传递的主要载体。基因决定个体独一无二的特质,也导致了许多慢性疾病,并且是进化的主要目标。大约半个世纪前,人们对基因功能的认识很简单,即:由构成基因的脱氧核糖核酸(DNA)自我复制,DNA 转录出核糖核酸(RNA),RNA 翻译出蛋白质,蛋白质构成生命体的生理过程。这个由诺贝尔奖获得者弗朗西斯·克里克(Francis Crick)提出的单向中心学说成为现代生物学的核心基础。尽管人们已经了解到围绕这一理论的生物学过程极其复杂,例如,一些 DNA 并不参与基因编码;有些生物通过 RNA 遗传信息;分子修饰如 DNA 甲基化可以控制转录,而在真核细胞中,不同的剪接可能会从同一 DNA 中产生多种不同的 RNA,从而产生不同功能的蛋白质。最重要的、与克里克最初的想法形成鲜明对比的是,蛋白质可以通过其转录因子对 DNA 产生巨大影响,大多数生物体也可通过各种类型的 RNA 来影响特定基因的时空表达以及沉默。此外,大分子和小分子代谢物也可以调控基因的表达,影响基因翻译。

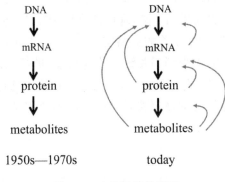

图 3-1 中心法则的演变

随着基因测序技术的发展,我们对基因调控过程有了更深入而精细的了解,比如 98% 的 DNA 并不能编码蛋白质,相同的 DNA 片段可以产生不同的转录本,调控元件并不一定位于控制转录的基因附近等。因此,虽然基因控制遗传信息的代际传递仍然是正确的,但其显然不是唯一的控制因素。事实上,基因只决定细胞可以合成哪些蛋白质,但不包含产生蛋白质的数量和合成时间等信息。在生理过程调节中,基因、蛋白质和代谢物共同构成了一个完整的系统:基因为 RNA 的合成提供模板,RNA 翻译产生的蛋白质和代谢物反过来以多种方式影响和控制基因的表达,这种调控方式是对单向中心法则的补充。

对基因及其结构、功能、调控和进化信息的揭示,对系统生物学有直接的重要意义。对于 DNA 系统分析而言,一方面,要了解基因在何时表达,如何表达,以及这个复杂的过程是如何被蛋白质、RNA甚至代谢产物调控的;另一方面,还需要了解DNA结构、功能异常与疾病的相关性,以及DNA相关技术的发展和应用。为此,本章首先对DNA的研究历程、结构组成和功能进行简单的阐述,然后将详细介绍DNA组学技术的应用以及DNA测序技术的发展和展望。

第一节　DNA的研究历程

1866年,被称为"遗传学之父"的格雷戈尔·孟德尔(Gregor Mendel)第一个提出遗传性状可以代代相传,并创造了显性和隐性性状等遗传术语。

1869年,瑞士研究员弗里德里希·米舍尔(Friedrich Miescher)在研究淋巴细胞(白细胞)的组成时,首次从细胞核中分离出一种他称之为核蛋白(具有相关蛋白质的DNA)的新分子,揭开了研究DNA的篇章。虽然Miescher是第一个将DNA定义为独特分子的人,但直到20世纪40年代初,人们才开始研究和了解DNA在遗传中的作用。这其中,多位研究人员和科学家对我们今天所知的DNA的理解做出了突出贡献。在近100年后,詹姆斯·沃森(James Watson)和弗朗西斯·克里克(Francis Crick)通过开创性研究进一步推动了Miescher的发现,并从基因遗传的角度阐述了DNA的特性。

1881年,诺贝尔奖获得者、德国生物化学家阿尔布雷希特·科塞尔(Albrecht Kossel)将DNA命名为一种核酸,他还分离出了现在被认为是DNA和RNA的基本组成部分的五个含氮碱基:腺嘌呤(adenine,A)、胞嘧啶(cytosine,C)、鸟嘌呤(guanine,G)、胸腺嘧啶(thymine,T)和RNA中的尿嘧啶(uracil,U)。在Kossel的发现后不久,沃尔特·弗莱明(Walther Flemming)于1882年发现了有丝分裂,作为第一位对染色体分裂进行全面系统研究的生物学家,他的研究对遗传理论的发现起到重要作用。

20世纪初期,西奥多·波尔(Theodor Boveri)和沃尔特·萨顿(Walter Sutton)提出了Boveri-Sutton染色体理论,认为遗传因子位于细胞核内的染色体上,他们的发现对于我们了解染色体如何携带遗传物质并将其代代相传具有重要意义。1911年,摩尔根(Thomas H. Morgan)提出基因学说,认为基因是组成染色体的遗传单位,阐明基因在染色体上呈直线排列,并提出"连锁与互换定律"。1944—1950年,埃尔文·查戈夫(Erwin Chargaff)发现DNA是遗传的原因,且DNA因物种而异。他的发现被称为"查戈夫法则(Chargaff's rules)":所有DNA中腺嘌呤与胸腺嘧啶的摩尔含量相等(A=T),鸟嘌呤和胞嘧啶的摩尔含量相等(G=C),即嘌呤的总含量与嘧啶的总含量相等(A+G=T+C)。20世纪50年代后期,芭芭拉·麦克林托克(Barbara McClintock)因发现可移动的遗传物质——"转座子(也称跳跃基因)"被授予诺贝尔生理学或医学奖。1951年,罗斯林德·富兰克林(Roslind Franklin)利用X射线对DNA进行结构研究,她的图像显示了DNA的螺旋形式。1953年,沃森和克里克发表了DNA的双螺旋结构,成为我们目前对DNA整体研究的基础。

随着研究者们的不断探索,对DNA复杂性及其编码功能的了解不断深入,使得遗传疾病的诊断和治疗成为可能。然而DNA的研究并未止步,研究人员还将使用高精度的测序技术以及多种遗传学手段更深入地了解与性状相关的 DNA 序列及功能。对 DNA 的研究将实现医学领域的极大进步,有助于精准医学理念和个性化医疗的进一步发展,也将为解决疾病预防、世界饥饿和应对气候变化等问题提供助力,最终实现改善人类健康和提高生活质量的根本目的。

第二节　DNA 的结构和功能组成

1　DNA 的结构

　　DNA 由四种不同的脱氧核苷酸构成,每一个核苷酸都由一个含氮碱基、一个五碳糖即 2-脱氧核糖和一个磷酸基组成。脱氧核糖和磷酸交替形成 DNA 骨架,碱基排列于内侧。四种碱基分别为腺嘌呤(A)、胞嘧啶(C)、鸟嘌呤(G)和胸腺嘧啶(T)。这四种碱基严格遵循互补配对原则,也即一条 DNA 链上的鸟嘌呤总是与反平行链上的胞嘧啶配对,腺嘌呤总是与胸腺嘧啶配对。因此,G-C 和 A-T 分别构成碱基对(base paire,bp),而碱基对则成为 DNA 中使用最广泛的大小单位。

　　DNA 分子内脱氧核苷酸的排列顺序,也就是碱基的排列顺序即为 DNA 的一级结构。碱基的严格配对对于 DNA 复制和 DNA 转录过程至关重要。每条 DNA 链的磷酸脱氧核糖主链都有明确的方向,分别为 $3'$ 端和 $5'$ 端,由链上最后一个磷酸脱氧核糖上的键的位置决定。两条多核苷酸单链以反向平行的方式形成双螺旋,例如,$3'$ 到 $5'$ 方向上的单链与另一条 $5'$ 到 $3'$ 方向的单链结合,即为 DNA 的二级结构。在双螺旋中,两条反向平行的 DNA 单链由碱基对之间的氢键连接,A-T 之间有两个氢键,C-G 之间有三个氢键(图 3-2)。DNA 三级结构或 DNA 的高级结构是指 DNA 分子在双螺旋的基础上进一步绕同一中心轴扭曲盘绕,形成超螺旋结构。

2　DNA 的组成

　　在高等生物中,基因由特定数量的染色体组成,染色体由 DNA 和蛋白质组成,这些蛋白质有助于有效地包装 DNA,并有助于基因转录调控。组蛋白是其中尤其重要的一种蛋白质,它既能与 DNA 结合形成复合物,也可作为 DNA 包装过程中的蛋白支架。以大约 150 个 DNA 碱基对为基本单位,缠绕在组蛋白核心周围构成的复合物被称为核小体(nucleosome)。

　　核小体是真核生物 DNA 在细胞核空间中盘绕存在的基本单位形式。核小体的中心是 8 个组蛋白构成的核心,外围包绕着约 146 bp 的 DNA。这些核小体由大约 80 个游离 DNA 碱基对的延伸连接起来,并盘绕成更高级的结构,最终形成染色质。在电子显微镜下可以看到核小体和游离 DNA 的重复模式,使长度大约 2 米的真核 DNA 被包装在直径仅为 10 μm 的细胞核中。

　　核小体四种核心组蛋白分别是 H2A、H2B、H3 以及 H4。这四种组蛋白各两个,构成了核小体的八蛋白质核心(图 3-3)。核小体还是在细胞核中进一步压缩的结构基础。核小体的 8 个组蛋白各有一条多肽链向外伸出,被称为组蛋白的"尾巴",其上有多个位点可以被翻译后修饰,比如乙酰化、甲基化、磷酸化、泛素化等等。

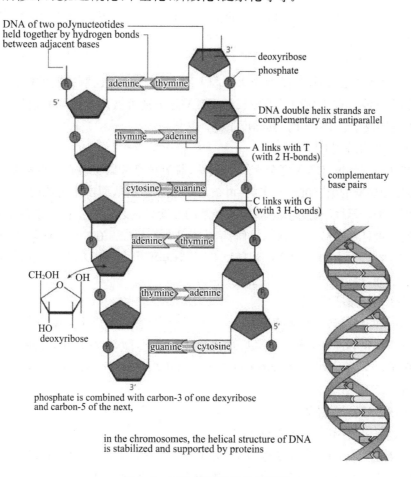

图 3-2　DNA 双螺旋结构示意图

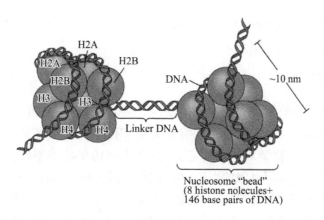

四种组蛋白 H2A、H2B、H3 以及 H4 各两个构成了核小体的八蛋白核心

图 3-3　核小体核心的形成示意图

3　DNA 的理化性质

DNA 是储存、复制和传递遗传信息的主要物质基础,其化学和物理性质稳定,具有遗传变异的能力。

（1）DNA 的物理性质

DNA 为白色纤维状固体,微溶于水。因 DNA 分子量较大、双螺旋的刚性以及线性结构等使其水溶液具有高黏性。当较长的 DNA 分子被机械力或超声波损伤断裂,或双链 DNA 解链形成单链 DNA 时,其黏度下降。

（2）DNA 的化学性质

在强酸和高温环境,DNA 完全水解为碱基、脱氧核糖和磷酸。在浓度略稀的无机酸中,连接嘌呤和核糖的糖苷键最易水解,可被选择性地断裂从而产生脱嘌呤核酸。当 pH 值超出生理范围(pH＝7～8)时,碱效应使碱基的互变异构态发生变化。这种变化影响特定碱基间的氢键作用,导致 DNA 双链解离,即为 DNA 变性。在中性 pH 环境下,一些化学物质(有机溶剂、尿素、酰胺等)会影响 DNA 的碱基堆积力,使 DNA 二级结构在能量上的稳定性被削弱,也可使 DNA 发生变性。

（3）DNA 的光谱学性质

DNA 分子的碱基含有共轭双键,在 260 nm 波长处有最大紫外吸收,可以利用这一特性对核酸进行定量和纯度分析。在某些理化因素作用下,DNA 双链间氢键断裂,DNA 解开成两条单链。单链 DNA 相对于双链 DNA 表现出增色效应,即对波长 260 nm 的光吸收增强的现象。

（4）DNA 的热力学性质

DNA 具有热变性和复性的特征。

① 热变性:DNA 的热变性是指 DNA 分子在加热条件下由稳定的双螺旋结构松解为无规则线性结构的现象。变性后的 DNA 溶液黏度降低,旋光性发生改变,并出现增色效应。

② 复性:变性 DNA 溶液经退火恢复原状的过程称变性 DNA 的复性。DNA 的热变性可通过冷却溶液的方法复原。

4　编码和非编码 DNA

最初人们认为,生物体的 DNA 由所有基因的序列组成。然而随着对 DNA 编码信息和组织结构的不断研究,DNA 已经被证明要比基因复杂得多,甚至基因的概念也随着时间发生了改变。现代生物学对基因的定义为:作为遗传单位或编码蛋白质的 DNA 或 RNA 特定区域。因此,编码基因的直接功能是转录和翻译产生蛋白质。目前认为人类拥有 2 万到 2.5 万个基因,但它们只占人类总 DNA 的 2％,大部分剩余的 DNA 功能未知。

目前对 DNA 的理解如下:绝大多数的 DNA 是非编码的,真核生物中只有少数的 DNA 编码蛋白质合成,低等生物中编码 DNA 的比例较高。人类的平均基因大小约为 3 000 个碱基对,但差异很大。编码区通常富含鸟嘌呤和胞嘧啶碱基对(GC pairs),正是由于其氢键数量较多,比腺嘌呤和胸腺嘧啶碱基对(AT pairs)更稳定。不同物种的基因编码和非编码区域的调节模式不同。

从序列数据预测基因仍然是一个挑战。识别基因的一个依据是开放阅读框(open reading frame,ORF),ORF 是一段不包含终止密码子的 DNA 序列。起始密码子和一个足够长的 ORF 常被用作潜在编码区的初筛工具,但它们并不能证明这些区域将被转录翻译成蛋白质。即使在真核生物基因中,DNA 通常也含有不能翻译成蛋白质的序列,即内含子。这些内含子通常被转录,随后在剪接过程中被删除,而基因中的编码序列——外显子,则被合并成一条信息,最终被翻译成蛋白质(图 3-4)。由此可见,真核生物的绝大多数基因都是不连续的断裂基因。目前认为,一些内含子也能被转录成 RNA,如 microR-NA,可以调控编码蛋白的基因表达。

随着人们对非编码 DNA 的了解,发现这些 DNA 并非“无用的”,它们在细胞中发挥着非常重要的作用,包括在转录和翻译水平上的调节作用。有些非编码 DNA 在进化过程中非常稳定,甚至在不同物种间具有保守性,这意味着它们经历了强大的选择压力,也因此有可能对生命体十分重要。然而,目前对非编码 DNA 的研究还处于初始阶段,主要集中在非编码基因位置的识别和特定功能探索方面,如启动子、增强子、抑制子、绝缘体和基因位点控制区等,对其中隐藏的信号及其在基因调控中的作用还需深入研究。

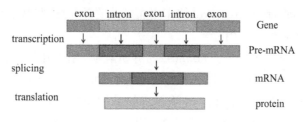

图 3-4　基因外显子和内含子

5　基因的大小和分布

基因是一种位于染色体上影响性状的遗传因子。每个基因在染色体上占据一个位置,称基因位点(gene locus)。真核生物的染色体以成对的形式存在,其中一条来自父方,另一条来自母方,称为同源染色体(homologous cheomosome)。位于一对同源染色体相同位置上控制同一性状不同形态的基因称为等位基因(allele)。如果两个等位基因一样,称为纯合(homozygous);如果两个等位基因不一样,则称为杂合(heterozygous)。

(1) 基因的大小

不同生物基因组大小及复杂程度不同,具有物种差异性。基因组的大小与生物体的大小和复杂性无关,甚至与蛋白质编码基因的数量也无关。人类 DNA 由大约 30 亿个碱基对组成,其中 2% 形成 2 万到 2.5 万个蛋白质编码基因。有些植物的基因是人类的两倍多;无恒变形虫(Polychaos dubium)的 DNA 数量甚至是人类的 200 倍;而红鳍东方豚(Fugu rubripes)的基因组比任何脊椎动物都短,然而其包含约 30 000 个基因,大约 4 亿个碱基对,远多于人类编码蛋白的基因数量。

一般来说,从原核生物到真核生物,其基因组大小和 DNA 含量是随着生物进化复杂程度的增加而逐步上升的。将人类的基因组大小与细菌进行比较,可以看到一些趋势。

如果一个菌种生活在一个稳定且营养充足的环境中,如动物的肠道内,其基因的平均数量约为 2 000 个。与之相比,水生细菌有大约 3 000 个基因,而陆生细菌平均约有 4 500 个基因。对此,一种直观的解释认为,如果有机体必须在急剧变化的生态中生存,庞大的基因组是必需的,因为更大的基因组允许更多、更复杂的代谢系统。随着生物结构和功能复杂程度的增加,需要的基因数目和基因产物种类越多,因而基因组也越大。但不同生物的基因组间具有一定的相关性,表现为基因特性的相似、结构及组成的雷同、遗传信息的传递方式和遗传密码的趋同性。

(2) 基因在染色体上的分布

自从 1995 年流感嗜血杆菌(Haemophilus influenze)的全基因组第一个被测序以来,近几年来被全基因组测序的物种的数目呈几何型增长。目前,包括人类在内已发表的被全基因组测序的物种的数目超过 1 000 个。大量的基因组数据使得我们可以从基因组结构的分析中获得许多重要的生物学的信息。理论上,由于基因组中存在着重组(recombination),尤其是细菌基因组重组率相当高,在多个物种中保持基因的顺序和相对位置(gene order)不变的概率较低。但是越来越多的证据证实基因在染色体上的分布不是随机的,基因在多个物种中都保持了独特的顺序和相对位置,这种基因分布的保守性很可能是由于选择性压力(selective pressure)的作用而导致的,同时这些基因编码的蛋白质在空间或者功能上很可能有相互作用。

比较基因组学(Comparative genomics)的分析表明,基因在染色体上不是随机分布的,基因顺序和相对位置存在保守性。另外,在基因密度(gene density)方面,不同物种的基因密度也各不相同,例如细菌和酵母基因组的基因密度远远高于人类。在酿酒酵母(Saccharomyces cerevisiae)中,至少 6 274 个基因被分布在长度为 3 Mb 的基因组上,平均大约每 2 Kb 分布着一个基因。然而在人类基因组中,大约 30 000 到 4 000 个基因分布在长度为 3 Gb 的基因组上,平均大约每 85 Kb 才有一个基因。

在真核生物中,一部分基因倾向于以簇(cluster)的形式分布于染色体上,最典型的例子就是珠蛋白基因家族。在进化过程中,一组基因可能保持在同一区域形成基因簇,也可能经过染色体重排而分布到新的位置上。基因簇中功能基因的保留需要借助基因转换或不等交换等机制,这些机制使得突变扩展到整个基因簇,从而抵抗选择压力的作用。另外一个典型的例子是印迹基因的成簇存在。基因组印迹是指来自父方和母方的等位基因在通过精子和卵子传递给子代时发生了修饰,使带有亲代印记的等位基因具有不同的表达特性,这种修饰包括 DNA 甲基化、组蛋白乙酰化等。目前发现的印迹基因大约 80% 成簇,这些成簇的基因被位于同一条链上的顺式作用位点所调控,该位点被称为印迹中心。印迹基因的异常表达会引发伴有复杂突变和表型缺陷的多种人类疾病。

值得注意的是,随着研究的范围扩展到全基因组水平,尤其是用微阵列技术进行转录研究发现,在真核生物中广泛存在着共表达(co-expression)现象,并且共表达的基因有成簇存在的趋势。这些基因簇表现出共表达的特点也证明了基因在染色体上的分布与转录调控存在一定关系。目前已发现在原核生物中,转录调控与染色体上的基因分布有关,最重要的例子是操纵子。当相互作用的蛋白质由一个多顺反子(polycistronic)的 mRNA 编码的时候,这一组相邻的基因就称为操纵子。通常与某种生化代谢途径相关的蛋白质都会聚在一起形成操纵子,这种结构有效地保证了基因的共调控。

过去几十年的技术进步使得确定特定DNA链中的核苷酸顺序成为可能。这种自动化的测序能力开启了遗传学解密的新篇章,让人们能够更加深入地了解大自然在创造生命过程中的编码方式。大量的实验技术和计算工具用于确定并比较不同物种的DNA序列,这些测序技术促使人们建立多个物种的基因清单,并了解基因变异情况。其中人类基因组计划(https://www.genome.gov/),基因本体论项目(The Gene Ontology Project,http://www.geneontology.org/),日本DNA数据库(http://www.ddbj.nig.ac.jp/),美国国家生物技术信息中心(National Center for Biotechnology Information,NCBI,http://www.ncbi.nlm.nih.gov/guide/all/)的GenBank(http://www.ncbi.nlm.nih.gov/genbank/)等数据库可用于多个物种的DNA序列检索、位置查询及功能预测。

6 DNA的复制、转录和翻译

(1) DNA的复制

生命体的生长繁衍都需要通过细胞的分裂增殖实现,准确复制自身的遗传物质并精准地遗传给子代是关键,在此过程中遗传物质的复制至关重要。目前绝大多数的真核生物已经发展出精细的调控机制以确保DNA复制的完整性。

DNA复制是指在细胞分裂前,DNA通过半保留复制的机制,实现由一条双链变成与原来一样的两条双链的过程。DNA复制遵循严格的碱基配对原理,复制过程包括三个阶段:

① 起始阶段:在该阶段DNA复制起点被识别,DNA复制解旋酶组装活化,解旋酶在局部将双螺旋结构的DNA分子展开为单链,完成解链过程。

② 延伸阶段:引物酶辨认起始位点,以解开的一段DNA为模板,利用半保留复制机制,按照5′端到3′端方向合成新的DNA链。DNA聚合酶催化DNA的两条链同时进行复制,但由于复制过程只能由5′端到3′端方向合成,因此一条链能够连续合成,另一条链则分段合成,其中每一段短链成为冈崎片段(Okazaki fragments)。当DNA合成一定长度后,DNA聚合酶将冈崎片段连接起来,形成完整的DNA分子。

③ 终止阶段:当两组复制叉相遇时,复制复合体从染色体上解离,完成复制过程。新合成的DNA片段在旋转酶的帮助下重新形成螺旋状。

真核生物的DNA复制隶属于细胞周期这一过程,受到细胞周期的调控。真核生物的细胞周期分为G0/G1期、S期、G2期和M期。G1期主要进行复制的准备工作,S期进行遗传物质的合成,G2期为DNA合成后期,M期为有丝分裂期。在细胞分裂前的DNA复制过程中,双链DNA打开,两条单链分别作为模板,复制后与新生成的DNA链结合产生两个相同的DNA分子,随着细胞分裂分别进入两个子细胞。DNA复制的正常进行对于基因组的完整性是至关重要的。

(2) DNA的转录

DNA的转录是指以DNA的一条链为模板,按照碱基互补配对原则合成一条单链RNA的过程。DNA转录是蛋白质合成的第一步。转录的基本过程包括:模板识别、转录起始、转录延伸和转录终止。

① 模板识别：RNA 聚合酶（RNA polymerase）识别 DNA 上某个基因的启动子（promoter）并与之结合。

② 转录起始：转录起始是指 RNA 聚合酶与双链 DNA 非特异性结合，随后 RNA 聚合酶全酶与启动子形成封闭复合物，使 RNA 链上产生第一个磷酸二酯键。一旦 RNA 聚合酶成功地合成 9 个以上核苷酸并离开启动子区，转录就进入延伸阶段。

③ 转录延伸：DNA 上某段基因片段首先打开双螺旋，以其中一条编码链（coding strand/sense strand）作为模板，另外一条叫作模板链（template strand/antisense strand），核心酶沿模板 DNA 链移动并按照碱基互补配对的方式（此时 T 被 U 取代）使新生 RNA 链不断伸长。

④ 转录终止：当 RNA 链延伸到转录终止位点时，RNA 聚合酶不再形成新的磷酸二酯键，RNA 聚合酶和 RNA 链从模板上释放，DNA 恢复成双链结构。转录形成的首先是信使 RNA 前体（precursor messenger RNA，pre-mRNA），pre-mRNA 经加工后形成成熟的 mRNA。mRNA 穿出核孔进入细胞质中的核糖体上，核糖体读取密码指导蛋白质合成。

（3）翻译过程

DNA 序列看起来像是 A、C、G 和 T 的随机排列，但它实际上包含了大量的信息。每 3 个连续碱基为三联"密码子"，编码相应的氨基酸。密码子也可以对开始和停止信号进行转录。由于密码子的简并性，即同一种氨基酸具有两个或更多密码子的现象，每个氨基酸至少对应 1 种密码子，同一个氨基酸最多有 6 种对应的密码子。4 种核苷酸的三联体可以有 64 种不同的组合，而大多数生物只使用 20 种氨基酸。

以 mRNA 作为模板进行蛋白质生物合成的过程称为翻译。核糖体从 mRNA 的起始密码子 AUG 开始，沿着 mRNA $5'$ 端到 $3'$ 端方向进行移动。在此过程中，转运 RNA（Transfer RNA，tRNA）携带氨基酸进入核糖体，通过氢键暂固定，并与前一个氨基酸通过肽键结合，此过程重复至核糖体遇到终止密码子 UAG、UGA 或 UAA 结束。

tRNA 呈类似三叶草构型，其 $3'$ 端结合氨基酸，另一端包含三个特殊的碱基形成反密码子（anticodon），反密码子和 mRNA 上的序列互补配对。不同 tRNA 的反密码子不同，因此携带的氨基酸也有一定差异。氨基酸排列组合，通过缩合反应形成肽链。需要注意的是，不同物种、不同生物体的基因密码子使用时存在很大的差异，且不具备随机性。各种生物体偏爱使用三联密码子（即编码相同氨基酸的密码子）的现象被称为密码子使用偏性。研究发现，特定的三联密码子对同一氨基酸的偏好具有物种特异性，且与生物的系统发育相似性相关。这一特质可以用于区分原核生物、真核生物、质粒和线粒体的 DNA，也可以用来描述由不同的同居物种组成的种群的基因组特征。

7 DNA 表观遗传修饰

人们逐渐发现一些不符合经典遗传学理论预期的无法解释的现象，例如：马和驴交配的后代差别较大；同卵双胞胎虽然具有完全相同的基因组，但在同样的环境中长大后其性格、健康等方面呈现出较大的差异。也就是说，在个体 DNA 序列没有发生改变的情况下，基因功能发生了可遗传的变化，并最终导致了表型的变化。这些现象共同指向了表观遗传学(epigenetics)修饰。表观遗传学是一个广义的术语,是指导致基因表达修饰变化而不带来任何DNA碱基序列改变的分子过程。参与基因表达修饰的主要表观遗传机制包括DNA甲基化、组蛋白修饰、基因印记、表观遗传学作用和转录调节因子等(详细内容见表观遗传调控章节)。在本章节中重点探讨DNA甲基化过程。

(1) DNA甲基化

DNA甲基化是表观遗传机制中一种重要的调控方式,可能存在于所有高等生物中。这种修饰作用发生在DNA复制之后、转录之前。DNA的甲基化是一种共价修饰,并不干扰碱基配对原则,但能影响蛋白质与DNA的结合,调控基因的表达。真核生物中,DNA甲基化主要是指在甲基化CpG结合蛋白(methyl CpG-binding domain,MBD)和DNA甲基转移酶(DNA methyltransferase,DNMm)的作用下,CpG二核苷酸5′端的胞嘧啶5位碳原子上连接一个甲基转变成为5甲基胞嘧啶(5 methylcytosine,5mC)的过程。5甲基胞嘧啶被称为"第五碱基"。聚集CpG二核苷酸的CpG岛是人类基因组甲基化形成与发挥调控作用的重要区域,与约60%的人类基因启动子相关。

尽管最近的证据表明非CpG甲基化也存在,特别是在胚胎干细胞的CpA和CpT位点,但哺乳动物基因CpG甲基化水平占比达70%至80%。DNA甲基化在维持正常细胞功能、遗传印记、胚胎发育、等位基因失活以及肿瘤发生中起着重要作用。

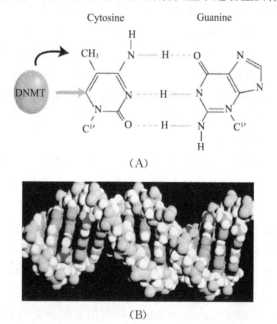

(A)

(B)

(A) 在胞嘧啶嘧啶环(黑色箭头)的5位置添加甲基(CH3)不会在空间上干扰GC碱基配对,DNA甲基转移酶在甲基转移过程中与碳6位共价结合;(B) 两个自配对CpG序列中胞嘧啶甲基化的DNA模型。配对的甲基部分位于双螺旋的大沟中。

图3-5　DNA胞嘧啶甲基化

原核生物中CCA/TG和GATC常被甲基化,而真核生物中甲基化多发生于胞嘧啶(C)上。一些低级真核生物如神经孢子虫和无脊椎动物以及植物中也存在DNA甲基化。除了5mC之外,DNA甲基化的形式还包括5-羟甲基胞嘧啶(5hmC)、4甲基胞嘧啶

（4mC）、N6 甲基腺嘌呤（6mA）和 7 甲基鸟嘌呤（m7G）等。其中，于 2009 年在哺乳动物基因组中发现的 5hmC，现在被广泛认为是"第六碱基"。5mC 存在于原核生物和绝大多数真核生物中，是脊椎动物和哺乳动物中主要的修饰，参与调控染色体高级结构维持、X 染色体失活以及细胞功能的维持和胚胎发育，乃至疾病的发生发展等过程。4mC 是存在于原核生物中的一种修饰，用以保护自身的基因组 DNA 免受限制性内切酶的切除。6mA 主要以高丰度存在于原核生物及一些低等的真核生物中。细菌中的 6mA 修饰在 DNA 复制、碱基修复、基因表达调控、转座子调控及宿主与病原体之间的相互拮抗等方面具有重要的调控功能。

甲基的添加由 DNA 甲基转移酶（DNMTs）家族进行，真核生物中甲基转移酶的分布各不相同。目前在哺乳动物中已发现 4 种 DNMTs，根据结构和功能的差异将其分为两大类：Dnmt1 和 Dnmt3（包括 Dnmt3a、Dnmt3b 以及 Dnmt3L 等）。Dnmt1 通常被认为是维持性 DNA 甲基转移酶，因为它仅在 CpG 位点甲基化、半甲基化 DNA，可参与 DNA 复制双链中的新合成链的甲基化；Dnmt3 是主要的从头甲基化酶，它们可甲基化 CpG，使其半甲基化，继而全甲基化，可能参与细胞生长分化调控。因此，在哺乳动物中，DNA 甲基化模式在胚胎发育过程中通过 Dnmt3a 和 Dnmt3b 的从头甲基化酶建立，当细胞分裂时，由 Dnmt1 介导的复制机制维持。

虽然 DNA 甲基化模式可以在细胞之间传递，但并不是永久性的。事实上，DNA 甲基化模式的变化可能发生在个体的整个生命周期中。DNA 甲基化程度的改变可能是对环境变化的生理反应，也可能与病理过程有关，例如致癌转化或细胞衰老。DNA 甲基化标记可以通过 Tet（ten eleven translocation）蛋白的 DNA 羟化酶家族的主动去甲基化机制或通过在细胞分裂期间抑制维持甲基转移酶 Dnmt1 的被动去甲基化过程来去除。

（2）DNA 甲基化的生物学作用

① DNA 甲基化调控基因表达

DNA 甲基化作为一种可遗传的修饰方式，为非编码 DNA 的长期沉默提供了多种有效的抑制机制。哺乳动物的分子和遗传学研究表明，DNA 胞嘧啶甲基化与基因沉默有关。甲基胞嘧啶的甲基部分位于 DNA 螺旋的大沟中，许多 DNA 结合蛋白在此处与 DNA 接触。因此，甲基化可能通过吸引或排斥各种 DNA 结合蛋白来发挥其作用。基因组的某些区域包含 CpG 序列簇，称为 CpG 岛，并且大多位于基因启动子的正上游。一般来说，CpG 岛无 DNA 甲基化。基因启动子区内 CpG 位点的甲基化可能通过 3 种方式影响基因转录活性：① CpG 甲基化区域直接阻碍转录因子的结合，阻止转录；② 甲基 CpG 结合蛋白（methyl-CpG-binding proteins，MBP）被吸引并结合含有 DNA 的甲基化 CpG 二核苷酸，与其他转录复合抑制因子相互作用，或向甲基化启动子区域招募抑制复合物，从而促使转录沉默；③ 染色质结构的凝集阻碍转录因子与其调控序列的结合。

② DNA 甲基化与胚胎发育和遗传印记

DNA 甲基化在维持正常细胞功能、遗传印记、胚胎发育过程中起着极其重要的作用。研究表明胚胎的正常发育得益于基因组 DNA 适当的甲基化。在哺乳动物体内，DNA 甲基化模式在配子形成时已经建立，配子形成期与早期胚胎发育阶段甲基化改变最剧烈。一方面，胚胎发育中 DNA 甲基化水平的改变使个体建立了新的 DNA 甲基化模式，并在此后的细胞分裂中不断维持下去,同时也使不同的基因具有了不同的命运。另一方面,在胚胎发育的不同时期,基因组范围内的 DNA 甲基化水平的剧烈改变,对胚胎正常发育和等位基因的选择表达至关重要。错误甲基化模式的建立将诱发多种疾病,如 Prader-Willi 综合征、Angelman 综合征和脆性 X 染色体综合征等。

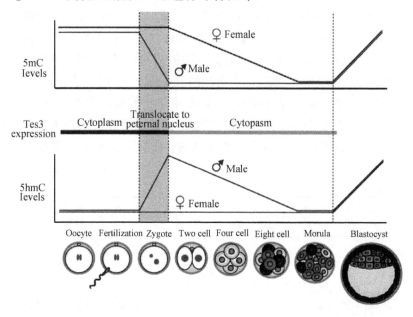

图 3-6　胚胎植入前发育过程中父本和母本基因组中 5mC/5hmC 的动态变化

胚胎发育中的活性启动子也会被甲基化打上印记,而使其在体细胞中失活以保证个体的正常发育。那些具有潜在表达活性的基因启动子内的 CpG 岛会保持非甲基化状态,在子代细胞中仍能保持转录活性;而印记基因与失活 X 染色体上的基因启动子的 CpG 岛则会发生从头甲基化,而在子代细胞中表现为可遗传的基因沉默。印记基因的异常表达可以引发伴有突变和表型缺陷的多种人类疾病,如:脐疝-巨舌-巨大发育综合征(Beckwith-Wiedemann Syndrome,BWS)和 Prader-Willi 综合征(PWS)等。

③ DNA 甲基化与人类疾病

在个体生长发育过程中,膳食习惯、环境因素、致病因素等都可能改变正常的表观遗传机制,其中 DNA 甲基化是最常见的表观遗传修饰,也是调节基因组功能的重要机制。目前已知 DNA 甲基化异常与人类心脑血管疾病、代谢性疾病、免疫系统疾病、神经心理疾病和癌症等相关。DNA 甲基化的改变可以影响细胞因子等相关基因表达,导致 T 细胞分化及反应性改变,与免疫系统疾病(如系统性红斑狼疮、哮喘、风湿性关节炎等)的发病密切相关。胰岛细胞内 2 型糖尿病相关基因位点甲基化水平改变可能是致病的潜在机制。有大量研究表明,人体血液和脑组织细胞 DNA 的甲基化水平会随着年龄增长而发生变化,且 DNA 甲基化在致病蛋白生成(如 β-淀粉样蛋白、α-突触核蛋白)、沉积和清除中发挥重要调控作用,是导致神经退行性病变的因素之一。神经内分泌系统、免疫系统相关基因的 DNA 甲基化和去甲基化会影响代谢酶和受体的表达,参与高血压、动脉粥样硬化等疾病的发生发展。

　　DNA甲基化状态的改变是引起肿瘤的一个重要因素,这种变化包括基因组整体甲基化水平降低和CpG岛局部甲基化水平的异常升高,从而导致基因组的不稳定(如染色体的不稳定、可移动遗传因子的激活、原癌基因的表达)和抑癌基因的不表达。如果抑癌基因中有活性的等位基因失活,则发生癌症的概率提高。特定基因CpG位点的异常甲基化已被证实与几乎所有癌症相关。例如:S100钙结合蛋白P基因(S100P)和透明质酸氨基葡萄糖苷酶2基因(HYAL2)的血液甲基化与乳腺癌之间存在年龄依赖性相关性,S100P的低甲基化对45岁及以下的女性显示出保护作用,但对大于45岁的女性则不然。相比之下,HAYL2的低甲基化与45岁及以下女性的乳腺癌无关,但对于大于45岁的女性来说是一个危险因素。癌细胞与健康细胞在DNA甲基化方面存在不同,而且在肿瘤临床确诊之前就可检测出特异基因的甲基化异常现象,因此甲基化可以作为肿瘤等的早期诊断的生物标记物和预后评估指标,还可以用于预测肿瘤病人的预后,为肿瘤病人制订治疗计划。

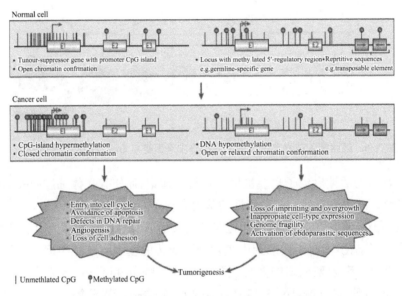

图3-7　肿瘤形成的DNA甲基化改变模式

　　(3) DNA甲基化检测方法

　　近些年来,人们越来越认识到DNA甲基化研究的重要性。随着对甲基化研究的不断深入,各种各样的甲基化检测方法被开发出来以满足不同类型研究的要求。这些方法概括起来可分为基因组整体水平的甲基化检测和特定位点甲基化检测。主要包括以下方法:

　　① 重亚硫酸氢盐测序(Bisulfite sequencing,**BS-Seq**)

　　其被认为是5mC鉴定的金标准,原理是重亚硫酸盐不影响甲基化C,却能将未发生甲基化的C转变成U(尿嘧啶),后者在PCR反应中变成T,并由此将甲基化C与未甲基化C区分开;再结合高通量测序技术,即可得到单碱基分辨率的全基因组5mC修饰图谱。

　　② **MeDIP**

　　甲基化DNA免疫沉淀(MeDIP)是一种用于无偏倚检测甲基化DNA的通用方法,可用于在全基因组范围内生成全面的 DNA 甲基化图谱。该方法使用特异性识别 5-甲基胞苷的单克隆抗体,通过免疫沉淀富集甲基化基因组 DNA 片段;然后通过对特定区域进行 PCR 或对整个基因组使用 DNA 微阵列来确定甲基化状态。

③ 焦磷酸测序

通过焦磷酸测序分析 DNA 甲基化模式,可以以高分辨率在近距离内对几个 CpG 的甲基化程度进行可重复和准确的测量。该方法具有高度的灵敏度和定量性,通常应用于特定区域的甲基化分析。

④ CHARM 分析

基于阵列的综合高通量相对甲基化(CHARM)分析是一种基于微阵列的方法。它可以应用于覆盖整个基因组(通常是非重复序列)或特定区域的定制设计的微阵列。该方法是定量的,数据分析是直接的。在比较来自大量样品的 DNA 甲基化模式时,它比其他方法具有优势。

⑤ Illumina 甲基化芯片

具备全面的全基因组覆盖范围,覆盖＞95％的 CpG 岛,分辨率高,可基于单核苷酸分辨率定量检测基因组中的甲基化位点。

随着甲基化研究的不断深入,甲基化分析技术将逐步完善。完善的研究技术将提供强有力的技术支持,从而为表观遗传、胚胎发育、基因印记及肿瘤研究提供一些新的思路。总的来说,DNA 甲基化修饰的鉴定技术在不断更新,但未来仍需要准确度更高、费用更低的检测方法对修饰位点进行单碱基精度的检测,以便我们解析这些修饰是如何影响基因命运并参与各种生理过程的。

第三节　DNA 组学及检测技术

1　真核生物基因组

Winkler 在 1920 年首次提出基因组(genome)一词,意为基因(gene)与染色体(chromosome)的组合。目前在不同的学科中对基因组含义的表述有所不同,从细胞遗传学的角度来看,基因组是指一个生物物种单倍体的所有染色体数目的总和;从经典遗传学的角度看,基因组是一个物种的所有基因的总和;从分子遗传学的角度看,基因组是一个生物物种所有的不同核酸分子的总和;从现代生物学的角度看,基因组是指一个生物物种的结构和功能的所有遗传信息的总和,包括全部的基因和调控元件等。动物基因组的主要成分是核基因组,与细胞质分开,组成核基因组和线粒体基因组的序列形式与原核生物显著不同,在不同物种间也存在差异,另外还包含大量的不编码蛋白质的 DNA 序列。人的基因组则包括核基因和线粒体基因;植物基因组包括核基因和叶绿体基因。

真核生物基因组(eucaryotic genome)包括核内的染色体基因组,以及细胞质中的线粒体、叶绿体基因组等。由于进化程度的不同,不同种类的真核生物基因组的大小及复杂程度相差甚远。人类基因组大约由 3.16×10^9 bp 构成,其中仅 1.2％为编码蛋白的外显子,共合成约 20 500 个基因。

细胞核中的染色体 DNA 为线状双链,分子量较高,在组成上有单一序列和不同程度的重复序列,重复次数可达数百万次以上,并且大多为不编码蛋白的内含子序列,因此真核生物基因具有不连续性。基因组 DNA 在形成染色体时发生了高度压缩,DNA 首先结合组蛋白压缩～7 倍形成直径 10 nm 的核小体串珠;经适当处理后,核小体串珠结构可进一步折叠,再次压缩 6 倍形成螺线管(直径 30 nm)结构;螺线管经处理后折叠为超螺线管(直径 0.4 μm),经再次折叠形成染色单体。至染色单体形成后,DNA 共被压缩了 8 100 次。

多数真核生物线粒体基因组(mtDNA)为单个环状超螺旋,分子量小,大多在 15～60 kb。基因组大小变化主要与重复序列、富含 AT 的基因间隔区、可移动元件和内含子有关。真核生物线粒体基因含量变化显著,平均编码 40～50 个基因。人类线粒体基因组由 16 569 bp 组成,编码 37 个基因。疟原虫仅编码 5 个基因,而 Jakobid 鞭毛虫则编码约 100 个基因。线粒体基因组的生物学功能保守,仅涉及呼吸和氧化磷酸化、转录、翻译、RNA 成熟、蛋白转运这 5 方面功能。人类线粒体的基因排列得非常紧凑,除与 mtDNA 复制及转录有关的一小段区域外,无内含子序列。在 37 个基因之间,基因间隔区总共只有 87 bp,只占 DNA 总长度的 0.5%,mtDNA 的任何突变都会累及基因组中一个重要功能区域。

2　真核生物 DNA 分析基本策略

对一个已知或未知基因的结构或表达进行研究,主要包括以下步骤:① 序列测定:进行基因的 DNA 序列分析;② 荧光原位杂交(Fluorescence in situ hybridization, FISH)技术:分析基因的染色体上定位;③ Southern Blot:研究基因在基因组中的拷贝数及状态;④ 实时荧光定量聚合酶链式反应(qPCR)技术:检测特定基因表达水平;⑤ Western Blot 技术:检测基因表达产物蛋白质的水平。利用 DNA 定性定量分析可从不同角度对基因和基因组进行结构及功能研究。在本章节中主要阐述 DNA 序列分析、DNA 定位分析及表达产物含量检测方法的原理及步骤。

① DNA 测序技术

DNA 序列测定可以揭示基因和基因组一级结构变化,通过 DNA 测序可对定点突变进行确认,分析人工重组的基因,以及鉴定基因和基因组变异情况,因此 DNA 测序在医学研究中具有重要意义。1977 年,Walter Gilbert 和 Frederick Sanger 分别建立了 DNA 测序技术——化学裂解法和双脱氧链终止法,并于 1980 年共同获得诺贝尔化学奖。由此开始,这项在未来主导生命科学领域发展的技术开始被广泛应用于研究工作中。传统的 DNA 测序方法主要包括化学裂解法、双脱氧链终止法和荧光自动测序技术。

a. 化学裂解法

1976—1977 年,Allan Maxam 和 Walter Gilbert 开发了一种基于 DNA 化学修饰和随后在特定碱基上切割的 DNA 测序方法,即化学裂解法。该方法是在对原有 DNA 的化学裂解过程基础上,在待测 DNA 片段 3′端或 5′端进行同位素标记,再将 DNA 样品分别进行多组具碱基特异性、随机的、不完全的化学修饰。分别用不同的化学试剂处理造成碱基特异性切割,使 DNA 片段分别于某一种碱基处断裂。因此,从放射性标记的末端到每个分子中的第一个"切割"位点,会产生一系列标记的片段。DNA 片段在高分辨力的聚丙烯酰胺凝胶电泳中并排排列并按尺寸进行分离。将凝胶暴露于 X 射线胶片进行放射自显影,即可根据胶片上显示的末端标记片段分布情况直接读出 DNA 序列。

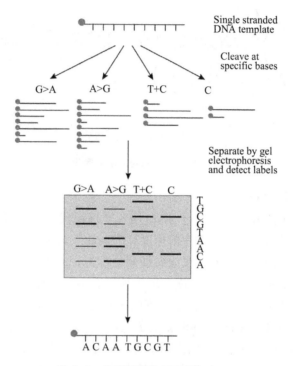

图 3-8　化学裂解法示意图

b. 双脱氧链末端终止法

双脱氧链末端终止法也称 Sanger 法,由 Sanger 等于 1977 年发明提出。双脱氧指的是双脱氧核苷酸,这种核苷酸在 2、3 号位碳上都脱氧,$2'$、$3'$ 双脱氧三磷酸核苷酸(ddNTP)的 $3'$ 位因脱氧而失去游离－OH。因 DNA 聚合酶催化的 DNA 链延伸是在 $3'$－OH 末端上进行的,由于脱氧三磷酸核苷酸(dNTP)不存在 $3'$－OH 末端,故不能与下一个核苷酸的 $5'$－P 端形成 $3',5'$ 磷酸二酯键,所以聚合反应将无法从 $5'$ 端向 $3'$ 端继续延伸,聚合反应终止于 ddNTP。

基于此反应原理,以待测单链 DNA 为模板,以 4 种脱氧三磷酸核苷酸为底物,在 DNA 聚合酶催化下进行延伸反应。设立四种相互独立的测序反应体系,在每个反应体系中加入不同的双脱氧核苷三磷酸(ddATP、ddGTP、ddCTP 或 ddTTP)作为链延伸终止剂,分别终止于 A、G、C 和 T 四个反应体系。在测序引物引导下,按照碱基配对原则,每个反应体系中合成一系列长短不一的引物延伸链,通过高分辨率的变性聚丙烯酰胺凝胶电泳分离,放射自显影检测后,从凝胶底部到顶部按 $5'→3'$ 方向读出新合成链序列,由此推知待测模板链的序列。Sanger 法因操作简便得到广泛的应用。后来在此基础上发展出多种 DNA 测序技术,其中最重要的是荧光自动测序技术。

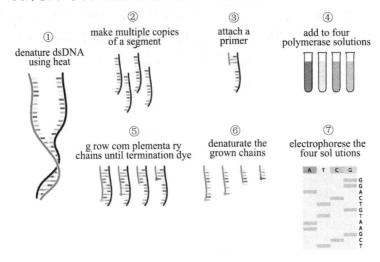

图 3-9　Sanger 法测序步骤

c. 荧光自动测序技术

荧光自动测序技术基于 Sanger 原理,用荧光标记代替同位素标记,并用成像系统自动检测,从而大大提高了 DNA 测序的速度和准确性。其中,采用 4 种不同的荧光分别标记 4 种 ddNTP 终止反应产物,替代放射性同位素标记是实现 DNA 测序自动化的基础。荧光自动测序技术的步骤主要为:首先用 4 种带有不同荧光染料标记的终止物 ddNTPs进行 Sanger 测序反应,反应产物经毛细管电泳分离,随后由激光激发不同大小 DNA 片段上的荧光分子,并发射出四种不同波长的荧光,荧光信号经采集、计算机分析后直接翻译成 DNA 序列。目前应用最广泛的应用生物系统公司 applied biosystems,AB3730 系列自动测序仪,即基于毛细管电泳和荧光标记技术的 DNA 测序仪。

化学裂解法、双脱氧链终止法和荧光自动测序技术属于第一代 DNA 测序技术。第一代测序技术在分子生物学研究中发挥过重要的作用,如人类基因组计划(human genome project,HGP)主要基于第一代 DNA 测序技术。目前基于荧光标记和 Sanger 的双脱氧链终止法原理的荧光自动测序仪仍被广泛地应用。随着人类基因组计划的完成,人们进入了后基因组时代,即功能基因组时代,传统的测序方法已经不能满足深度测序和重复测序等大规模基因组测序的需求,这促使了第二代、第三代 DNA 测序技术相继诞生。

② FISH 技术

自从 1969 年由 Gall 和 Pardue 引入原位杂交(In Situ Hybridization,ISH)以来,由于其在不改变细胞的细胞学、染色体或组织学完整性的情况下可视化核酸序列的独特能力,已在分子形态学中具备多种用途。荧光原位杂交(Fluorescence in situ hybridization,FISH)技术是传统分子杂交过程的一种变体,是 20 世纪 80 年代末期在原有的放射性原位杂交技术的基础上发展起来的一种非放射性原位杂交技术。FISH 是一种应用已知的荧光标记单链核酸为探针,按照碱基互补的原则与组织细胞中的待测核酸进行特异性结合,再应用探针标记物相关的检测系统,在核酸原有的位置将其显示出来的一种检测技术。

　　由于 DNA 分子在染色体上是沿着染色体纵轴呈线性排列,因而可以以探针直接与染色体进行杂交从而将特定的基因定位在染色体上。相比放射性原位杂交方法存在的操作麻烦、分辨率有限、探针不稳定、放射性同位素的危害较高等问题,FISH 具有稳定性好、操作安全、结果迅速、空间定位准确、干扰信号少、一张玻片可以标记多种颜色探针等优点,这些优点使 FISH 逐渐成为一种研究分子细胞遗传学优先选择的方法。

　　FISH 作为确定基因片段在染色体上位置最直接的方法,在人类基因组研究中的应用日益广泛、深入。原位杂交样本经适当处理后,使细胞通透性增加,让探针进入细胞内与 DNA 或 RNA 杂交,因此,组织、脱落细胞、羊水、血液、骨髓都可以进行 FISH 检测,且不仅局限于新鲜样本,石蜡包埋样本也可以进行检测。由于使用的是特异的荧光探针,一方面使人为的判断误差大大减小;另一方面,根据荧光信号判断结果,比染色体分析获得结果更加快速,且重复性好。目前 FISH 技术已经广泛应用于染色体精细结构分析如基因或染色体发生扩增、缺失、融合或断裂,病毒感染分析,人类产前诊断,肿瘤遗传学,基因组进化研究等领域。

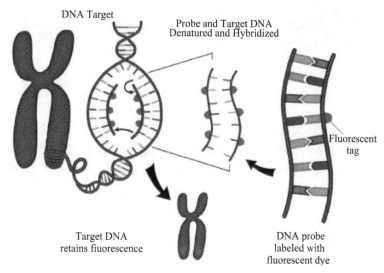

图 3-10　FISH 技术示意图

③ Southern Blot 技术

　　Southern Blot 技术是英国的 Edwin Southern 于 1975 年发明的第一项具有重大的划时代意义的 DNA 分析技术,可用于检测样品中的 DNA 及其含量,了解基因的状态,如是否有点突变、扩增重排等,是遗传筛查、DNA 图谱分析和 PCR 产物分析中应用最广的、最重要的技术。

　　Southern Blot 技术一般包括真正 blotting(印记)之前的 DNA 提取纯化和限制性内切酶酶切、凝胶(琼脂糖或 PAGE)电泳分析等步骤。其主要原理是将待检测的 DNA 分子用限制性内切酶消化后,通过琼脂糖凝胶电泳将 DNA 分子按分子大小进行分离,继而将其变性并按其在凝胶中的位置依"虹吸原理"而原位转移(in situ blotting)到硝酸纤维素薄膜或尼龙膜上,固定后再与同位素或其他标记物标记的 DNA 或 RNA 探针进行反应,最后以放射自显影在 x-感光胶片上显示特异条带。如果待检物中含有与探针互补的序列,则二者通过碱基互补的原理进行结合,游离探针洗涤后用自显影或其他合适的技术进行检测,从而显示出待检的片段及其相对大小。

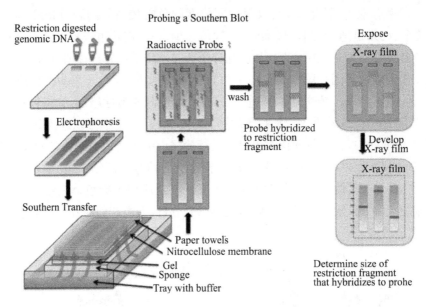

图 3-11　Southern Blot 技术流程

④ PCR 技术

PCR(polymerase chain reaction,聚合酶链式反应)是在引物指导下由酶催化的对特定的克隆或基因组 DNA 序列进行扩增反应。PCR 由诺贝尔化学奖获得者 Kary B. Mulis 于 1985 年发明,现已成为实验室的常规检测技术。在 PCR 操作中,模板 DNA 中包含的目的序列长度从几十到几千个碱基对不等。反应缓冲液中含有相对过量的寡核苷酸引物和四种脱氧核苷酸,反应由对热稳定的 DNA 聚合酶(如常用的 TaqDNA 聚合酶)催化,通过对目的序列的指数型扩增,从而获得数百万拷贝的目的序列。

实时荧光定量 PCR(Quantitative Real-time PCR, qPCR)是一种在 DNA 扩增反应中,以荧光化学物质测定每次聚合酶链式反应(PCR)循环后产物总量的方法,通俗而言就是通过对 PCR 扩增反应中每一个循环产物荧光信号的实时检测从而实现对起始模板定量及定性的分析。在实时荧光定量 PCR 反应中,引入了一种荧光化学物质,随着 PCR 反应的进行,PCR 反应产物不断累计,荧光信号强度也等比例增加。每经过一个循环,收集一个荧光强度信号,这样就可通过荧光强度变化监测产物量的变化,从而得到荧光扩增曲线。最后通过内参或者外参法对待测样品中的特定 DNA 序列进行定量分析。尽管 PCR 本身只能用于扩增 DNA,但也可用 RNA 作最初材料反转录生成 DNA 后再进行 PCR(即 qRT-PCR),如图 3-12(C)。

⑤ Western Blot 技术

蛋白质免疫印记(Western Blot)是使用抗体从复杂样品中鉴定单个蛋白质并进行半定量分析的一种方法,是分子生物学、生物化学和免疫遗传学中最重要的检测手段之一。主要运用抗原-抗体特异性结合特性,首先,蛋白质通过 PAGE(聚丙烯酰胺凝胶电泳)根

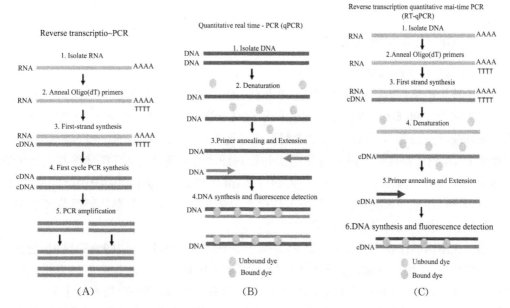

（A）RT-PCR工作流程：分离RNA并通过逆转录（RT）生成cDNA；然后进行PCR以扩增感兴趣的区域。（B）qPCR示意图：分离、扩增DNA；使用荧光探针对扩增产物进行定量检测。（C）RT-qPCR程序：在开始qPCR程序之前分离RNA并生成cDNA。

图3-12　RT-PCR、qPCR和RT-qPCR比较示意图

据分子量的大小彼此分离，随后转移到固相载体（例如硝酸纤维素薄膜）上，然后用特异性结合靶蛋白上的抗原位点的抗体（第一抗体）进行杂交，再与酶或同位素标记的第二抗体起反应，经过底物显色或放射自显影以检测电泳分离的特异性目的基因表达的蛋白质成分。蛋白质印记主要用于靶蛋白特异性表达的定性或半定量分析、蛋白质-蛋白质或蛋白质-DNA相互作用的后续分析，以及蛋白质修饰的鉴定分析。

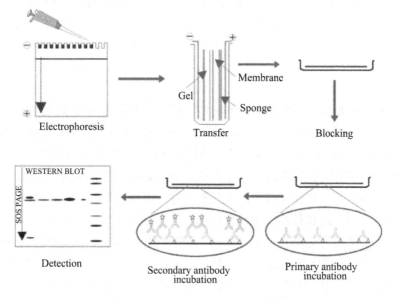

图3-13　Western Blot技术流程图

3　DNA 测序技术发展及展望

（1）DNA 测序技术发展

测序技术最早可以追溯到 20 世纪 50 年代，即 1954 年出现的关于 Whitfeld 发明化学降解测序法的早期测序技术报道。但从严格意义上讲，直到 1977 年 Sanger 等的双脱氧核苷酸末端终止法和 Gilbert 等的化学裂解法的诞生，才标志着第一代测序技术的确立。大规模 DNA 测序是在低分辨率遗传图谱和物理图谱宣告完成之后，在酵母和线虫的成功测序上开始的。截至 1999 年 9 月，大肠杆菌、酵母和 11 种微生物的测序已经完成，此外线虫、果蝇、小鼠和人类基因组测序工作已部分完成。2001 年人类基因组草图绘制完成，测序技术由此开启了应用新篇章。

第一代基因测序技术（Sanger 测序）是基于 Sanger 双脱氧终止法的测序原理，结合荧光核苷酸标记、毛细管电泳区分和激光检测，对 DNA 序列进行自动化测序的方法。在大量测序工作中，第一代测序技术充分展示了可靠、准确等优点，测序读长可达 1 000 bp，准确性高达 99.999%，但其对于电泳分离技术的依赖及成本高、耗时长、低通量等局限性也日益显现，显然无法进行大规模的应用。

随着人类基因组计划的完成，人类进入了后基因组时代，即功能基因组时代。传统的测序方法已经不能满足深度测序和重复测序等大规模基因组测序的需求，这促使了新一代 DNA 测序技术的诞生。21 世纪诞生的第二代测序技术，也被称为新一代测序技术（Next-generation sequencing，NGS），主要包括罗氏 454 公司的 GS FLX 测序平台、Illumina 公司的 Solexa Genome Analyzer 测序平台和 ABI 公司的 soLiD 测序平台。第二代测序技术不仅保持了第一代的高准确度，而且大大降低了测序成本并极大地提高了测序速度，可将完成一张人类基因组图谱的时间缩短到一周左右；此外，第二代测序技术最显著的特征是以舍弃读长为代价实现了高通量测序，一次运行即可同时得到几十万到几百万条核酸分子的序列，这使得对一个物种的转录组测序或基因组深度测序变得方便易行。因而在 2007 年，第二代测序技术高票当选 Nature Methods 生物领域最有影响力技术。

凭借着高通量、低成本、测序时间短等优势，第二代基因测序技术的应用日益广泛，主要包括对未被测序生物的从头测序、短时间内完成基因组的重测序、单核苷酸多态性研究、转录组及表达谱分析等，并在无创产前检测（NIPT）、胚胎植入前遗传学诊断/筛查（PGD/PGS）、遗传病诊断、肿瘤诊断和个性化治疗、致病基因检测、病原微生物检测等方面实现应用。然而，第二代测序技术最大的缺点在于测序读长过短，其产生的大量短测序结果犹如一堆拼图碎片，往往难以进行拼接以获取全测序基因组的全貌。

最近，以单分子测序为特点的第三代 DNA 测序技术已经出现，因此其也被称为单分子 DNA 测序，即通过现代光学、高分子、纳米技术等手段来区分碱基信号差异的原理，以达到直接读取序列信息的目的。它不需要使用生物或化学试剂，能够进一步降低成本。第三代 DNA 测序技术是一种模拟天然 DNA 复制过程的测序技术，不仅融合了天然 DNA 复制高效准确的特点，而且是世界上唯一可以在不影响聚合酶活性的前提下实时观察DNA合成的测序技术。目前,第三代DNA测序技术主要包括:Helico Bioscience单分子测序技术、Pacific Bioscience单分子实时(Single molecule realtime,SMRT)测序技术和Oxford Nanopore纳米孔单分子测序技术(通过纳米孔带来的"电信号"变化实时测序)3种。

与前两代测序技术相比,第三代测序技术实现了DNA聚合酶内在的、自身的反应速度,一秒可以测10个碱基,测序速度是第一代化学法测序的2万倍。其次它实现了DNA聚合酶内在的、自身的延续性,也就是DNA聚合酶的活性决定了一个反应就可以测几千个碱基的长序列,这为基因组的重复序列的拼接提供了非常好的条件。再次,第三代测序技术的精度非常高(99.999%),又无须第二代测序必需的扩增过程,因此运行成本显著下降,实现千元基因组的目标已不再遥不可及。目前第三代测序技术在基因组测序、甲基化检测、突变位点鉴定、RNA测序、重复序列和poly结构测序,以及临床医学领域(如建立个体基因组信息档案)等方面得到广泛应用。

(2) DNA测序技术展望

DNA测序技术经过三十多年的发展,已经使生命研究基本元素从单一、局部的基因或基因片段转变成整个基因组,同时这种转变又需要更加强大的测序技术来支持。与传统的测序技术相比,新一代测序技术成本相对降低,通量极度增大,被越来越多地应用到生命科学的各个领域。但是,单分子测序技术当前还处于初步发展的阶段,其缺点也是客观存在的,还有很多需要完善的地方。同时第三代测序技术的进一步发展也面临着来自各方面的挑战,例如,记录数据所用的工程学方面和光学方面的挑战,测序反应时需要的化学和生物工程领域的挑战以及相比二代测序更多的数据处理能力。总而言之,未来基因测序技术将追求更快的序列获取速度,更准确的碱基识别方式,更长的单条测序长度,更轻便的测序仪器平台,更简便的操作过程,以及更便宜的测序价格。

未来测序技术或许将有以下几个特点:① "单":单细胞测序。从技术角度而言,单细胞测序有可能将模板提取、文库制备与测序等环节合为一体,从而减少环节,缩短时间,提高效率。应用方面,单细胞测序可以用于研究肿瘤或脑细胞基因组的异质性、细胞分化的多阶段性以及体细胞突变的复杂问题。② "分":集中化的超大规模、超高速度、超大通量的大型机和非集中化的微型机(如桌面型、家庭型、便携型、手机型、手指型)两类机型并行发展。③ "合":多组学联合。将基因组、转录组、蛋白质组、代谢组等组学测序合为一体,以期更精准地解读生命体遗传信息。

虽然在未来的几年里可能会出现三代测序技术共存的局面,但低成本、高通量的第三代测序技术,将有力地推动基因组学及其分支乃至其他密切相关学科如比较基因组学、生物信息学、系统生物学以及合成生物学的创立与发展。与此同时,继传统的望闻问切影像学评价以及病理检验报告之后,基因组信息即将成为最海量却也是最微观的个人健康档案,其快速建立和科学解释将为疾病易感性、治疗敏感性以及疾病预后推断提供更加完整和精确的研究材料,是个体化医学赖以实现的技术基础。

4　DNA组学应用

快速的DNA测序方法的出现极大地推动了生物学和医学的研究和发现。目前,基因测序技术已经在众多领域得到广泛应用,包括生物的基因组图谱绘制、环境基因组学和微生物多样性、疾病相关基因的确定和诊断、表观遗传学和考古学、物种进化演替过程等等。在基础生物学研究以及众多的应用领域,如诊断、生物技术、法医生物学、生物系统学中,DNA 序列知识已成为不可缺少的知识。

(1) DNA 组学在医学领域的应用

DNA 测序可应用于探讨基因突变与疾病的关系。遗传与变异,是生物界不断地、普遍发生的现象,也是物种形成和生物进化的基础。人类基因的遗传与变异,与环境的共同作用,决定了人的生、长、老、病、死。现代医学研究证明,所有的疾病,除了外伤、中毒或营养不良以外,几乎都跟基因有关。在医学领域,DNA 测序技术可应用于:

① 遗传性疾病的病因学诊断:全基因组测序技术可以定位到基因序列的突变位点,进而制作相应的诊断工具,为临床治疗提供了新的思路和方法。

② 流行病和常见病的预测、治疗:通过对普通疾病的致病源进行全基因组测序研究,能发现其中的罕见变异,并预测其发病风险,做出相应应对,降低其危害人类健康的风险。

③ 癌症研究中的应用:查找可能在癌症的发生过程中起着重要作用的基因。

④ 妇幼与生殖健康。该技术现广泛应用于染色体非整倍体如 21、18 和 13 三体综合征筛查,精确排查流产的遗传学因素,以及胚胎植入前筛查与诊断,极大地提高了试管婴儿的移植率及妊娠率,日后必将在染色体微缺失/微重复及单基因病的产前遗传筛查方面发挥更大作用。

⑤ 药物基因组学(pharmacogenomics):药物基因组学研究的是基因序列的多态性与药物效应多样性之间的关系的一门学科。随着基因组测序的费用不断下降,将之用于临床病例,并为个人提供个性化的医疗服务可能成为现实。

通过基因测序,我们可以明确知道一个人的变异位点中,哪些是致病的突变,哪些是有危险因素的突变,这样才能根据基因检测结果对个人和后代是否患病进行准确的判定。然后通过这些风险的评估,进行相应的个性化健康管理。

(2) DNA 组学在微生物领域的应用

大量微生物全基因组参考序列的确定,极大地促进了新一代测序技术在微生物基因组重测序方面的应用。利用新一代测序技术的高灵敏度,对细菌床分离株进行重测序,检测稀有变异,在全基因组范围内获得病原体致病、耐药相关的遗传信息,从而可以进一步分析其在生物学功能上所发挥的作用,寻找新的治疗靶点。

新一代测序技术通量巨大,不仅可以对单个微生物进行测序,还对宏基因组学(又称微生物环境基因组学,Metagenomic)产生重要影响。通过将宏基因组 DNA 片段文库序列与已知微生物序列进行比对,可以推断一定环境下生物群落的生物种类及相对丰度,揭示物种的多样性,还可以用于发现经过人工培养后缺失的环境微生物,从复杂种群中重建代表性微生物基因组等。这种以新一代测序技术为基础迅速发展起来的单细胞基因组学和宏基因组学联合研究的方式,将为生物与环境关系的探讨开辟新篇章。

(3) DNA 组学在个体基因组测序中的应用

随着人类基因组计划和国际千人基因组计划的推进,越来越多的个体基因组被深度重测序。个体基因组序列的测定为个体化医疗提供了广泛的理论依据,而对不同肿瘤细胞系的基因组测序则更有针对性地分析了引起疾病的遗传学基础。例如,Clark 等对具有高度变异 DNA 结构的神经胶质瘤细胞系 U87MG 进行了基因组测序,支持了肿瘤突变主要是由于基因结构不稳定所引起的,并发现了 60 个新的恶性胶质瘤候选基因突变靶点。Pleasance 等在 *Nature* 上发表论文,通过 SOLD 大规模平行测序技术对小细胞肺癌细胞系 NCI-H209 进行全基因组测序,不仅在全基因组范围内获得了大量突变的遗传信息,还从烟草中不同致癌物对 DNA 突变的作用及细胞对外源性诱变剂的防御机制等新的视角进行分析,从而对肿瘤发病机理有了更广泛的理解。

(4) DNA 组学在考古学的应用

DNA 是一种高分子化合物,作为染色体的一个组成部分而存在于细胞核内,它能够决定细胞的性质及行为,从而决定整个生物体的性质和行为。其原因在于任何物种的几乎所有活动都是由它所携带的遗传信息来决定的,即遗传信息的载体正是 DNA。所以正确解读 DNA,不仅对生物科学而且对整个人类社会都具有重大价值。通过分析保存在古代遗骸中的 DNA 序列可以直接揭示出古代群体中的遗传信息,使人们能够探寻漫长年代中生物种群的系统发生与演变规律,对解决人类的起源和迁徙动植物的家养与驯化过程,以及农业的起源和早期发展等重大考古问题具有重要意义。

(5) DNA 组学在种植业的应用

一个物种的全基因组序列是科学家们揭示该物种生命本质的基本依据和重要线索。而模式植物和重要农作物的全基因组、转录组信息则大大促进了基因组学辅助育种技术的发展。从 Sanger 测序技术逐步完善以来,科学家们已经逐步测定了水稻、杨树、葡萄、木瓜、高粱、大豆和玉米等的基因组全(或部分)序列。2009 年发表的全基因组测序工作中的黄瓜,是世界上第一个完成全基因组测序的蔬菜作物,对黄瓜本身和其他瓜类作物的遗传改良、基础生物学研究、植物维管束系统的功能和进化研究发挥了重要的推动作用。伴随着生物信息学的发展,高通量测序技术已经逐步取代 Sanger 测序法成为全基因组测序工作的首选技术,以其高通量、低成本、高效率的特点,大大加快了人们了解生命本质的步伐。

(6) DNA 组学在畜牧业的应用

畜牧业作为支撑我国农业经济的一大支柱,对提高人民生活质量、促进农业经济发展具有重大意义。DNA 组学在畜牧业中的应用主要包括:药物筛选和新兽药的开发,疾病诊断,高产、优质、高抗性等基因筛选及其优良杂种后代选育等。

(7) DNA 组学在生物燃料开发中的应用

微生物油脂是未来燃料和食品用油的重要潜在资源。近年来,随着系统生物学技术的快速发展,从全局角度理解产油微生物生理代谢及脂质积累的特征成为研究热点。组学技术作为系统生物学研究的重要工具被广泛用于揭示产油微生物脂质高效生产的机制研究中,这为产油微生物理性遗传改造和发酵过程控制提供了基础。在基因组层面的应用主要通过比较基因组学分析,包括产油微生物彼此间比较(如高低产菌株)、产油和非产油菌株间比较,以及基于基因组的代谢网络模型(Genome-scale metabolic model, GSMM)构建。随着测序技术的进步和费用的下降,完成全基因组测序的微生物菌株数量逐年上升,这为产油微生物比较基因组研究提供了基础。

由此可见,DNA 测序技术不仅为基因组计划揭开了基因密码的神秘面纱,同时在诸如肿瘤及遗传性疾病治疗的医药行业、材料科学行业、石油替代物研发的生物燃料行业、产能更高的种植业和畜牧业等领域都有着重要的应用价值。因而,推动未来新一代测序技术的开发,并扩展其在社会发展及民生方面的应用,仍然需要进行持续性的研发投入和探索。

第四节　DNA 系统与人类疾病

1　DNA 系统与人类疾病

基因变异或异常表达与众多疾病(如遗传性疾病、心脑血管疾病、肿瘤等)密切相关。人类基因组的解密让我们了解到几乎所有疾病都有遗传因素的参与。有些疾病来源于父母的遗传突变,并且在出生时就存在于个体中,例如镰状细胞病,这类疾病称为遗传病。遗传病可由一个基因的突变(单基因病)、多个基因的突变(多基因遗传病)、基因突变和环境因素的相互作用、染色体损伤(染色体数量或结构的变化)等引起。另外一些疾病则是由个体出生后的一个或一组基因的获得性突变引起的。这种突变不是遗传自父母亲,而是随机发生或由于某些环境暴露(例如香烟烟雾等)而发生的,包括肺癌等众多癌症,以及某些形式的神经纤维瘤病。

(1) 基因突变与人类疾病

一般情况下 DNA 的序列是稳定不变的,但在进化过程中 DNA 上的核苷酸也会发生改变,基因的碱基序列发生改变称为基因突变(gene mutation)。基因突变可以通过删除、添加或替换核苷酸的形式达成。这些都可以导致新的等位基因出现,而新的等位基因可能编码出不一样的蛋白质。基因突变的诱发因素众多,可分为碱基误配导致的 DNA 分子自发性损伤,以及外源性诱变因素导致突变。后者主要包括紫外线、电离辐射、激光等物理因素,某些化工原料及产品、化石燃料燃烧尾气、农药、食品防腐剂和添加剂等化学因素,以及病毒(如麻疹病毒、风疹病毒等)、真菌或细菌产生的毒素及代谢产物等生物因素。虽然突变可能会带来伤害,但有些突变对生物体有益甚至可以帮助生物体生存。

基因突变主要有以下几种后果:

① 无效突变

DNA 碱基改变但不影响蛋白质合成,即基因型改变而表型无明显变化,其原因可能是因为多个密码子编码同个氨基酸,或是突变发生在内含子区域等。基因多态性(polymophism)检测对临床医学有重要意义,DNA 多态性分析是个体识别、亲子鉴定、预防药物敏感性等的重要举措。

② 有害突变

DNA 分子碱基改变产生新密码子,并编码出与原来不同的氨基酸,这种基因突变类型是错义突变,错义突变后多发生明显而有害的表型变化,从而使个体患病或产生遗传病。例如：由凝血因子突变导致的血友病，珠蛋白基因突变引发的地中海贫血，体细胞发生突变可能引起癌症和畸形，生殖细胞突变可引起遗传病，线粒体 DNA 突变导致代谢疾病（高胆固醇血症等）和神经变性疾病（帕金森病和阿尔兹海默症等）等。此外，常见的白化病、镰刀形贫血症、亨廷顿舞蹈症、抗维生素 D 佝偻病、先天性聋哑、血红蛋白病、苯丙酮尿症、半乳糖血症等单基因遗传病，以及环境因素与多基因突变共同导致的具有遗传倾向的高血压、糖尿病、消化性溃疡病等多基因遗传病，均属于有害突变导致的人类疾病。

③ 有益突变

突变的有害和有益并不是绝对的，往往取决于生物的生存环境。虽然大多数突变对个体是有害的，但因为突变的随机性及生存环境的"自然选择"，使得有些突变呈现出有益的一面。例如，有翅昆虫中的残翅和无翅突变个体，虽然在正常情况下难以生存，但在经常刮大风的海岛上却可因为不易被风刮进海里而生存下来。种群中的基因突变是物种多样性的来源之一，可以在一定程度上推动自然选择的进行。由于自然界生物的突变率较低，因此可人为利用物理、化学、生物因素诱导动物、真菌或农作物发生基因突变，从而选择高产、优质的品种进行繁育。此外，还可以利用突变制造"性连锁平衡致死系"选择性地杀灭害虫。在临床医学领域，可以利用基因突变预测和监控癌症发生。例如，p53 基因是人体内重要的抗癌基因之一，在人类癌症中突变频率高达 50％，因此可将 p53 突变情况检测作为癌症早期的筛查指标。

（2）染色体畸变与人类疾病

人类体细胞中包含 46 条染色体，其中 22 对常染色体，另两条为性染色体（XX 或 XY）。配子细胞具有 23 条染色体。染色体数量的改变与多种疾病相关，例如三倍体流产，多一条 21 号染色体可导致唐氏综合征，缺失一条 X 染色体引起女性先天性卵巢发育不全综合征等。

除了染色体数量异常之外，染色体结构异常也是多种疾病的重要病因。染色体结构异常是指染色体某一片段及其所带基因发生断裂后在重新结合时发生遗传物质改变，从而引发遗传疾病。染色体结构改变包括缺失、重复、倒位、易位、插入、环状染色体、等比染色体和双着丝粒染色体。例如：由 X 染色体短臂缺少一个片段导致的图纳式综合征，5 号染色体断臂丢失引起猫叫综合征等。

2 基因诊断

（1）基因诊断的概念

随着现代分子生物学的研究不断深入，以及"人类基因组计划"的顺利完成，人们越来越认识到基因与疾病关系密切，从基因水平诊断和防治疾病已成为现代医学的重要课题。目前，利用基因检测技术寻找病因、解码个体基因、评估患病风险，进而对个体进行基因诊断与治疗已经成为医疗的新模式。

基因诊断（gene diagnosis）就是利用现代分子生物学和分子遗传学的技术方法，直接检测基因结构及其表达水平是否有异，从而对疾病做出诊断的方法。与传统的以个体表型改变为依据的诊断方法相比，基因诊断以基因的结构异常（如 DNA 序列的缺失、点突变等)或基因表达异常(如 mRNA 含量变化、外显子的变异和间接加工缺陷等)为检测目标,从病因学方面开展诊断,因此往往在疾病出现之前就可做出诊断,为疾病的早期干预提供便利。此外,基因检测多采用核酸分子杂交、聚合酶链反应(PCR)和 DNA 芯片技术以及新一代基因测序技术,具有特异性强、灵敏度高、诊断范围广等特点,结合其对遗传性疾病取材方便的特征,现已在临床应用方面受到高度重视。

(2)基因诊断的应用

基因诊断的问世是诊断学的一次革命,标志着人们对疾病的认识已经从传统的表现诊断步入基因诊断或"逆向诊断"的新阶段,成为分子生物学、分子遗传学在理论、技术、方法上与医学相结合的典范。目前,基因诊断的应用主要包括以下方面:

① 遗传性诊断

基因诊断对遗传病(如血红蛋白病、苯丙酮尿症等)的早期防治和优生优育具有实际意义。遗传性诊断包括:a. 新生儿筛查。基因检测使用最广泛的领域是新生儿筛查,每个新生儿都应接受几种遗传疾病的筛查,及早发现这些疾病就可以采取相应的干预措施,以防止出现症状或将疾病严重程度降至最低。b. 产前诊断。产前诊断测试用于检测胎儿基因或染色体的变化。这种类型的检测适用于生育患有遗传或染色体疾病的婴儿的风险增加的夫妇。用于检测的组织样本可以通过羊膜穿刺或绒毛膜绒毛取样获得。c. 基因携带者检测。基因检测可用于帮助夫妇了解他们是否携带隐性等位基因,预防遗传疾病发生,例如囊性纤维化、镰状细胞性贫血等。这类检测通常针对有遗传疾病家族史的个人以及特定遗传病风险增加的种族群体。

② 预测性或易感性基因检测

它可以在症状出现之前识别有患病风险的个体。如果一个人有特定疾病的家族史,可以采取干预措施来预防疾病的发生或将疾病的严重程度降至最低。预测性测试可以识别增加一个人患遗传基础疾病风险的突变,例如某些类型的癌症。

③ 诊断/预后

基因检测可用于确认有症状个体的诊断或用于监测疾病的预后或对治疗的反应。基因诊断可应用于病毒、细菌、支原体、衣原体、立克次体及寄生虫等感染性疾病的诊断,例如 HIV 病毒、人乳头瘤病毒、脑膜炎奈瑟氏菌、幽门螺杆菌等的检测。肿瘤的发生与发展与基因结构及表达的变化密不可分,因此,基因诊断还可以应用于高危易感人群肿瘤筛查及危险性评估、肿瘤的早期发现和鉴别、肿瘤分级分期及预后的判断、抗癌药物的应用及手术治疗效果评价、细胞癌变机制的研究等。

④ 器官移植

通过基因诊断技术分析患者和供体的基因型,能更好地完成器官移植前的组织配型,降低排斥反应,提高移植的成功率。

⑤ 法医学鉴定

从血液、精液、毛发及组织中提取 DNA,采用 DNA 探针进行体外多个数目可变串联重复序列(Variable Number of Tandem Repeats,VNTR)位点扩增,可得到个体特异性的 DNA 指纹图谱。对扩增产物进行短串联重复序列(Short Tandem Repeat,STR)位点检测,可得到个体特异性 STR 位点的基因分型,有助于进行嫌疑人排查、身份识别、亲子鉴定等。

（3）基因诊断类别

基因诊断一方面能在妊娠早期对有遗传病危险的胎儿进行产前诊断，为优生优育提供有效途径；另一方面，能够广泛应用于感染性疾病、肿瘤等的诊断和法医鉴定。因此，依据基因诊断的目的可将基因检测的类型分为三种：细胞遗传学检测、生化检测和分子检测，分别用于检测染色体结构、蛋白质功能或 DNA 序列的异常。

① 细胞遗传学检测

细胞遗传学检测涉及检查整个染色体的异常情况。可以在显微镜下清楚地分析正在分裂的人类细胞的染色体。白细胞，特别是 T 淋巴细胞，是最容易进行细胞遗传学分析的细胞，因为它们很容易从血液中收集，并且能够在细胞培养中快速分裂。也可以培养来自其他组织的细胞，例如骨髓（用于白血病）、羊水（产前诊断）和其他组织活检，用于细胞遗传学分析。将染色体固定并显色后，即可通过分析每条染色体的不同条带确定染色体数量及结构是否发生异常。

② 生物化学检测

细胞中经常发生的大量生化反应，其过程中需要不同类型的蛋白质以实现多种功能，例如酶、转运蛋白、结构蛋白、调节蛋白、受体和激素。如果突变最终导致蛋白质无法正常发挥功能，则任何类型蛋白质的突变都可能导致疾病。因此利用生物化学手段，结合转录组学、蛋白质组学、代谢组学等技术检测蛋白质合成组装过程中的异变，包括蛋白质合成量、错误折叠、错误修饰、错误定位及错误组装等，即可对某种类型的疾病进行预测及诊断。

③ 分子检测

对于小的 DNA 突变，直接检测致病基因本身的异常可能是最有效的方法，尤其是在蛋白质的功能未知且无法进行生化检测的情况下；并且只需要非常少量的样本就可以对任何组织样本进行 DNA 测试。直接诊断是采用基因本身或相邻的 DNA 序列作为探针，或通过 PCR 扩增产物以探查基因有无点突变、缺失突变等异常。然而，对于某些遗传疾病，基因组中可能发生不同基因的突变共同导致疾病，因而使得单个基因检测具有挑战性。新一代的测序技术可在全基因组水平上进行高通量检测，通过收集基因拷贝数、基因缺失、基因修饰水平差异等大量信息，比对特定疾病的致病基因表达情况，或筛查诱发病症的差异表达基因，从而进行疾病相关风险预测和疾病诊断，为临床基因诊断应用提供广阔前景。

虽然基于 DNA 芯片以及高通量组学测序技术的基因诊断技术还停留在实验研究阶段，因技术复杂、成本高昂，离临床监测及疾病诊断的普及还有一段距离，但是有理由相信，分子生物学和分子遗传学的飞速发展必将极大地促进基因诊断技术的进步，以基因诊断为基础的基因治疗必将成为人类治疗自身疾病的主流技术，并极大地促进人类卫生事业的发展进步。

3　基因治疗

基因治疗是以改变人的遗传物质为基础的生物医学治疗方法。它不仅仅是传统医学治疗领域的一场革命,其潜在的巨大风险将对现代医学及人类福祉产生不可忽视的影响。

（1）基因疗法

基因疗法(gene therapy),也称为基因转移疗法,是指将正常基因引入个体基因组,以纠正或补偿因基因缺陷和异常引起的疾病,以达到治疗目的。当正常基因插入突变细胞的细胞核时,该基因很可能会整合到与缺陷等位基因不同的染色体位点,虽然这可以修复突变,但如果正常基因整合到另一个功能基因中,则有更大的可能会导致新的突变。如果正常基因取代了突变等位基因,转化细胞就有可能增殖并产生足够的正常基因产物,使整个身体恢复到未患病的表型。除了将新的功能基因插入细胞中,纠正出生缺陷或遗传异常,通过同源重组用正常基因替换异常基因,以及修复异常基因,使其再次正常运作,也是基因治疗的一种形式。

（2）基因治疗的类型与策略

目前根据外源性基因导入的受体细胞类别将基因治疗分为两大类:生殖细胞基因治疗和体细胞基因治疗。生殖细胞治疗是指将治疗基因整合到生殖细胞基因组中,改变卵子和精子,这些修改是可遗传的,会传给后代。从理论上讲,这种方法在对抗遗传疾病方面非常有效。体细胞基因治疗是将治疗基因转移到患者的体细胞中,这种修改和效果都仅限于该患者,不会遗传给后代。

基因治疗旨在通过上调或下调手段改变基因(DNA 或 mRNA)水平,根据选取的目的基因形成不同的治疗策略。基因治疗方法主要包括基因置换、修正、增补和抑制。

① 基因置换(gene replacement),是指用正常的外源基因来取代体内的突变基因。

② 基因修正(gene correction),是指导入的外源基因通过同源重组,特异性原位修复致病基因中的异常碱基。

③ 基因增补(gene augmentation),是指将正常的外源基因导入受体细胞,使其表达产物弥补体内缺陷基因的功能。

④ 基因抑制(gene inhibitaton),是指通过导入外源基因,使得病原基因的表达受到抑制或破坏,例如反义核苷酸技术及干扰 RNA 等。

（3）基因治疗的临床应用

因为 DNA 是遗传的基本单位,在人类基因组中进行局部修饰一直是医学的目标。基因治疗被理解为对突变的基因进行校正或通过位点特异性修饰来改进目标基因的手段。目前,基因治疗基本上仍处于实验室研究的阶段,其临床应用也刚进入初始阶段。该方法具有治疗由隐性基因疾病(囊性纤维化、血友病、肌营养不良和镰状细胞性贫血)、获得性遗传疾病(如癌症)和某些病毒感染(如艾滋病)引起的疾病的潜力,因此具备广泛的应用前景。

重组 DNA 技术是基因治疗最常用的技术之一,可通过将感兴趣的基因或健康基因插入质粒、纳米结构或病毒等载体,经载体携带进入靶细胞发挥功能。其中病毒是最常用的载体,因为其可以有效地侵入细胞并引入遗传物质。在下表中,总结了一些可用于临床基因治疗的方案,举例说明了疾病、靶点和所用载体的类型。

表 3-1 临床基因治疗方案

疾病	目的	干细胞	载体模式	实施国家
腺苷脱氨酶缺乏症	替代腺苷脱氨酶	血液	逆转录病毒	意大利、荷兰和美国
α1-抗胰蛋白酶缺乏症	替代 α1-抗胰蛋白酶	呼吸上皮	脂质体	美国
艾滋病	使艾滋病毒呈递抗原失活	血液和骨髓	逆转录病毒	美国
癌症	改善免疫功能	血液、骨髓和肿瘤	逆转录病毒、脂质体、电穿孔和细胞介导的转移	奥地利、中国、法国、德国、意大利、荷兰和美国
癌症	切除肿瘤	瘤	逆转录病毒、非复合 DNA、细胞介导的转移	美国
癌症	化学保护	血液和骨髓	逆转录病毒	美国
癌症	干细胞标记	血液、骨髓和肿瘤	逆转录病毒	加拿大、法国、瑞典和美国
囊肿性纤维化	替代酶	呼吸上皮	腺病毒和脂质体	英国和美国
家族性高胆固醇血症	替代低密度脂蛋白受体	肝	逆转录病毒	美国
范可尼贫血	释放补体 C 基因	血液和骨髓	逆转录病毒	美国
戈谢病	替代葡萄糖脑苷脂酶	血液和骨髓	逆转录病毒	美国
血友病 B	替代因子 IX	皮肤成纤维细胞	逆转录病毒	中国
类风湿性关节炎	释放细胞因子	滑膜	逆转录病毒	美国

（4）基因治疗的未来方向

自 1989 年首次人类基因转移实验以来，基因治疗发生了巨大变化。基因治疗的成功很大程度上是由非病毒和病毒基因转移载体的改进推动的。虽然病毒载体的疗效得到证实，但最近一些研究表明，使用这些载体存在一些局限性。质粒中病毒遗传物质的存在是一个强烈的加重疾病的因素，因为它除了可能的致癌转化外，还可以诱导急性免疫反应。因此安全性和功能性兼具的载体开发成为基因治疗的新的研究方向。目前嵌合抗原受体 T（Chimeric Antigen Receptor T-Cell Immunotherapy，CAR-T）免疫疗法和 CRISPR-Cas9 基因组编辑技术成为人类基因治疗中的研究热点。

① CAR-T 细胞治疗

CAR-T 细胞疗法是一种免疫疗法，涉及操作/重编程患者自身的免疫细胞（T 淋巴细胞），以识别和攻击肿瘤 T 细胞。这是一种治疗肿瘤的新型精准靶向疗法，近几年通过优化改良在临床肿瘤治疗上取得很好的效果，是一种非常有前景的，能够精准、快速、高效，且有可能治愈癌症的新型肿瘤免疫治疗方法。

第一代 CAR 设计的标志是将单链片段变量(scFv)融合到跨膜结构域和细胞内信号单元——链 CD3 zeta 中。这种设计将表征良好的单克隆抗体的活性元件与信号传导结构域相结合,增加了对肿瘤特异性表位的识别和 T 细胞的活化,而不依赖于组织相容性复合物的分子。第一代 CAR 的改进是通过整合信号转导所需的共刺激分子来实现的。这一代 CAR 中最常用的刺激性受体是 CD28。该受体充当该途径的第二个激活事件,使 T 细胞的显著增殖以及细胞因子的表达增加。最新一代 CAR 增加了共刺激域,以增加 CAR 功能。该方法需要共刺激分子作为肿瘤坏死因子(CD134 或 CD137)的受体。在第三代 CAR 中,研究者证明了 T 细胞活化有所改善,与第二代 CAR 相比,新一代显示出 T 细胞的持久性更高的特征。

CAR-T 治疗可引起的常见不良反应包括:细胞因子释放综合征、神经毒性、靶向和非靶向杀伤健康细胞等,如果处理不及时可能会危及生命,所以输注 CAR-T 细胞后必须严密监测。值得庆幸的是,CAR 试验的渐进式改进已经取得进展,在评估 CAR-T 毒性方面获得的知识和经验将增加未来试验改进的成功率,而载体设计和 CAR-T 试验的新发展将为 CAR-T 临床应用提供更加安全的保障。

② CRISPR-Cas9

早在 1987 年,Nakata 研究组在大肠杆菌(Escherichia coli)的基因组中首次发现了一个特殊的重复间隔序列——在位于 iap 的 3′端存在含有 29 个碱基的高度同源序列重复性出现,且这些重复序列被含 32 个碱基的序列间隔开;而 CRISPR 一词正式登上历史舞台是在 2002 年,Jansen 实验室通过生物信息学分析,发现这种新型 DNA 序列家族只存在于细菌及古生菌中,而在真核生物及病毒中没有发现,并将这种序列称为规律间隔成簇短回文重复序列(clustered regularly interspaced short palindromic repeats,CRISPR)。他们将临近 CRISPR locus 的基因命名为 Cas(CRISPR-associated),并发现了 4 个 cas 基因(Cas1,Cas2,Cas3,Cas4)。CRISPR-Cas 作为基因编辑系统被应用最早开始于 2012 年,也就是 2020 年的诺奖得主埃马纽埃尔·卡彭蒂耶(Emmanuelle Charpentier)和詹妮弗·杜德纳(Jennifer A. Doudna)的研究。

CRISPR-Cas 机制起源于原核生物的免疫适应系统,识别入侵的遗传物质,将其切割成小片段,并将其整合到自己的 DNA 中。在同一病原体的第二次感染后,将启动 CRISPR 基因座的转录、mRNA 加工以及与 Cas 蛋白形成复合物的 RNA 小片段(crRNA)的合成,这些物质可识别外来核酸并将其摧毁。2013 年,发现 CRISPR-Cas9 系统可高效地编辑基因组,张锋等使用 CRISPR 系统成功地在人类细胞和小鼠细胞中实现了基因编辑。至此,CRIPSR 技术的开发使得人们基本上能够通过三个分子来编辑任何生物体基因组的目标特异性 DNA 序列:核酸酶(Cas9)负责切割双链 DNA;RNA 向导将复合物引导至目标;目标即为 DNA,如图 3-14 所示。

由于其所具备的简单性与精确性,CRISPR 系统被作为一种通用工具,通过灭活(敲除基因),外源序列整合(敲入)和等位基因取代等方法来促进基因编辑,引导 RNA 与靶 DNA 杂交。Cas 9 识别这种复合物,并在供体(同源)DNA 存在的情况下介导 DNA 双链的切割和修复。该过程的结果是将外源序列整合到基因组(敲入)或等位基因中。

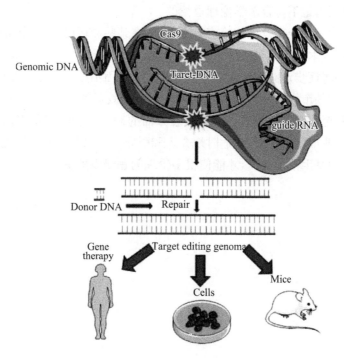

图 3-14 CRISPR-Cas9 系统

这项新技术的快速发展使得使用 CRISPR 的基因编辑在人类体细胞中进行转化试验成为可能。来自加利福尼亚大学和犹他大学的研究人员成功地修正了引起镰状细胞性贫血的血红蛋白基因的突变。他们分离出来自镰状细胞性贫血携带者的 CD34＋细胞，用 CRISPR-Cas9 编辑，16 周后，结果显示突变基因的表达水平降低，野生型基因表达增加。目前 CRISPR-Cas9 在编码基因的靶向基因敲除、非编码基因的靶向基因敲除、编码基因的靶向基因敲入、基因的表达激活和表达抑制、定点突变等方面的应用已经取得一定进展，其临床应用也将进一步完善。

（5）基因治疗相关伦理

不可否认的是，基因治疗是当代生物学和医学的一个新的研究领域，它试图从基因水平调控细胞中缺陷基因的表达，或以正常基因校正、替代缺陷基因，以达到治疗基因疾病的目的。虽然通过对人体细胞的遗传修饰治疗癌症、遗传疾病、感染性疾病、心血管疾病和自身免疫缺陷性疾病等取得了较好的成果，但基因治疗过程仍然很复杂，有许多技术（如：对靶细胞的识别、如何将携带基因有效合理地进行分配、载体的生物安全性等）仍需要改进及发展。基因治疗是一把"双刃剑"，在为人类带来福祉的同时必然产生一些伦理及法律问题。

目前，基因疗法主要专注于人类的躯体及非再生细胞，例如骨骼、肝脏、肌肉和皮肤的细胞。体细胞基因疗法是已得到批准的基因治疗唯一形式。生殖细胞疗法已经在动物研究中进行了测试，但对人类来说并不符合道德伦理。增强基因治疗涉及将基因放置在胚胎或后代体内，以达到如增加身高或减轻体重的效果。优生基因疗法涉及将某些遗传特征引入人群，目的是开发更好的属性，包括智力。目前，将增强基因治疗和优生基因疗法用在人类身上被认为是不符合医学伦理道德的。

基因治疗作为一种全新概念的治疗方法,虽然在某些领域已经开展临床试验,但整体仍处于初期阶段,技术水平还有待优化提升。随着分子生物学、遗传学和临床医学的不断发展,基因治疗必将逐步走向成熟。一旦世界第一个基因治疗产品被商业化,基因治疗行业将迅速崛起并占领市场。这种成功带来巨大的社会效益和经济效益的同时,也将给个人、家庭和社会甚至整个人类带来法律和伦理方面的冲击,因此,在基因治疗发展的过程中,法律规范与行业准则必须适当、适时地介入和引导。而以严谨的法律规范和适当的行业规则构筑完善的基因治疗制度,才能使很多伦理问题得以解决。

（本章编委:闫　微　王　亮）

第四章 RNA 系统

核糖核酸(Ribonucleic Acid,RNA)是一种由核糖核苷酸聚合形成的类似于 DNA 的生物大分子,通常以单链或双链形式存在,并广泛地存在于生物细胞及部分病毒、类病毒中,主要参与遗传信息传递等重要生命过程。

RNA 种类繁多,分子量较小,含量变化大,且部分 RNA 的类型与表达水平具有显著的物种特异性、组织特异性及时空特异性。目前,根据 RNA 的编码能力,一般将其分为编码 RNA(即信使 RNA,mRNA)和非编码 RNA(non-coding RNA,ncRNA);此外,由于非编码 RNA 的复杂程度远大于 mRNA,因此又根据非编码 RNA 的序列长短,进一步将非编码 RNA 分为长非编码 RNA 和短非编码 RNA。长非编码 RNA 包括核糖体 RNA、长链非编码 RNA 等;短非编码 RNA 包括转移 RNA、核酶、miRNA、siRNA、piRNA、scRNA、snRNA、snoRNA 等。

认识 RNA 分子的种类、功能、机理,以及其与生理、遗传、进化等生命科学重要命题间的相互关系,是当代生物学的重要内容。本章对 RNA 的特征、种类及检测技术进行梳理,并结合相关报道对其功能进行概述,同时将简要介绍非编码 RNA 相关的生物技术及生物医药应用。

第一节 RNA 的研究历程

RNA 的研究贯穿于整个近代生物学的发展历史之中,目前已有 31 位科学家因在 RNA 领域的突破成就获得诺贝尔奖(表 4-1)。

表 4-1 RNA 相关诺贝尔奖及科学家

姓名	获奖时间	奖项类别
Jennifer Doudna	2020 年	诺贝尔化学奖
Michael Rosbash	2017 年	诺贝尔生理学或医学奖
Elizabeth Blackburn	2009 年	诺贝尔生理学或医学奖
Carol Greider	2009 年	诺贝尔生理学或医学奖
Venkatraman Ramakrishnan	2009 年	诺贝尔化学奖
Thomas Steitz	2009 年	诺贝尔化学奖
Jack Szostak	2009 年	诺贝尔生理学或医学奖

姓名	获奖时间	奖项类别
Ada Yonath	2009 年	诺贝尔化学奖
Françoise Barré-Sinoussi	2008 年	诺贝尔生理学或医学奖
Luc Montagnier	2008 年	诺贝尔生理学或医学奖
Andrew Fire	2006 年	诺贝尔生理学或医学奖
Roger Kornberg	2006 年	诺贝尔化学奖
Craig Mello	2006 年	诺贝尔生理学或医学奖
Sydney Brenner	2002 年	诺贝尔生理学或医学奖
Richard Roberts	1993 年	诺贝尔生理学或医学奖
Philip Sharp	1993 年	诺贝尔生理学或医学奖
Sidney Altman	1989 年	诺贝尔化学奖
Thomas Cech	1989 年	诺贝尔化学奖
Aaron Klug	1982 年	诺贝尔化学奖
Walter Gilbert	1980 年	诺贝尔化学奖
David Baltimore	1975 年	诺贝尔生理学或医学奖
Renato Dulbecco	1975 年	诺贝尔生理学或医学奖
Howard Temin	1975 年	诺贝尔生理学或医学奖
Robert Holley	1968 年	诺贝尔生理学或医学奖
Gobind Khorana H.	1968 年	诺贝尔生理学或医学奖
Marshall Nirenberg	1968 年	诺贝尔生理学或医学奖
François Jacob	1965 年	诺贝尔生理学或医学奖
Francis Crick	1962 年	诺贝尔生理学或医学奖
James Watson	1962 年	诺贝尔生理学或医学奖
Severo Ochoa	1959 年	诺贝尔生理学或医学奖
Alexander Todd	1957 年	诺贝尔化学奖

1868 年，瑞士生物学家弗里德里希·米歇尔（Friedrich Miescher）从白细胞的细胞核中分离出称为"核素"（Nuclein，现称核酸）的化学物质，自此揭开了核酸研究的序幕。

早在 20 世纪初期，已经有研究团队陆续开展 RNA 和 DNA 的研究，由于 RNA 和 DNA 的化学性质和生物学功能相近，因受限于当时的技术手段，当时对此类物质的命名主要参考提取它们所用的原材料，例如：RNA 最初被称为"酵母核酸"、DNA 被称为"胸腺核酸"。而后通过研究这两类物质的化学结构，发现 DNA 和 RNA 中的五碳糖存在差异。此外，当时相关化学研究表明，RNA 在碱性环境下（高 pH 值）很容易分解，而 DNA 却相对稳定。

到了 20 世纪 30 年代，人们仍旧认为"酵母核酸"（RNA）只存在于植物中，而"胸腺核酸"（DNA）只存在于动物中。但 1933 年，让·布拉谢（Jean Brachet）通过对海胆卵的研究,提出 DNA 存在于细胞核中,而 RNA 仅存在于细胞质中。

20 世纪 50 年代后期,信使 RNA 的概念逐渐形成,在中心法则(The central dogma)的描述中,RNA 是承接遗传信息从 DNA 到蛋白质的中间载体,即 mRNA。但由于 mRNA 具有易降解、不稳定、高度复杂等特性,直到 60 年代才通过研究网织红细胞血红蛋白的合成,为 mRNA 的存在提供了直接证据。而后,通过同位素标记氨基酸,并结合电子显微镜技术,发现核糖体沿着 5′到 3′方向读取 mRNA,并逐步合成蛋白质。RNA 的结构是由 Alex Rich 和 David Davies 通过 RNA 链杂交,并结合 X 射线衍射技术确定的。

1965 年,Robert Holley 测定了酵母 tRNA 的核苷酸序列,并因此获得了 1968 年的诺贝尔生理学或医学奖。

1970 年代初期,逆转录病毒和逆转录酶被发现,并首次证明逆转录酶可以使遗传信息反向传递(从 RNA 到 DNA,与通常的遗传信息传递途径相反)。因为这项工作,David Baltimore、Renato Dulbecco 和 Howard Temin 于 1975 年获得诺贝尔生理学或医学奖。

1976 年,Walter Fiers 团队确定了 RNA 病毒基因组的第一个完整核苷酸序列,即噬菌体 MS2 的核苷酸序列。

1977 年,Philip Sharp 等人在哺乳动物病毒和细胞基因中发现了内含子和 RNA 剪接,并以此获得了 1993 年的诺贝尔生理学或医学奖。

1980 年代初期,Thomas Cech 和 Sidney Altman 发现了具有催化能力的 RNA 分子(核酶),并在 1989 年获得了诺贝尔化学奖。

1990 年,科学家们发现引入矮牵牛中的基因可以使该植物自身的相似基因沉默,即 RNA 干扰现象。同期,长度约 22 nt 的 RNA 被发现参与调控秀丽隐杆线虫的发育。因此,在 2006 年,Andrew Fire 和 Craig Mello 因 RNA 干扰的研究赢得了诺贝尔生理学或医学奖。同年,美国生物化学家,斯坦福大学教授 Roger Kornberg 因在真核生物转录的研究被单独授予诺贝尔化学奖。

进入 21 世纪后,人类基因组计划的顺利实施和相关测序技术的发展,对 RNA 的认识得到进一步拓展。根据 GENCODE(https://www.gencodegenes.org/human/stats.html)最新版(Version 38)的统计结果显示,目前人体中已发现 237 012 个转录本(Transcript),其中具有蛋白编码能力的转录本为 86 757 个,仅占总数的 36.60%。可见人体中非编码 RNA 的数目庞大且种类复杂,仅依靠传统实验手段可能无法高效鉴别各种非编码 RNA 的功能,因此结合机器学习算法的预测研究成为当前的研究热点之一。

表 4-2　关于 RNA 的主要发现

阶段	主要发现
1868 年	·发现核酸
1890 至 1950 年	·发现 RNA 与 DNA 的差异是由核糖上的一 —OH 引起的 ·从各种生物组织中分离出核酸 ·ATP 和 GTP 被发现可作为细胞代谢的能量载体 ·解析 DNA 和 RNA 的化学组成,并发现 RNA 与 DNA 共享 3 个碱基:腺嘌呤、胞嘧啶和鸟嘌呤,尿嘧啶是 RNA 独有的碱基、胸腺嘧啶是 DNA 独有的碱基 ·1939 年,人们发现了 RNA 在蛋白质合成中的作用

（续表）

阶段	主要发现
1868 年	• 发现核酸
1951 至 1965 年	• 鉴定出参与蛋白质合成的多型 RNA：作为遗传信息载体的 mRNA、作为 mRNA 和蛋白质之间物理联系的 tRNA，以及存在于核糖体中用于蛋白质合成的 rRNA • RNA 聚合酶被鉴定和纯化 • Severo Ochoa 在发现 RNA 的合成方式后获得了 1959 年的诺贝尔生理学或医学奖 • 1965 年，Robert Holley 测定了酵母 tRNA 的核苷酸的序列，并因此获得了 1968 年的诺贝尔生理学或医学奖 • 发现了遗传密码，并解析了遗传信息的编码规律，即三个碱基对一个氨基酸进行编码 • 发现 RNA 是部分病毒的遗传信息载体
1966 至 1975 年	• 对转移 RNA 进行测序和鉴定，确定了 tRNA 的经典三叶草形状 • X 射线晶体学被应用于解析 RNA 的空间结构 • 1967 年，Carl Woese 发现了 RNA 的催化特性，并提出假设：最早的生命形式依赖于 RNA 来携带遗传信息和催化生化反应 • 逆转录酶的发现进一步丰富中心法则
1976 至 1985 年	• 1976 年，Walter Fiers 团队测定了第一个完整的 RNA 病毒基因组序列，即噬菌体 MS2 • 发现 RNA 剪接，即基因中存在中断的片段（内含子） • RNase P 的发现，启发"RNA 世界假说"的提出 • 发现了参与 pre-mRNA 剪接的小 RNA 和蛋白质复合物
1986 至 2000 年	• 发现了细胞中 RNA 的编辑和修饰 • 发现在端粒酶中使用 RNA 模板维持染色体末端 • 核糖体被发现是最大的 RNA 酶
从 2000 年至今	• 发现可通过转录后基因沉默调节基因表达的小 RNA 分子 • 随着测序技术的发展，多种类型的非编码 RNA 及其调控方式被发现

第二节　RNA 的结构与分类

核糖核酸，是由核糖核苷酸经磷酸二酯键脱水缩合而成的链状分子，一个核糖核苷酸分子由磷酸、核糖和碱基构成。构成 RNA 的碱基主要有四种：A（腺嘌呤）、G（鸟嘌呤）、C（胞嘧啶）、U（尿嘧啶）。与脱氧核糖相比，RNA 与 DNA 共享三个碱基：腺嘌呤、胞嘧啶和鸟嘌呤。尿嘧啶是 RNA 独有的，胸腺嘧啶则通常存在于 DNA 中（图 4-1，图 4-2）。

与 DNA 相比，RNA 在种类、结构及功能上存在多样性，即 RNA 结构多变、种类繁多，且不同类型的 RNA 在不同物种间以及在同种生物不同组织或发育阶段的含量差异明显，并在生命活动的各个环节发挥重要的作用。

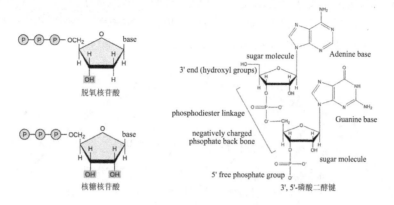

图 4-1 脱氧核糖核苷酸与核糖核苷酸的分子结构及成键方式示意图

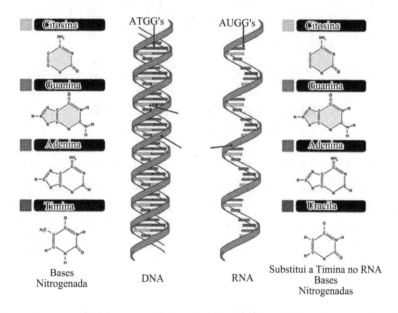

图 4-2 DNA 与 RNA 的结构及碱基组成的差异

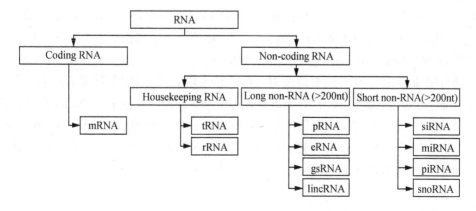

图 4-3 RNA 的分类

在真核生物的基因组中,编码蛋白质的基因占的比例非常小,以人类基因组为例,其中大约仅有1.5%的DNA序列有编码蛋白质的功能。不编码蛋白质的RNA称为非编码RNA,包括:rRNA、tRNA、snRNA、snoRNA和microRNA等(图4-4)。

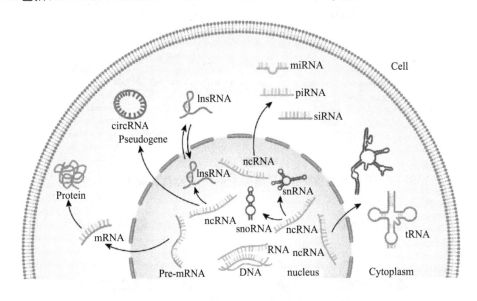

图4-4 真核细胞中RNA的种类及分布示意图
(DOI:10.1186/s12935-020-01581-5)

核糖体RNA(ribosome RNA,rRNA)和转运RNA(transfer RNA,tRNA)是研究得较为清楚的非编码RNA,最早可追溯至20世纪50年代。由于这两种非编码RNA功能重要且表达含量相对恒定(组成型表达),因此这类非编码RNA也被称为组成型RNA或者管家非编码RNA(housekeeping ncRNA)。此外,由于早期分子生物学研究侧重于对编码基因的探究,因此在发现ncRNA的初期,除了管家ncRNA之外的ncRNA曾被认为不具有生物学功能,是翻译过程中的背景噪声。当然,在20世纪末期,这个观点逐渐被推翻。

非编码RNA的分类主要依据其序列长度及功能:管家非编码RNA通常被单独作为一类,除了熟悉的tRNA、rRNA,还有小核仁RNA(small nucleolar RNA,snoRNA)、引导RNA(guide RNA,gRNA)和小核RNA(small nuclear RNA,snRNA)等;此外,序列长度小于200个核苷酸为小非编码RNA(small ncRNA);序列长度大于200个核苷酸为长非编码RNA(long non-coding RNA,lncRNA)。

然而,随着高通量测序技术的发展,又有多种类型的ncRNA被发现,包括小干扰RNA(small interfering RNA,siRNA)、短发卡RNA(small hairpin RNA,shRNA)、核仁衍生RNA(sno-derived RNA,sdRNA)、与Piwi蛋白相互作用的RNA(piwi-interacting RNA,piRNA)等。因此,也有相关文献主张将ncRNA依据其序列长度进一步细分为小非编码RNA、中等长度非编码RNA以及长非编码RNA(表4-3)。

表 4-3　ncRNA 的主要种类及功能

种类	名称	长度	基因组中的位置	在人体中的种类	功能	例子
小非编码 RNA（short ncRNA）	miRNA	19～24 bp	广泛存在	＞14 24	靶向结合 mRNA 及其他 RNA	miR-15/16, miR-124a, miR-34b/c, miR-200
	piRNA	26～31bp	基因内	23 439	转座子抑制, DNA 甲基化	靶向 RASGRF1、LINE1 和 IAP 元件
	tiRNA	17～18 bp	转录起始位点下游	＞5 000	可能主要参与转录调控	与 CAP1 基因相关
中等长度非编码 RNA（mid-size ncRNA）	snoRNA	60～300 bp	内含子	＞300	rRNA 的修饰	U50, SNORD
	TSSa-RNA	20～90 bp	转录起始点的 一250 至+50 bp	＞10 000	转录延伸的维持	RNF12、CCDC52
	PROMPT	＜200 bp	转录起始点的 一205 至一5 bp	暂时不明	可能与转录因子活化相关	EXT1、RBM39
长非编码 RNA（long ncRNA）	lincRNA	＞200 bp	广泛分布	＞1,000	基因表达调控	HOTAIR, HOTTIP, lincRNA-p21
	T-UCR	＞200 bp	广泛分布	＞350	miRNA 和 mRNA 水平的调控	uc. 283＋, uc. 338, uc160＋
	其他	＞200 bp	广泛分布	＞3,000	端粒调控、X 染色体失活	XIST, TSIX, TERRAs, p15AS, H19, HYMA

第三节　RNA 功能与疾病发生

1　RNA 的类型与功能

由于 mRNA 的结构与功能在分子生物学以及生物化学等课程中均有着详尽的说明，本小节将不再赘述。因此，本小节主要介绍各型 ncRNA 及其功能。

（1）microRNA

microRNA（miRNA）是一类非编码 RNA 分子，通过与互补的目标 mRNA 结合，导致

mRNA 翻译抑制或降解,在细胞分化、增殖和存活过程中发挥重要作用。1993 年第一个 miRNA 发现于秀丽线虫中,直到 2000 年才发现首个哺乳动物 miRNA,即 let-7。这两项研究对于 RNA 领域有着里程碑意义。随着研究的深入,miRNA 的功能与意义被逐步揭示出来。

　　人体中 miRNAs 的生物发生涉及四种关键蛋白(酶):Drosha、Exportin 5、Dizer 以及 Argonaute 2(AGO2)。miRNAs 的生成过程如图 4-5、图 4-6 所示,该过程受到严格调控且物种间具有高度的保守性。miRNA 的生物发生始于 RNA 聚合酶 II(RNA Pol II)的转录。编码 miRNA 的基因大多位于内含子区域,并含有各自的启动子区域。自 RNA Pol II 介导初级转录本的转录之后,产生成熟 miRNA 的两个酶切割中的第一个开始。Drosha 是一种 III 型 RNase,与辅因子蛋白 DGCR8 一起与初级 miRNA(pri-miRNA)转录本结合。Drosha 中的两个 RNA 酶结构域介导了切割 pri-miRNA 产生 pre-miRNA 的过程。接下来,Exportin 5-Ran・GTP 复合体介导 pre-miRNA 的出核过程。在细胞质中,在 RNaseIII Disher 和 TAR RNA 结合蛋白(TRBP)的作用下,切除 pre-miRNA 的末端环状结构,并产生双链 miRNA。而后,双链 miRNA 与 Argonaute(AGO)蛋白家族和若干辅助因子(如 PRKRA)结合形成 RNA 诱导沉默复合体(RISC),并在解链后形成成熟的单链 miRNA。最后,成熟的 miRNA 通过碱基互补配对与目标 mRNA 靶向结合,导致翻译抑制或者目标 mRNA 降解。现已证实该过程中关键蛋白的基因突变广泛存在于包括神经母细胞瘤、卵巢癌和肾母细胞瘤在内的多种恶性肿瘤中,并发挥关键作用。目前,大量证据已经表明 miRNAs 参与了包括癌症在内的多种疾病的发生发展(表 4-4)。

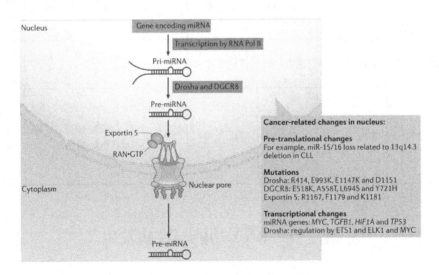

图 4-5　miRNA 转录与出核过程

(DOI:10.1038/nrd.2016.246)

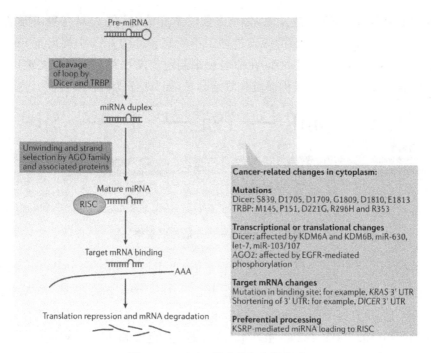

图 4-6　miRNA 的成熟和作用方式

(DOI:10.1038/nrd.2016.246)

表 4-4　与疾病相关的部分 miRNAs

miRNAs	疾病名称	靶基因
let-7 家族	实体肿瘤(乳房、结肠、卵巢、肺、肝脏和胶质瘤等)、B 细胞淋巴瘤	MYC、BCLXL、PAN-RAS、EZH2、HMGA2、Fas、P21、PGRMC1、DICER1
miR-34a	实体肿瘤(如肺、肝、结肠、脑、前列腺、胰腺、膀胱和宫颈)、骨髓瘤、B 细胞淋巴瘤	BCL2、Met、MYC、CDK6、CD44、SRC、E2F1、JAG1、Foxp1、PDGFRA、PDL1、SIRT1
miR-143 miR-145	实体肿瘤(如膀胱、肺、乳腺、结肠、胰腺、颈部和头颈部)、淋巴细胞性白血病	KRAS、ERK5、VEGF、NFKB1、MYC、MMPs、PLK1、Cdh2、EGFR
miR-200 家族	实体肿瘤(如乳腺、卵巢和肺)	ZEB1、ZEB2、BMI1、SUZ12、JAG1、SOX2、SP1、CdH1、KRAS
miR-10b	实体肿瘤(如乳房、胶质瘤)	NF1、CDH1、E2F1、PIK3CA、ZEB1、HOXD10
miR-221 miR-222	实体肿瘤(如肝、胰腺、肺等)	CDKN1B、CDKN1C、BMF、RB1、WEE1、APAF1、ANXA1、CTCF
miR-33	动脉粥样硬化	SREBF2、ABCA1、CROT、CPT1A、HADHB、PRKAA1
miR-21	肾纤维化、心脏纤维化	PTEN、PDCD4、Smad7、SPRY、PPAR
miR-15	心肌梗死	CHEK1
miR-103	糖尿病	CAV1

随着越来越多的 miRNA 被发现,为了方便学术交流,早在 2003 年就有学者提出对 miRNA 进行规范命名,并在之后的探索过程中不断完善。图 4-7 中列出了 miRNAs 的一般命名规律,但由于部分 miRNAs 在命名规则制定前发现并在科研论文被广泛使用,为了不产生混乱,此类 miRNAs 仍保留其原始命名,如 let-7 等。

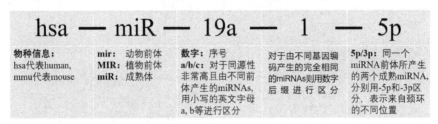

hsa —	miR —	19a —	1 —	5p
物种信息: hsa代表human, mmu代表mouse	**mir:** 动物前体 **MIR:** 植物前体 **miR:** 成熟体	**数字:** 序号 **a/b/c:** 对于同源性非常高且由不同前体产生的miRNAs,用小写的英文字母a,b等进行区分	对于由不同基因编码产生的完全相同的miRNAs则用数字后缀进行区分	**5p/3p:** 同一个miRNA前体所产生的两个成熟miRNA,分别用-5p和-3p区分,表示来自颈环的不同位置

图 4-7　miRNAs 的一般命名规律

（2）piRNAs

piRNAs（Piwi-interaction RNA）是长度为 24～32nt 的一类非编码 RNA,因该家族 RNA 可以与 Piwi（P-element Induced Wimpy Testis）蛋白家族成员相互作用而得名 piwiRNA 的"乒乓循环"（图 4-8）。虽然 piRNA 的生物起源和功能还未完全阐明,但目前已有证据表明 piRNA 对生殖细胞的发育非常关键。Piwi 蛋白家族包括在果蝇中表达的 Piwi、Aubergine 和 AGO3 蛋白,在小鼠中表达的 MILI、MIWI 和 MIWI2 蛋白,以及在人类中表达的 HILI、HIWI1、HIWI2 和 HIWI3 蛋白。已有研究表明:在精子形成过程中, HILI 和 HIWI 蛋白的完全缺失会导致减数分裂停滞,造成细精管中无精子产生;在精子必需蛋白的合成过程中,MIWI 和 piRNA 与帽结合复合体联结,调控 mRNA 的稳定性; piRNA 参与保护精子基因组免受转座子插入的危害,对基因组的稳定性有一定贡献。

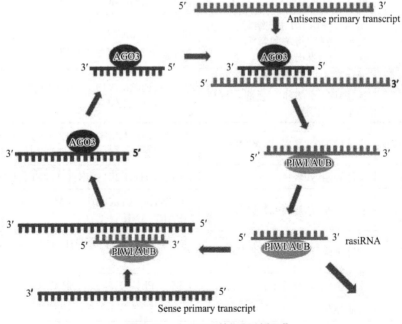

图 4-8　piwiRNA 的"乒乓循环"

（https://up.jinzhao.wiki/wikipedia/）

（3）tiRNAs

细胞应激反应对细胞在不利条件下的生存至关重要。为了对应激做出迅速反应，细胞需要一个有效的信号转导网络，该网络通常由三部分组成：应激信号传感、应激信号传输放大和整合，以及协调细胞活动以保护细胞免受损害。

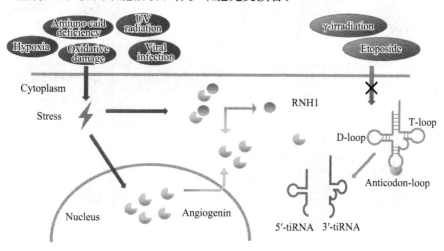

图 4-9　tiRNAs 的生成过程

(DOI：10.1002/jcp.29057)

近年来，一类新的非编码小 RNA 被发现，并命名为 tRNA 衍生的应激诱导 RNAs（tRNA-derived stress-induced RNAs，tiRNAs）。在细胞应激条件下，当成熟的 tRNA 被血管生成素特异性切割时，就会产生 tiRNAs（图 4-9）。tiRNAs 被认为是参与细胞应激反应的转导或效应器。tiRNAs 主要通过重编程翻译、抑制细胞凋亡、降解 mRNA 和产生应激颗粒等途径促进细胞的应激反应。

表 4-5　与疾病相关的 tiRNAs

tiRNAs	功能	疾病
5′ tiRNA - Arg/Asn/Cys/Gln/Gly/Leu/Ser/Trp/Val/Asp/Lys 5′tiRNA - Val	抑制细胞增殖、迁移和侵袭	乳腺癌
5′- tiRNA derived from the pseudogene tRNA - Und - NNN - 4 - 1 5′- tiRNA - Asp - GUC, 5′- tiRNA - Glu - CUC	用于癌症筛查的非侵入性生物标志物、促进细胞增殖	前列腺癌
5′- tiRNA - Leu - CAG	促进细胞增殖和细胞周期	肺癌
5′- tiRNA - Val	促进细胞迁移、侵袭和转移	结肠癌

（4）snoRNAs

snoRNAs 是中等大小的 ncRNAs，长度约 60～300 bp，是小核仁核糖核蛋白复合体（SnoRNPs）的组成部分（图 4-10）。snoRNAs 是最早在核仁中发现的小 RNA，因此被称

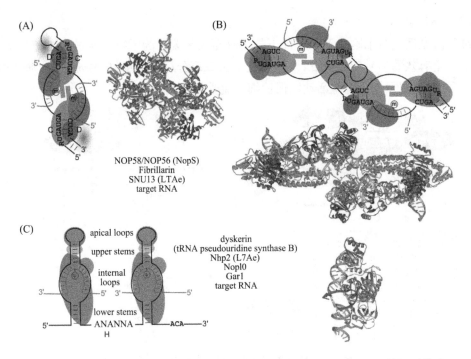

图 4-10　snoRNPs 的典型 C/D-box 和 H/ACA-box 结构，以及靶 RNA 的识别模式

(DOI：10.1093/nar/gkz1140)

作小核仁 RNA。snoRNA 指导其他 RNA 的化学修饰，主要是核糖体 RNA、转移 RNA 和小核 RNA。有两大类 snoRNA，与甲基化相关的 C/D box snoRNAs 和与假尿苷化相关的 H/ACA box snoRNAs。snoRNA 在基因组中的位置不同。大多数脊椎动物 snoR-NA 基因由编码参与核糖体合成或蛋白质翻译的基因的内含子编码，并由 RNA 聚合酶 II 合成。snoRNA 还显示位于基因间区域、蛋白质编码基因的 ORF 和 UTR。

转录后，新生成的 rRNA 分子(pre-rRNA)需要进行一系列的处理，以产生成熟的 rRNA 分子。在被外切和内切核酸酶切割之前，pre-rRNA 经历了复杂的核苷修饰，包括由 snoRNA 引导的甲基化和假尿苷化。人类的 rRNA 包含大约 115 个甲基修饰，其中大部分是 $2'O$-核糖甲基化(其中甲基连接到核糖基团)。假尿苷化是将核苷尿苷转化(异构化)为不同异构形式的假尿苷(Ψ)，这种修饰包括尿苷碱基围绕其与 RNA 骨架核糖的糖基键旋转 180°。

尽管甲基化和假尿苷化修饰对成熟 RNA 功能的影响有待探究，但已知该过程会促进 RNA 与核糖体蛋白的相互作用。

（5）长非编码 RNA(lncRNA)

lncRNA 被普遍定义为一类长度大于 200 nt 且不具有编码蛋白质能力的 RNA(尽管已有研究发现部分 lncRNA 具有编码短肽的能力)。据文献佐证，长链非编码 RNA 最早于 1989 年在小鼠中发现，但是当时并没有对长链非编码 RNA 做出明确的定义与归类。而后进入 21 世纪，lncRNA 的功能与作用机制逐渐被揭示，也促使非编码 RNA 研究持续升温(图 4-11)。

尽管越来越多的证据表明哺乳动物中的长链非编码 RNA 可能都具有一定的功能，

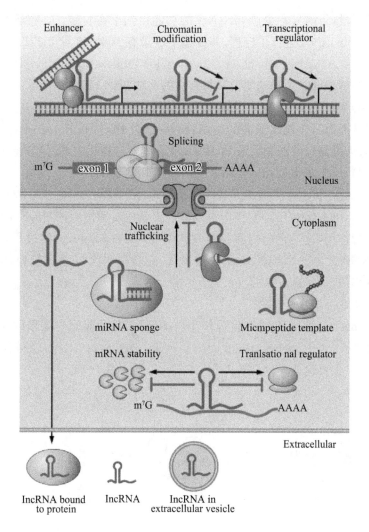

图 4-11 lncRNA 的合成及效应过程

(Doi:10. 1152/physrev)

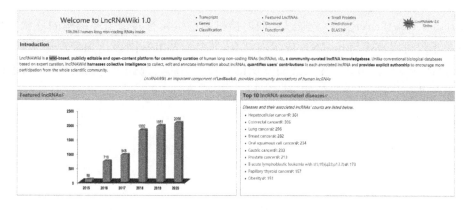

图 4-12 lncRNAWiki

但受限于技术手段,目前只有少量 lncRNA 的功能得到了实验验证。有研究团队已经对目前已知功能的 lncRNA 进行了梳理,并构建了收录有 106 063 种 lncRNA 的数据库 lncRNAWiki(https:// ngdc. cncb. ac. cn/ lncrnawiki1/ index. php/ Main_Page),用户可以通过该数据库了解 lncRNA 的功能及其与疾病的关联(图 4-12)。

与 miRNAs 相比,lncRNAs 的功能更为复杂多样。lncRNAs 通常表达水平较低,但较蛋白质编码基因而言表现出显著的组织特异性。此外,与 miRNAs 相比,lncRNAs 的保守性较低,有人推断这可能是因为 lncRNA 更易受到选择压力的影响,特别是在它们的启动子区域。与 mRNA 类似,lncRNA 同样是在核内生成的。

lncRNA 的表达水平通常与邻近基因的表达水平相关,但相对水平较低。与细胞核内的蛋白质不同,lncRNAs 不需要经历再入核过程就能发挥作用,即 lncRNA 一经转录后就能在原位发挥作用,这是它们能够参与顺式调控(cis-regulatory)的过程。Xist 是最早被研究的 lncRNA 之一。Xist 在 1991 年被发现,它被证明参与了 X 染色体失活(XCI),并在原位发挥作用。

(6) 其他种类的非编码 RNA

snRNA(small nuclear RNA),也称作小核 RNA。其功能是与蛋白因子结合形成小核核糖蛋白颗粒(small nuclear ribonucleo-protein particle,snRNPs),拥有剪接 mRNA 的功能。snRNA 主要包括 5 种:U1、U2、U4、U5 和 U6(图 4-13)。

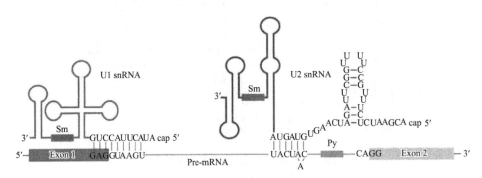

图 4-13　snRNA 示意图

circular RNA(circRNA)是通过反向剪接机制产生具有共价闭环结构的环状 RNA。circRNA 不仅可以直接与 miRNA 或蛋白结合,还参与调节基因表达和表观遗传修饰、短肽生成等(图 4-14)。circRNA 表达的发现也为相关疾病研究提供了新的角度,目前已证实其能参与调控癌症、心血管疾病、神经退行性疾病等。

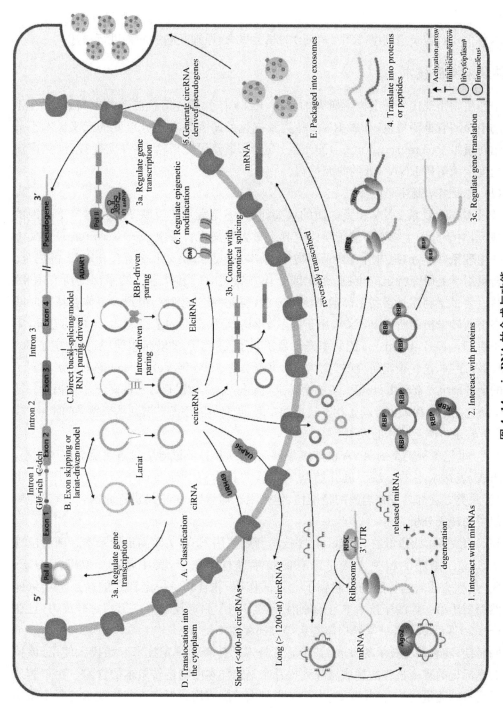

图 4-14 circRNA 的合成与功能
(Doi:org/10. 3389/fcell. 2020. 00850)

第四节　RNA 相关实验方法及检测技术

本节主要对转录组测序(RNA - seg)的相关概念、原理及测序流程进行概述。

1　转录组测序技术

中心法则是现代分子生物学研究的基石,RNA 作为遗传信息传递的中间载体,在生命活动中扮演着重要角色,开展 RNA 种类及变化的研究具有十分重要的意义。本小节将介绍转录组学(Transcriptomics)的产生、发展和最新研究策略,并从实验设计、测序流程等角度全面解析 RNA-seq 的研究过程。

(1) 转录组学概述

转录本作为联系 DNA 和蛋白质的重要纽带,一定程度上反映了特定时空下基因的表达情况,对于分子生物学和遗传学研究具有重大意义。转录组(Transcriptome)广义上指某一生理条件下,细胞内所有转录产物(转录本)的集合;狭义上指所有 mRNA 的集合。

转录组学是研究特定的细胞、组织或个体在特定时间和状态下转录出的所有 RNA 的学科。转录组测序是指利用高通量测序方法,研究特定的细胞、组织或个体在特定时间和状态下所转录出的所有 mRNA,用于揭示不同功能状态下的基因表达、结构的差异,阐明分子机制。1991 年 Adams 团队率先开展了基于人脑组织的转录组研究,并测定了 609 条 mRNA 序列,是转录组研究的首次尝试。随后,在 1995 年 Velculescu 等人首次测定了酵母的全转录组。直至 2008 年人类的全转录组数据发布,数以百万计的转录本被揭示。转录组学研究的不断深入也推动了相关技术的发展,研究范围逐渐扩展到越来越多的领域。

(2) 转录本测定技术的发展

自 20 世纪各种类型的 RNA 被陆续发现后,相关团队不断地尝试各种测定序列大小、碱基组成、表达水平的方法。最开始基于实验的技术有 Northern blotting 和 RT-PCR 等,尽管此类方法都具有相当高的精准性,但受限于通量低、价格昂贵等原因,一直未能用于大规模的转录分析。

1980 年之后,低通量的 Sanger 测序技术开始使用 EST 文库测定转录本。随后出现的基于 Sanger 测序的相关方法对原有的技术进行了改善,其中包括 SAGE、CAGE、MPSS。这些方法对通量的提高起到了一定的作用,并且具备一定程度的转录本定量能力。然而由于第一代测序技术本身的原因,此类 RNA 测定技术价格仍相对较高,并且在读段(reads)匹配率和转录本异构体鉴定等方面存在不足。

同时期,随着杂交技术的发展,基于芯片技术的转录本测定技术开始投入使用,该技术将荧光标记的寡聚核苷酸制成微阵列探针来测定样本中特定转录本的含量。由于芯片技术所具备的通量优势,使其在 20 世纪末得到大范围应用。但由于芯片技术受限于需要参考转录组信息、交叉杂交产生背景噪声、低表达丰度基因检测困难以及荧光信号动态检测范围有限等因素,使得这项技术逐渐被新一代高通量测序技术所取代。随着基因组计划的实施,测序技术得到了革命性的发展。自 2008 年 Nagalakshmi 团队首次使用 RNA-seq 技术揭示了酵母基因组的转录概况以来,RNA-seq 在生物学研究中得到日益广泛的应用。

（3）转录组测序

转录组测序,指对某组织在某一功能状态下所能转录出来的所有 RNA 进行测序的技术。此处介绍的转录组测序特指对 mRNA 进行测序获得相关序列的技术。

RNA-seq 根据所研究物种是否有参考基因组序列分为 de novo 测序（无参考基因组序列）和转录组重测序（有参考基因组序列）。真核 mRNA 测序是对真核生物特定组织或细胞在某个时期转录出来的所有 mRNA 进行测序,既可研究已知基因,又能探究未知基因,能够全面快速地获得 mRNA 序列和丰度信息。真核 mRNA 测序方法可以分为有参考转录组、无参考转录组以及数字基因表达谱（DGE）三大类。

原核转录组测序是通过构建链特异性文库研究原核生物在某个时期或者在某种环境条件下转录出来的所有 mRNA。由于原核生物 mRNA 没有 polyA 尾结构,就需要去除 rRNA 的特点。现在已有许多公司针对不同的研究物种采取有效的方法去除 rRNA,保证数据质量。

（4）实验设计

转录组的研究对象为特定细胞在某一功能状态下所能转录出来的所有 RNA 的总和,目前该测序技术主要针对 mRNA。转录组研究是以基因功能及结构为研究的基础和出发点,通过新一代高通量测序,能够全面快速地获得某一物种特定组织或器官在某一状态下的几乎所有转录本序列信息,还可以通过测定的序列信息精确地分析转录本的 cSNP（编码序列单核苷酸多态性）、可变剪切等序列及结构变异,进而能快速准确地发现特定生物学工程中的功能分子基础,开拓新的研究思路,展开新层次的研究。

缜密的实验设计和规范的实验操作是研究取得成功的首要条件。在进行 RNA-seq 实验前需要考虑以下几个问题:① 生物学重复。由于早期新一代测序技术高昂的测序成本,有相当数量的研究忽略了"生物学重复"的重要性,但生物学重复对于测序实验的设计以及实验数据的解读和分析都非常重要。没有生物学重复难以排除随机误差的影响,并且会给测序后的数据分析带来困难,使得统计推断的可靠性大大降低。而过多的生物学重复则会增加实验成本,造成不必要的浪费。选择合适的生物学重复需要结合具体问题,一般可以为 3～5 个。如果对结果的假阳性控制要求较高,则可以在经费允许范围内适当增加重复个数。还要注意的是,3 个生物学重复,不等同于将 3 个样本的 RNA 等量混合后测序,3 个样本等量混合测序,也就是将 3 个样本的基因表达量取了平均值,其实相当于只取了 1 个样本,由此得到的差异基因不可信,不能反映群体生物学现象。② 取样及 RNA 提取。样本提取的原则是要控制变量,也就是要尽量控制与实验无关的干扰变量以及人为因素的影响。由于基因表达具有高度的时空特异性（不同组织或同一组织不同时间均有较大差异）,在提取样本的时候要注意提取时间和组织细胞的控制,以及提取后样本的妥善保存（及时冻存）。在提取总 RNA 时要注意:样品细胞或组织的有效破碎、有效地使核蛋白复合体变性、对内源 RNA 酶的有效抑制、有效地将 RNA 从 DNA 和蛋白混合物中分离、对于多糖含量高的样品还牵涉到多糖杂质的有效除去,其中最关键的是抑制 RNA 酶活性。③ 测序深度。测序深度是指测序得到的碱基总量（bp）与基因组大小的比值,它是评价测序量的指标之一。测序深度应该根据实验的具体要求而定。对于有参考基因组的情况,如果不进行可变剪切或新转录本的分析和检测,那么较低的深度就能满足实验要求;但若测序没有参考基因组或实验目的涉及鉴定新转录本,那么就需要较高的测序深度。④ 文库的构建。文库分为链特异性文库和非链特异性文库。非链特异性文库无法区分打碎的片段转录自正义链还是反义链;而链特异性文库在建库时保留了转录本的方向信息用以区分转录本来源,能有效避免互补链的干扰。链特异性文库相较于非链特异性文库有诸多优势,如基因表达定量和可变剪切鉴别更准确。

（5）技术优势

转录组测序,通过测定某一物种或特定细胞在某一功能状态下产生的 mRNA,不仅可以提供定量分析,检测基因表达水平差异,还可以提供结构分析,能发现稀有转录本,精确地识别可变剪切位点、基因融合等,而且不依赖于参考基因组。主要优势有:① 适用范围广,有别于芯片技术,无须预先设计特异性探针,对于任意物种,在完全未知物种基因或基因组信息的情况下,能够直接对其进行最全面的转录组分析;② 检测范围广、检测阈值宽,几乎可以测定所有转录本片段的序列,并有着跨越数个数量级的宽检测阈值,从几个到数十万个拷贝精确计数;③ 分辨率高,可以分辨相似基因及可变剪接造成的单碱基差异。

（6）主要流程

RNA-seq 主要分为四个步骤(如图 4-15 所示):样本制备、文库构建、上机测序以及数据分析。

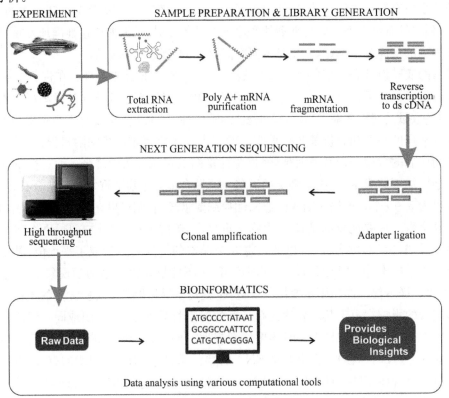

图 4-15　RNA-seq 的主要流程

(Doi:org/10.3390/ijms19010245)

（7）主要应用及未来

目前 RNA-seq 已经几乎可以应用于生命科学研究的所有领域，如分子标记物、免疫应答、物种进化等。尽管当前 RNA-seq 仍然以二代测序为主，但基于三代测序技术进行 RNA-seq 已成为转录组学研究的一个重要方向。目前的高通量测序技术都需经过文库制备的过程，即首先将大量的 RNA 分子富集后，转化为 cDNA 测序文库，并在建库过程中将 cDNA 分子的片段连接上测序引物接头和样本标记序列。之后，应用最广泛的 Illumina 二代测序平台，采用边合成边测序的策略，对建库后的分子进行双端测序或单端测序。作为三代测序的代表，PacBio 的单分子实时测序技术具有读长较长的优点，能够进行全长转录组的研究，特别适用于发现新转录本。根据实验目的和研究对象，基于现有的测序平台，已经可以在整体水平系统地开展多种 RNA 分子的研究。此外，随着技术的成熟，单细胞转录组研究已然成为目前的热点。单细胞测序通过对单个细胞进行基因组扩增和测序，解决了用组织样本无法获得单个细胞的异质性信息、样本量太少无法进行常规测序的难题，为科学家研究解析单个细胞的行为、机制、与机体的关系等提供了新方向，为早期检测、诊断疾病及疾病的个体化治疗提供了指导。

2　miRNA 测序

miRNA 相对保守，在动物、植物和真菌等中发现的 miRNA 表达均有严格的组织特异性和时序性。miRNA 高度的保守性与其功能的重要性有着密切的关系。由于 miRNA 在转录后基因调节中发挥的巨大作用，开展相关研究具有重大的理论价值。

在高通量测序技术出现之前，研究者大多采用生物化学结合生物信息学的方法开展对 miRNA 的研究。miRNA 前体在基因组上的定位和聚类可以通过基因组数据库查询得到，成熟的 miRNA 根据推测是由 Dicer 酶降解 RNA 得到的，21～23 个碱基大小，有 5′ 端磷酸基和 3′ 羟基的 RNA 片段。因此，可以通过改良的定向克隆的方法筛选具有相同特征的小分子，将一定大小的 RNA 分子连接到载体，然后通过逆转录和 PCR 扩增、亚克隆、测序等方法获得其序列信息。

基于 Illumina 高通量测序平台的 miRNA 测序技术突破了原有技术手段的局限性，该方法可以直接对样本中指定大小的所有 miRNAs 分子进行高通量测序，在无须任何序列信息的前提下研究 miRNA 的表达谱并在此基础上发现和鉴定新的 miRNA，并提供更加灵活和深入的研究分析方法。与传统的 RT-PCR 技术、Northern 印记技术及微阵列芯片技术相比，它具有显著的优势。

miRNA 的测序方式一般为端测序，测序读长选择 50 bp。此外，small RNA 文库的测序数据量要求在 6～10M clean reads，高深度测序一般要求在 15～20M clean reads。miRNA 的数据分析包括 miRNA 的分类与注释、其他 ncRNA 的分类与注释、预测新的 miRNA、靶基因预测、样本间 miRNA 的差异分析和聚类分析、差异 miRNA 靶基因的功能富集分析、差异 miRNA 和靶基因的互作网络分析等。

如图 4-16 所示，miRNA 文库构建的主要步骤有：使用连接酶分别在两端连上接头、RT-PCR 扩增、对 PCR 产物分离纯化。但由于 miRNA 片段较小，连上接头后的长度大约有 147～157 bp，因此配制分离胶时需要注意浓度的选择，以保证精准地分离出特定大小的片段。

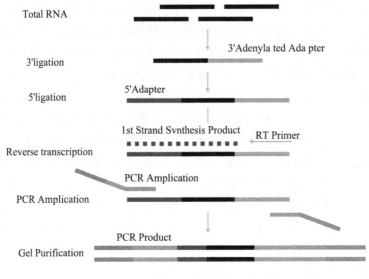

图 4-16　miRNA 文库构建的一般过程

（www. lcsciences. com/）

3　lncRNA 测序

lncRNA 高通量测序策略,采用去核糖体链特异性建库方法,对长链非编码 RNA、mRNA、环状 RNA 等大 RNA 进行测序研究,从而快速全面准确地获得与特定生物学过程(例如发育、疾病等)相关的所有大 RNA 转录本的数据信息,可应用于细胞分化和发育的研究、调控机理的研究、疾病标志物的寻找、疾病的分子诊断、基因药物的研发等。

lncRNA 测序一般选择的模式为双端测序,测序读长选择 150 bp。lncRNA 的数据分析一般包括 lncRNA 的拼接组装、位点筛选、编码潜能分析、靶基因预测、基因组表达分布检查、保守型分析、表达水平分析、差异表达分析、lncRNA‐mRNA 共表达网络构建等。

为了避免 rRNA 对测序结果的影响,一般在处理样品时要除去 rRNA。Ribo-Zero Gold Kit 是本领域应用较为广泛的去除 rRNA 的试剂盒。其基本原理是首先合成 rRNA 的特异性探针并进行生物素化,然后利用以亲和素做标记的磁珠分离并去除与生物素化探针杂交的 rRNA(图 4-17)。

4　其他技术手段

（1）Northern Blot

继 Southern 杂交方法出现后,1977 年 Alwine 等人提出一种与其类似的、用于分析细胞总 RNA 或含 poly A 尾的 RNA 样品中特定 mRNA 分子大小和丰度的分子杂交技术,并为了与 Southern 杂交法相对应而命名为 Northern 杂交技术。这一技术自出现以来,已得到广泛应用,成为分析 mRNA 最为常用的经典方法。

与 Southern 杂交相似,Northern 杂交(图 4-18)也采用琼脂糖凝胶电泳,将分子量不同的 RNA 分离开来,随后将其原位转移至固相支持物(如尼龙膜、硝酸纤维膜等)上,再

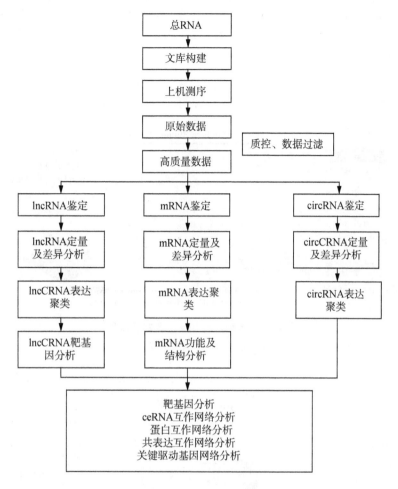

图 4-17　lncRNA 测序流程

用放射性(或非放射性)标记的 DNA 或 RNA 探针,依据其同源性进行杂交,最后进行放射显影(或化学显影),以目标 RNA 的所在位置表示其分子量的大小,而其显影强度则可提示目标 RNA 在所测样品中的相对含量(即目标 RNA 的丰度)。但与 Southern 杂交不同的是,总 RNA 不需要进行酶切,即各个 RNA 以分子的形式存在,可直接应用于电泳;此外,由于碱性溶液可使 RNA 水解,因此不进行碱变性,而是采用甲醛等进行变性电泳。虽然 Northern 也可检测目标 mRNA 分子的大小,但更多的是用于检测目的基因在组织细胞中有无表达及表达的水平如何。

(2) PCR 技术(Polymerase Chain Reaction)

经历了"第一代 PCR 技术"(即普通 PCR 技术)、"第二代 PCR 技术"(实时荧光定量 PCR 技术,RT-qPCR),目前已发展出"第三代 PCR 技术"——数字 PCR(dPCR)技术。

第一代 PCR 技术存在操作烦琐、只适用于定性研究、交叉污染风险大等局限性(4-19)。在随后发展出的 RT-qPCR 技术,通过选择参考基因,可以做到相对定量,并具有定量范围宽、灵敏度高、假阳性率低、实时监测、效率高等多方面优势。而数字 PCR 是一种核酸分子绝对定量技术,基于单个分子模板进行大规模核酸扩增,对扩增的终点信号进行

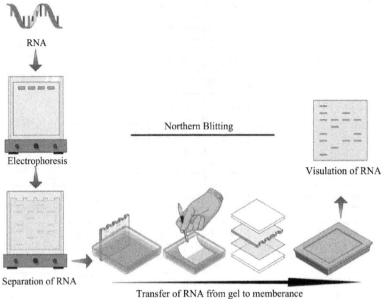

图 4-18　Northern Blot 主要实验流程

(DOI:10. 3329/bjp. v12i3. 32501)

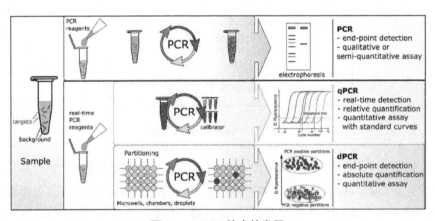

图 4-19　PCR 技术的发展

(DOI:10. 3390/s18041271)

统计学分析,实现无须标准品的绝对定量,具有出色的灵敏度、特异性、准确性、稳定性和重现性,可有效进行基因组变异、拷贝数变异(CNV)及 DNA 甲基化定量等检测(4-20)。

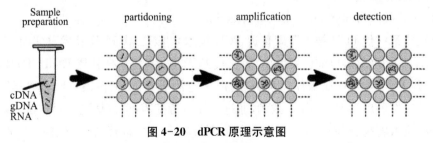

图 4-20　dPCR 原理示意图

(DOI:10. 3390/s18041271)

(3) ChIRP-Seq(Chromatin Isolation by RNA purification)

2011 年,斯坦福大学的 Howard Chang 教授开发了 ChIRP 技术,该技术可以在全基因组范围内鉴定 RNA 与染色质的互作,目前已被研究者们广泛使用(图 4-21)。

ChIRP 的流程为:用戊二醛处理细胞,以固定 lncRNA 与染色质的相互作用;然后进行细胞裂解和超声破碎,打断染色质;接着用以生物素标记的寡核苷酸探针与靶 lncRNA 杂交;而后基于生物素和链霉亲和素相互作用的原理,用链霉亲和素磁珠来分离、纯化染色质复合体;最后从纯化的染色质复合体中分离蛋白质、RNA 或 DNA,以进行下游的分析。

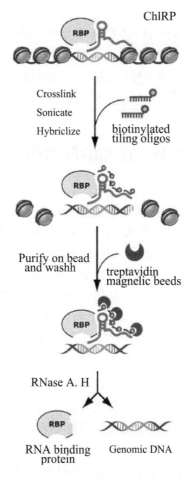

图 4-21　ChIRP 技术流程示意图

(DOI:10.3791/3912)

(4) RNA 蛋白免疫沉淀技术

RNA 蛋白免疫沉淀技术(RNA Binding Protein Immunoprecipitation,RIP),是研究细胞内 RNA 与蛋白结合情况的技术,是了解转录后调控网络动态过程的有力工具,能帮助我们发现 miRNA 的调节靶点。RIP 这种新兴的技术运用针对目标蛋白的抗体把相应的 RNA -蛋白复合物沉淀下来,然后经过分离纯化就可以对结合在复合物上的 RNA 进行分析(4-22)。

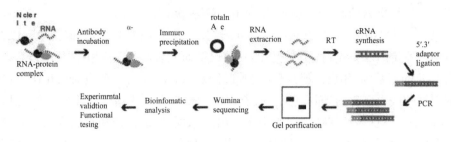

图 4-22 RIP-seq 技术流程

(DOI:10.1016/j.molcel.2010.12.011)

在此基础上开发出的 RIP-seq 技术(RNA 免疫沉淀结合高通量测序,RNA Immuno-precipitation followed by Sequencing),它是一种通过免疫沉淀目标蛋白来捕获与其互作的 RNA 的技术。该技术将捕获的 RNA 反转录成 cDNA,再进行高通量测序,是了解转录后调控网络动态过程的重要方法,也有助于发现 RNA 的调控靶点。

第五节　面临的问题和挑战

生命科学的发展离不开相关技术的发明。早期对生命科学的研究,受限于技术手段,只能从宏观角度进行探究。之后一次又一次的技术革新,让我们对生命活动的认识逐渐从粗略到精细、从定性描述到定量分析、从静止到实时;也正是通过这一次次的技术革新和无数科研工作者的前仆后继,新的发现一次又一次刷新甚至颠覆了我们的认知。

对 RNA 的探索过程同样如此,从早期 RNA 的发现、化学性质的探索、晶体结构的解析、对特定基因转录本的测定乃至高通量技术的应用,都离不开革命性技术的支持。当前,面对基于高通量产生的以 GB 甚至 TB 计的数据,我们更希望通过对比发现调控网络中信号传递的异常扰动,并解析所有 RNA 的功能。但面对海量数据仅依靠传统实验验证或者通过统计学知识整理归纳,很难系统地解析 RNA 的调控规律。人工智能的兴起,让我们看到了希望,繁杂的组学数据与高性能计算方法的结合,能有效弥补现有技术手段的不足,这可能会是 RNA 研究历程中的又一重要革新,相关成果有望应用于疾病诊断、药物设计与开发、健康管理等各个方面。

此外,从实验技术手段的角度来说,尽管生命科学领域已经发展到了一定高度,但我们对生命规律的探索依旧受限于当今的技术手段。由于生命活动的复杂性,我们迫切地渴望可以对生命活动从分子层面直接、实时、无偏差地观测。尽管新一代测序技术已经能够较为准确地测定 RNA 的序列和含量,但依旧无法精确地对每个转录本进行多角度(构象、传递、修饰等)、实时地检测,这种需求也激励着相关实验手段的创新。

（本章编委：温鹏博）

第五章　蛋白质系统

第一节　蛋白质相互作用系统概述

蛋白质在生物体内起着至关重要的作用。生物体中绝大多数生物功能并不是依赖某个蛋白质分子单独实现，而是依赖蛋白质与其他蛋白质或其他物质的相互作用实现。两个蛋白质分子之间发生相互作用的情况最为常见，称作"二元相互作用"（binary interaction）。多于两个蛋白质分子的、同时发生相互作用的情况则较少。值得注意的是，生物体内一个蛋白质分子通常不会仅参与一个或者一类相互作用，而会在不同的情况下与不同蛋白或者同一个蛋白的不同位置、以不同的形式相互作用。因此，蛋白质之间的相互作用会相互交织，形成一个"相互作用网络"（interaction network）。

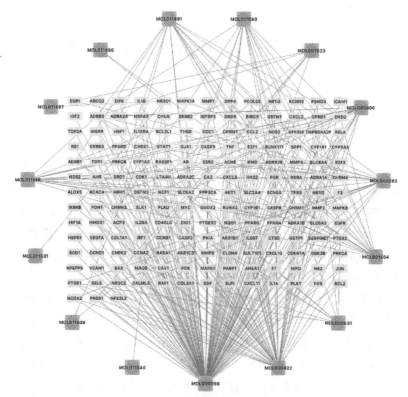

图 5-1　一个典型的蛋白质相互作用网络图

在相互作用网络图中，每个蛋白质分子（有时也有化学小分子）以一个圆圈或方块表示,如果经实验证实两个蛋白质分子之间存在相互作用,则以实线将两个蛋白质分子连接,由此形成一张复杂的相互作用网络图(图5-1)。在系统生物学研究中,通常以蛋白质相互作用网络图为基础,通过使用图论等数学方法,从相互作用网络中提取出感兴趣的蛋白质相互作用级联通路,或找到断开蛋白质之间相互作用所需步骤等,从系统上解决蛋白质相互作用的表征和调节等科学问题。这种研究方法在系统生物学特别是蛋白质系统研究中比较常见。这种系统性研究,相比生物学常见的单一性针对某个蛋白或某个相互作用的研究,能够获得更加丰富的数据,对于现代生物学或医学研究具有广泛的意义。

从研究内容分类上来讲,利用蛋白质相互作用系统(网络)图进行的研究应当属于数学问题而非生物学问题。而蛋白质相互作用(系统)的深入研究,其生物学基础是蛋白质相互作用特别是二元蛋白质相互作用的实验证实。只有通过科学的实验证实,才能明确蛋白质相互作用系统中不明确的部分,或者发现新的相互作用,对于蛋白质相互作用的实验研究乃至理论的发展有更重要的意义。基于这个考虑,本章将从蛋白质相互作用的基本概念出发,介绍结构域这一蛋白质相互作用的基本单位,深入生物化学本质探讨蛋白质相互作用的性质,明确蛋白质相互作用系统中的表面现象与本质问题之间的关系。着重介绍蛋白质相互作用的实验检测原理,同时介绍一些检索蛋白质相互作用的数据库,并介绍检测蛋白质与DNA/RNA相互作用的实验方法。通过本章的学习,研究者不仅能对蛋白质相互作用有一个更深入的认识,而且能够从理论与实验两个角度更加明确蛋白质相互作用的系统性,为日后深入研究蛋白质之间的系统关系打下坚实的基础。

第二节　蛋白质相互作用的结构基础

蛋白质分子的化学本质是氨基酸之间通过肽键(peptide bond)相互连接形成的生物大分子。肽键是一类连接一个氨基酸氨基和另一个氨基酸羧基之间的共价键(有机化学上称为酰胺键)。天然的蛋白质由二十种氨基酸组成,而肽键是具有方向性的,例如二肽Ala-Gly与Gly-Ala是不同的肽,因其用了属于不同氨基酸的氨基和羧基,故天然蛋白质中的肽键可能的种类共有20^{20}种。实际上,氨基酸之间形成的肽键的性质不仅与形成肽键的两个氨基酸有关,还与肽键周围相隔一个乃至若干个的氨基酸有关。因此肽键的性质是一个十分复杂的生物化学问题。正因为肽键有如此复杂性质的可能性,加上二十种氨基酸有不同的类别,其相互作用亦非常复杂,这些因素共同作用,使得蛋白质的结构与蛋白质相互作用之间呈现千变万化的特征。

蛋白质相互作用主要是两个或两个以上的蛋白质分子通过一系列物理作用,如静电相互作用、氢键、疏水相互作用、范德华力(van der Waals,有时与疏水相互作用合并研究)等(图5-2),实现物理上的结合,进而产生一系列分子层面的物理或化学变化并实现其对应的生物功能,例如结构组成、催化反应、物质转运、信号传导等。各类生物的大多数生理或病理过程的分子机制最终都能归结到蛋白质相互作用的增加、减少或改变。在过去的一二十年间,蛋白质相互作用一度成为热门的新药研发靶标,然而近年来实践的结果表明个别蛋白质的相互作用的改变难以在临床层次上改变生理或病理过程。近年来经过对这些研究结果进行总结,研究者们认为,蛋白质之间的相互作用不能割裂开来研究,而应该系统地、全面地将生物体内涉及某一生理或病理过程的所有蛋白质之间的相互作用作为一个整体,即对"蛋白质相互作用组"加以研究。只有深入透彻地了解这些蛋白质相互作用的物理层面和化学层面的本质,在药物设计、治疗方法选择等临床应用上,更多地考虑靶向蛋白质相互作用组而不是单一的蛋白质相互作用,这才是未来发展蛋白质相互作用和相互作用组学的一个可能的契机。

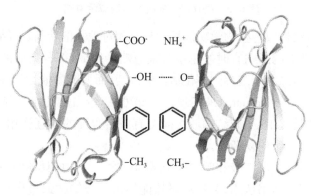

图示从上到下分别为静电相互作用、氢键、疏水相互作用、范德华力。

图 5-2 蛋白质相互作用的几个主要驱动力

蛋白质相互作用可以分为如下几类:按照相互作用是否稳定可分为瞬时作用和稳定作用;按照参与相互作用的蛋白质分子是否属于同种分子可分为同源相互作用和异源相互作用;按照参与相互作用的分子间是否产生共价键(发生化学反应)可分为共价作用和非共价作用。这些分类之间存在广泛的相互联系,一般来说,共价作用通常都是稳定作用,因共价键的形成属于化学反应,其强度通常远高于其他非化学反应的(非共价)相互作用。

第三节 结构域与蛋白质作用界面

1 结构域概述

蛋白质分子由不同的结构域(domain)组成。结构域是蛋白质分子中具有相对独立功能的结构部分。其具有的功能独立性意味着缺少了这部分结构,蛋白质会相应缺少这部分结构所对应的生物学功能,而其他尚存在的结构域对应的生物功能可能并不会一并失去。例如:突触后高密度蛋白 95(Postsynaptic density protein 95,PSD - 95)含有三个 PDZ 结构域,一个 SH3 结构域,以及一个类鸟苷酸激酶(Guanylate kinase-like)结构域。其中 PDZ 和 SH3 结构域对应的主要功能都是介导 PSD - 95 与其他蛋白间的相互作用,而类鸟苷酸激酶结构域主要负责 PSD—95 既有的催化活性(图 5-3)。根据结构域的相互独立性可知,如果 PSD - 95 缺失了类鸟苷酸激酶结构域,其催化相应底物发生磷酸化的生物功能即会消失,而由 PDZ 结构域、SH3 结构域负责的与其他蛋白的相互作用能力则不会完全消失。相反,如果失去了 PDZ 结构域或 SH3 结构域,PSD-95 与其他相应蛋白的相互作用能力会失去,而其具有的催化活性则不会完全失去。由此可见,结构域对蛋白质的性质具有决定性的意义。

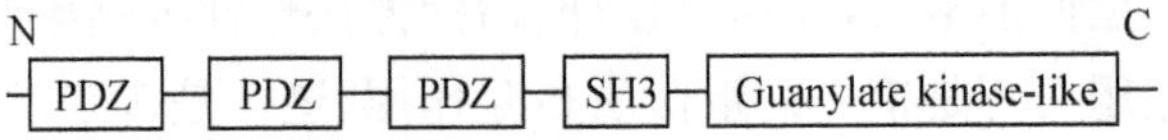

自 N 端至 C 端(图中自左至右)分别为 PDZ 结构域(三个)、SH3 结构域及类鸟苷酸激酶结构域。

图 5-3　PSD-95 蛋白的结构域示意图

值得注意的是,结构域的生物学功能虽然具有相对独立的特征,但结构域之间的相互作用对蛋白质生物功能的影响有时候也很难被忽略。例如:部分具有酶活性的蛋白去除其相互作用结构域后,经常能观察到催化活性的改变,而调节酶催化活性的功能本应该由"调节结构域"(regulating domain)来实现。由此可见,蛋白质的结构域虽然具有相对独立的功能,但在一些情况下,不同结构域之间会有一定程度的相互作用,因此结构域决定蛋白质的性质还具有一定的复杂性。

蛋白质具有一级、二级、三级和四级四个结构层次。结构域具体归属哪一个结构层次目前仍存在一些争议。本书认为,结构域虽然能够由一级结构通过序列比对方式大致确定,然而蛋白质结构域的功能主要是通过其高级空间结构实现的,而稳定的空间结构只在三级结构及以上存在。因此,本书在结构层次定义上,将结构域这一概念归入三级结构层次。结构域可大可小,不过由于需要形成稳定的三级结构,因此形成结构域的氨基酸数目通常在几十个、几百个乃至上千个不等。结构域中保守的部分可称之为"模体"(motif),模体具有空间结构但通常不够稳定,当没有周围其他氨基酸支持时容易发生结构的改变而失活,因此模体不能脱离其他结构的支持而独立存在。本书在结构层次定义上将模体归入二级结构层次中。模体在氨基酸数目上通常比结构域少,在几个到几十个之间,通常由少量的规整二级结构(如 α 螺旋或 β 折叠)以及少量的无规卷曲组成。

2　蛋白质的相互作用通过结构域之间形成的界面实现

蛋白质分子具有不规则的大小和空间结构。蛋白质分子之间不同的结构彼此互补,形成蛋白质-蛋白质之间的相互作用"界面"。这些界面两侧的蛋白质在性质上可能是不一致的,不同类型的蛋白质分子之间相互靠近形成的界面也有许多类型,由此形成不同的蛋白质-蛋白质结合模式。蛋白质-蛋白质界面对于催化、调节、免疫和抑制等分子功能至关重要,可以说了解蛋白质相互作用界面是了解蛋白质之间相互作用的重要渠道之一。

蛋白质-蛋白质的相互作用特征除了界面之外还表现在其他两个区域,即核心和表面,如图 5-4 所示。在通常的水溶液环境中,表面区域能够被水分子触及,而核心区域则无法被水分子触及,因此,核心区域的氨基酸"溶剂可接触表面积"(solvent accessible surface area,ASA)为零。而对于蛋白质相互作用的界面部分来说,该区域在复合物形成之前属于溶剂可接触表面,复合物形成后则变为溶剂不可接触表面。复合物状态下蛋白质之间的界面和蛋白质表面之间的性质差异是蛋白质相互作用结合的驱动力。值得注意的是,界面的性质不仅包含形成界面的组分的不同,还包括结合所需要的特定的化学特征。

　　蛋白质—蛋白质界面的性质是形成界面的所有氨基酸残基的特性总和。以二元复合物为例,结合发生在形成四级结构层次的蛋白质复合物的两个蛋白质亚基之间。这些性质包括界面残基的类型、界面尺寸、界面面积、界面疏水效应、残基带电情况、范德华力作用、氢键作用、盐桥、静电相互作用等。它们相互配合以形成特定蛋白质分子之间稳定的相互作用界面。形成稳定界面上的残基数量和空间延展的长度宽度称作"界面尺寸"。一般来说残基数越多,界面尺寸也就越大。但是有时较少残基数的情况下界面尺寸也可能有较大的情况出现。

PDB:3FAP

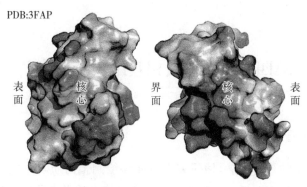

图中蛋白质以表面形式绘制。图中颜色较深的区域为正电荷/负电荷聚集区域,颜色较浅区域为电荷中性区域,
通常为疏水区域。

图5-4　蛋白质复合物核心—表面—界面示意图(PDB:3FAP)

　　界面大体上分为亲水界面和疏水界面两种(图5-4)。对于多数蛋白质复合物的分析显示,紧密堆积的疏水残基通常会形成疏水界面。通常界面比表面更加疏水,但不如核心。核心、表面和界面的相互关系如图5-4所示。通过对界面的氨基酸残基的分析可知,在同源二聚体复合物和异源二聚体复合物界面中都会同时存在含疏水侧链、不带电亲水侧链和带电亲水侧链的氨基酸残基。一般含疏水侧链的氨基酸残基在同源二聚体复合物界面中占主导地位,而对于异源二聚体蛋白质复合物,界面与内部的带电氨基酸残基所占比例都很高。

　　在蛋白质—蛋白质相互作用的界面处,氨基酸残基侧链与侧链原子间的相互作用占主导地位。而骨架—骨架或侧链—骨架原子间的相互作用仅占一小部分。蛋白质相互作用界面上对相互作用有利的残基,能使蛋白质以最佳能量状态有效结合。这些有利作用是稳定蛋白质复合物形成的基础。图5-4中不仅显示了蛋白质—蛋白质界面上正负电(深色)和电中性(浅色)残基的存在,而且强调了疏水性较强的如脂肪族和芳香族氨基酸残基的存在。除了残基侧链之间的这些相互作用之外,界面上同时存在残基之间的氢键、盐桥和范德华力作用。在同源二聚体和异源二聚体复合物中,界面处的氢键数量随着界面尺寸的增加而增多。因此,结合能随着界面尺寸的增加而降低。界面尺寸越大,结合能降低得越多,结合越有利。总能量由范德华能、氢键能和静电能组成。范德华能在界面处的贡献约为 $75\pm11\%$,一般随着复合物中的界面大小而增加,也有个别蛋白复合物中的范德华能和总结合能的相关性较小。复合物界面处氢键能的贡献约为 $15\pm6.5\%$,部分蛋白复合物中氢键能贡献占其主要部分,随着界面尺寸的增加而增加。对于静电能部分,复合物界面处静电能的贡献约为 $11.3\pm8.7\%$，亦随复合物之间的界面尺寸增加而增加。

总结起来，蛋白质复合物的界面能是蛋白质相互作用形成的主要的驱动力。蛋白质之间的结合是由界面氨基酸残基确定的界面大小和性质所决定。其结合强度与界面大小（面积）成正比。界面结合能是由范德华能主导的，兼由氢键能以及静电能相互作用形成的整体能量，用以驱动蛋白质复合物的形成。这些特征在蛋白质—蛋白质相互作用过程中共同作用，形成具有特定分子功能的稳定界面，甚至能够最终通过基因融合进化为融合蛋白，从而实现蛋白质分子功能的长久保持。

第四节　蛋白质相互作用检测技术

1　蛋白质芯片与蛋白质阵列技术

高通量分析技术的最新进展，使研究人员能够绘制蛋白质水平的细胞内网络。一个广泛适用于此类高通量蛋白质相互作用研究的高级技术的平台研究是蛋白质微阵列技术（类似 DNA 微阵列，也叫蛋白芯片）。这种阵列技术通常是利用一组已知的蛋白质抗体针对一组确定的感兴趣的蛋白质，将这些抗体结合（锚定）到载玻片等支持物的表面上，然后将混合物蛋白质样品在表面上流过以允许样品中存在的抗原与其抗体结合，进而通过膜转印曝光或通过荧光法检测（图 5-5）。该技术已被用于研究细胞经过感兴趣的化学物质和/或细胞外刺激等一系列处理后蛋白质表达水平的变化。Sreekumar 等报告了他们使用抗体阵列来研究暴露于电离辐射的癌细胞中的蛋白质表达水平，并确定了两种已知的辐射调节蛋白（p53 和 DR5）和许多新蛋白（DFF40/CAD 和 CEA）。Haab 等人使用机器人设备在显微镜载玻片表面检测特定的抗体与抗原溶液之间的相互作用，其中实验蛋白质样品在这项研究中被荧光标记。结果表明，该系统检测到的抗原—抗体相互作用的灵敏度和准确度满足了临床和研究应用的需求，能够表征复杂溶液中多种蛋白质的浓度。其他修饰的蛋白质阵列使用不同的固定探针。探针可以是短肽、寡核苷酸/肽、多糖、过敏

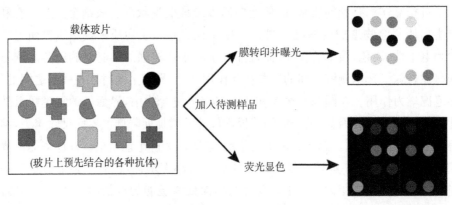

图 5-5　蛋白质芯片技术示意图

原或合成小分子等。蛋白质微阵列已被证明是一种实用且灵敏的研究蛋白质—蛋白质相互作用、蛋白质—核酸相互作用、蛋白质—小分子相互作用和发现蛋白质药物的工具。除了识别与靶蛋白相互作用的新蛋白质外,蛋白质微阵列还可通过实时检测的方法研究蛋白质相互作用的动力学。Sapsford 等人采用了这一概念开展了抗原—抗体相互作用的动力学研究。

2 酵母双杂交技术

酵母双杂交系统最初由 Fields 和 Song 开发,利用酿酒酵母转录激活因子 GAL4 来研究蛋白质的相互作用。GAL4 蛋白由两个可分离且功能不同的结构域组成:一个 N 端域,负责与特定的 DNA 序列结合(又称结合域,BD),另一个包含酸性氨基酸的 C 端域,负责激活转录(又称激活结构域,AD)。因此,在酵母双杂交系统中,将 GAL4 的 DNA 结合域(BD)与诱饵蛋白(Bait)融合,GAL4 激活结构域(AD)与检测蛋白(Prey)融合,导入酵母系统中(图 5-6),如果 Bait 和 Prey 可以形成蛋白质复合物,会使 GAL4 的两个结构域 BD 和 AD 相互靠近,从而启动 GAL4 调节的报告基因的转录,使得酵母表现出不同的性状。近年来,科学家们改进了传统的双杂交系统技术。虽然这些生物技术都使用类似的原理,但各种修改使该方法能够针对特定的目的进行"微调"。例如近年有研究者开发了一种单杂交系统来研究蛋白质—DNA 的相互作用,其中蛋白质与 AD 结合,而将感兴趣的 DNA 片段克隆到报告基因的上游。如果蛋白质与感兴趣的特定 DNA(启动子)结合,报告基因的转录就会启动,从而实现对蛋白质—DNA 相互作用的检测。

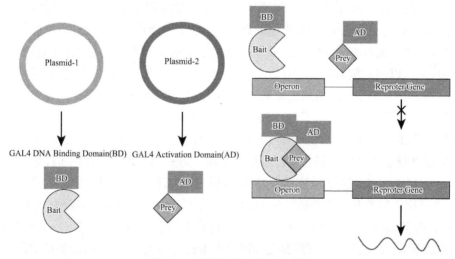

图 5-6 酵母双杂交技术示意图

为了表征蛋白质相互作用的变化,有时需要通过突变、缺失或通过使用蛋白质抑制剂等方法选择性地破坏特定蛋白质间的相互作用,这就需要酵母双杂交系统适应蛋白的变化。针对这类需求,近年来新兴一类反向和反选择双混合酵母双杂交系统。在这类系统中,与诱饵相互作用的野生型蛋白质会导致酵母细胞对选择试剂(例如细胞毒性化合物)敏感,从而导致细胞死亡。只有表达含有能破坏相互作用的突变蛋白质的细胞才能存活。因此,这种方法可用于识别不再与感兴趣的蛋白质(诱饵蛋白)结合的蛋白质新突变体。

同样,还可以筛选化合物库中能阻断特定蛋白质相互作用的前导化合物。

传统酵母双杂交系统的主要应用限制之一是某些蛋白质,尤其是来源于高等真核生物中信号转导途径中的蛋白组分,需要对其进行翻译后修饰才能与其他蛋白质相互作用,因此修饰它们所必需的酶也应导入酵母中,由此催生出三杂交系统的开发和应用。该系统通过将必要的酶共同转染到系统中来促进检测蛋白的翻译后修饰,以确保检测蛋白在宿主中发挥作用。该技术能够快速绘制特定蛋白质间相互作用所需的修饰路径。最常见的蛋白修饰是蛋白质的磷酸化,通常由特定刺激诱导,需要特定激酶的表达。Osborne 等人发表了三杂交系统应用的一个例子,在其报道的文库筛选研究中,利用三杂交系统鉴定与免疫受体特异性相互作用的蛋白质。三杂交系统的另一个用途是检测多种蛋白质之间的弱相互作用。在大多数情况下,蛋白质与许多其他蛋白质结合并形成包含弱相互作用和强相互作用的大型多组分复合物。为了鉴定与感兴趣的蛋白质相互作用较弱的新蛋白质,可以共表达已知的相互作用蛋白质,这可以提供"桥梁",从而提高具有较低亲和力的新型蛋白质在其相互作用中被检测出的概率。

除了经典的酵母双杂交系外,一些其他宿主如大肠杆菌也可以用于检测蛋白质相互作用。与酵母系统相比,大肠杆菌具有生长速度快、转化效率高、不需要核定位、具有真核激活域的域不会激活大肠杆菌转录,以及更少的涉及内源性蛋白质桥接的间接相互作用等优点。最近一项利用大肠杆菌双杂交系统的研究基于双精氨酸易位(Tat)途径来鉴定该途径中相互作用的蛋白质。这两个蛋白均通过 Tat 途径的报告系统在大肠杆菌中表达,菌株在基于选择性培养基(麦芽糖)上的生长并使用显色底物进行测定。与其他方法相比,这种大肠杆菌双杂交系统的开发提高了全蛋白质组双杂交分析的准确性。

在最初的双杂交系统中,相互作用的融合蛋白(诱饵蛋白和待测蛋白)需要被转运到细胞核中,以激活报告基因的转录。如果出现错误折叠或这些蛋白缺乏在细胞核中的定位信号时,采用以细胞核为基础的双杂交系统会出现假阴性的问题。因此,目前研究者亦开发了一些允许双杂交系统在细胞质和细胞膜中发生的策略来规避这个问题。这些系统不再使用核转录因子构建融合蛋白,而是将 β-半乳糖苷酶分成两个片段,并通过类似的蛋白质相互作用重新构建,以 β-半乳糖苷酶活性作为蛋白质相互作用强度的衡量标准。由此即可以在细胞质环境中研究蛋白质相互作用。另一种改进方法使用了酿酒酵母质膜上的 Ras 控制信号级联通路,该质膜含有对温度敏感的 Ras 鸟嘌呤交换因子(GEF)Cdc25-2。GEF 刺激 Ras 在非活跃的 GDP 结合形式和活跃的 GTP 结合形式之间转换。Sos 蛋白是哺乳动物 GEF 中的一种,如果 Sos 被募集到膜上,它将刺激 Ras 的转变,从而启动信号级联,并允许酵母在较高温度(37℃)下生长。因此,与 Sos 融合的待测蛋白 X 可以识别与诱饵相互作用的膜蛋白 Y,通过检测温度从 25℃增加到 37℃时酿酒酵母的存活率和生长能力,从而表征蛋白质的相互作用情况。Tavernier 等人描述了一种与酵母双杂交系统在哺乳动物细胞中检测蛋白质相互作用研究的概念相似的策略。这个策略建立了一个名为 MAPPIT 的系统,通过改变(或者用靶向)I 型细胞因子的受体水平改造 JAK/STAT 通路。MAPPIT 系统含有的 Y1138F 突变的瘦素受体不能引发 STAT 转录因子向受体的募集,从而使得与配体结合的受体不能发出信号。为了恢复这种信号,两种相互作用的蛋白被引入系统,其中诱饵蛋白被设计在瘦素受体的 C 端,待测蛋白与 gp130 的 C

端部分融合,其中包含四个功能性 STAT3 招募点。一旦蛋白发生结合,gp130 的 C 端部分就可以作为招募 STAT3 的结合点,随后 STAT3 被磷酸化并被激活。活性转录因子进而可以转移到细胞核中并启动报告基因例如荧光素酶的表达,从而反映蛋白的相互作用。

为了广泛筛选与感兴趣的蛋白质相互作用的新蛋白,可以构建出一套 cDNA 文库,将其中包含的所有蛋白质与 GAL4 的 AD 融合表达,而测试蛋白质与 BD 域融合。然而,针对许多诱饵(或越来越多的完整信号通路)系统检测相互作用蛋白质的大规模筛选通常需要自动化。目前,已经开发了两种大规模筛选方法来实现机器人平台的部署,即矩阵(或阵列)方法和文库筛选方法。在矩阵法中,一组经过特殊定义的酵母克隆中包含有不同的 cDNA 插入片段,作为与 BD 或 AD 的融合,通过网格格式相互筛选。这种方法被用于研究果蝇细胞周期调节剂与酿酒酵母中蛋白之间的相互作用。这些研究都极大地促进了酵母蛋白质相互作用图的建立,从而使研究者更深入地了解单细胞系统中基因的系统功能。文库筛选法是将基因文库随机化,针对另一个文库筛选阅读框,以破译微生物中的蛋白质相互作用图,研究幽门螺旋杆菌中的蛋白质相互作用用到了此方法。目前此方法应用于对蠕虫和酵母中给定基因组的所有可能的蛋白质一蛋白质相互作用进行筛选和编目。然而,要在包含更多复杂基因组和一系列特化细胞类型的更复杂的生物体(例如哺乳动物)中,详尽地完成蛋白质一蛋白质相互作用图谱所需要做的工作十分艰巨且困难。因此,表征蛋白质一蛋白质相互作用网络的一种更现实的策略是在离散的细胞信号通路或细胞过程中鉴定新的相互作用的蛋白质。例如,鉴定一整套参与剪接体功能的蛋白质,将会提供关于前体 mRNA 剪接的有用信息,也为研究其他细胞机器提供了一个较为完整的模型。

总之,双杂交系统是一种经过验证的、非常宝贵的细胞生物学工具。它具有较高灵敏度,能够检测微弱和瞬态相互作用。实验设置相对简单,可以在同一实验流程中同时检测和表征多个蛋白质相互作用,可用于识别与诱饵蛋白相互作用的新型蛋白质。由于实验是在体内系统(例如酵母、大肠杆菌中)中进行的,感兴趣的蛋白质也会适当折叠,因此在高通量筛选中更有可能找到真正的相互作用的蛋白质。

然而,各类双杂交系统及其改进形式都有其局限性,假阳性和假阴性都可能会发生,这是酵母双杂交最严重的技术问题。出现假阳性的原因有很多,最常见的是与报告基因上游 DNA 出现非特异性相互作用的蛋白质或与启动子序列相互作用的蛋白质,其在双杂交系统中最容易被检测为假阳性。例如由于最初的双杂交系统基于 RNA 聚合酶 II 激活转录,因此,鉴定能够与 RNA 聚合酶 II 激活剂本身相互作用的新蛋白质会存在假阳性问题。相对应的,假阴性也可能由一系列原因引起,例如一些与 BD 或 AD 融合的蛋白质不能定位在酵母细胞核中,不能正确折叠,作为融合蛋白表达时没有生物活性,对宿主有毒,有时没有发生适当的翻译后修饰,或者潜在的相互作用蛋白在文库中没有充分体现,等等。因此,应合并使用其他独立方法(例如基于生物功能的技术)来确认和验证双杂交系统检测到的结果。

3 二维电泳技术

在蛋白质组学时代的早期,二维凝胶电泳是获得基因组翻译谱的主要工具。该方法的主要优势之一在于其具有高分辨率。在二维电泳的标准流程中,蛋白质混合物首先通过等电聚焦按照等电点进行分离,然后在正交方向上按正常 SDS—PAGE 进行分子量分离。二维电泳是一种相对成熟的技术,也是蛋白质组学中的强大工具。该技术可以通过对蛋白质进行免疫沉淀,进而通过二维电泳来识别与感兴趣的蛋白质相互作用的其他蛋白。为了明确凝胶上各个点的身份,二维凝胶电泳经常与亲和色谱或质谱技术联用。

4 质谱技术

质谱(Mass Spectrum)是根据生成谱图测量的离子质荷比从而来鉴定蛋白质的一种分析方法(图 5-7)。质谱测定的是样品的物理特征,近年来已经成为一种广泛使用的表征蛋白质性质的方法。典型的质谱仪至少由三个组件组成:电离装置、质量分离器和检测器。它只能分离出在气相中带电的分子,并且一次只能分离出带一种电荷(正电或负电)的分子。对于蛋白质样品来说,让蛋白质带电(离子化)的两种主要方法是电喷雾电离(ESI)和基质辅助激光解吸/电离(MALDI)。其中 ESI 能够在大气压下将样品从液相转移到气相,而 MALDI 电离是将待测蛋白样品(肽和蛋白质复合物)与酸化基质(小分子)共结晶并通过紫外光进行电离的方法。由于 ESI 法提供的是弱电离,因此可以保留分子之间的非共价相互作用。因此,不仅是简单的蛋白质二聚体复合物,包括病毒衣壳、核糖体等大型蛋白质复合物都可以在电离后保持完整。而 MALDI 方法中基质在紫外波长范围内吸收并以热方式耗散吸收的能量。这种耗散的最终结果是许多感兴趣的带电蛋白质/肽存在于气相中,对蛋白质复合物的检测也没有太多不利因素。蛋白水解肽的质量分析是一种目前更流行的蛋白质表征方法,其对仪器配置的要求少,此外一旦整个蛋白质被消化成更小的肽片段,样品制备及后续检测方面就会更容易。最广泛使用的肽质量分析仪器是四级杆,飞行时间仪也可用于此应用。

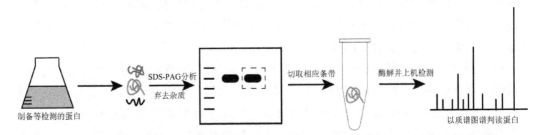

制备等检测的蛋白　　SDS-PAG分析　弃去杂质　　切取相应条带　　酶解并上机检测　　以质谱图谱判读蛋白

图 5-7　生物质谱技术鉴定蛋白质的一般流程

为了鉴定复合物中的蛋白质或研究蛋白质—蛋白质相互作用,MS 通常与其他蛋白质分离技术结合使用,例如亲和层析、HPLC、二维 SDS—PAGE 等。利用亲和纯化研究蛋白质—蛋白质相互作用的常用方法是将蛋白质与亲和层析标签如 FLAG(DYKD-DDDK)偶联到感兴趣基因的 N 末端(用于鉴定与该基因产物相互作用的新蛋白质,诱饵蛋白),将标记 FLAG 的基因插入载体并转染到哺乳动物细胞系(例如 HEK293 细胞)中表达,然后提取蛋白并在含有共价连接抗体(纯化填料,在本例中为抗 FLAG)的柱子中进行纯化。此时,与诱饵蛋白质相互作用的蛋白质也能够被特异性纯化,纯化后的样品进入质谱中加以检测,即可确认与诱饵蛋白相互作用的蛋白情况。质谱方法是用两种方法鉴定蛋白的,即肽质量指纹图谱和串联 MS(MS/MS)。肽质量指纹图谱较为经典,此方法是将蛋白水解产生的所有肽的质量大小作为输入来搜索预测数据库,由计算机比对每个已知蛋白质经相同的酶(通常是胰蛋白酶)消化后产生的小肽的质量,从而确定待分析蛋白是否匹配。在这种分析方法中,数据库中的蛋白质条目根据与其预测的胰蛋白酶消化模式匹配的肽质量数进行排序。而 MS/MS 是通过将观察到的片段质量与许多给定肽序列之一的预测质量数据库进行匹配,正在成为一种更流行的蛋白质鉴定实验方法。此外,MS/MS 还用于检测高分子量复合物,因此可用于研究蛋白质的相互作用。对于多蛋白复合物的问题,包括巨型道尔顿颗粒,MS/MS 可以深入了解它们的亚基化学计量和组成,以及它们的整体结构。此外,经过翻译后修饰的肽,例如磷酸化或与多糖共价标记的肽,其质荷比与未修饰的肽不同。这种差异可以通过 MS/MS 检测,然后使用计算机软件进行分析,可检测、识别和定位肽上的修饰位点。因此,MS/MS 已成为蛋白质组学中不可或缺的工具,用于鉴定蛋白质和表征蛋白的翻译后修饰。细胞中许多重要的生物过程是由数种蛋白质组装介导的,MS 技术很好地规避了其他传统结构生物学平台,如 NMR(核磁共振)和 X 射线晶体难以对复杂蛋白质复合物检测的缺点。除了表征蛋白复合物的组成外,MS/MS 还可用于识别大型异质组件中的底物(或配体)结合。在研究蛋白质-蛋白质相互作用方面,MS/MS 优于其他技术的表现在于其对蛋白质的明确鉴定以及对肽和蛋白质质量的准确测量。

5 蛋白质工程技术

蛋白质工程是修改蛋白质以优化其特定性质的实验策略,包括提高或降低待测蛋白与其他蛋白质结合的亲和力、改变蛋白质非生理条件下的催化活性等。蛋白质工程技术的实现需要应用多学科的专业知识,例如生物信息学、数学、计算机蛋白质设计、遗传学和蛋白质生物学等等。目前用于研究相互作用的蛋白质工程技术主要有两类。

第一类称作"理性设计",即基于对目标蛋白结构和功能的详细了解,利用定点突变技术为感兴趣的蛋白质引入定义的结构改变,以进行所需的相互作用性质的更改。目前已经有多个蛋白质设计算法被用于设计蛋白定点突变从而产生新型的蛋白质。然而,当蛋白质结构模型分辨率不够高,或者在蛋白质没有可用的结构模型情况下,这种策略可能不是最佳策略。Liu 等人报道了一个使用理性设计的例子。在他们的相关研究中,为了测试蛋白质-蛋白质相互作用计算设计的可行性,在使用相关算法建模后将功能表位从一种蛋白质转移到另一种蛋白质,即将促红细胞生成素受体系统作为蛋白质相互作用界面设计的目标,并设计了一个突变的大鼠 pleckstrin 磷脂酶 C-δ1 同源结构域,该结构域可以在基于细胞的测定中与促红细胞生成素受体结合,由此构建了一个天然状态下不存在的相互作用界面。对该蛋白质界面的结合亲和力和生物学功能(使用荧光素酶作为报告读数)进行了测试,结果证明该理性设计是成功的。由此可知,理性设计是设计蛋白质相互作用特别是非天然蛋白的有力工具。

第二类称作"定向进化"。这种方法并不对蛋白质结构进行精确的设计,而是采用随机诱变的方法,生成蛋白质突变体库,并为所需的突变体施加选择压力,检测在选择压力下,蛋白质的何种突变有利于生物的生存,必要时可以对更多突变体进行更多轮选择。这种策略适用于蛋白质相互作用的高通量研究,一个成功的应用是从蛋白质/肽库中制造新型的、高亲和力的抗体和酶(用于酶工程和生物催化)。

此外,蛋白质工程技术研究相互作用的其他方法包括合成小分子前导、交联界面肽和α—螺旋模拟物等,以用于筛选特定蛋白质相互作用的抑制剂。瓦伦斯基等人报道了一种化学策略即"碳氢化合物吻合",用以产生修饰的两亲性 α-螺旋 BH3 片段(BH3 肽)。该BH3 结构域是 Bcl－2 蛋白家族成员的重要结构域。由此设计产生的"稳定的 α-螺旋BH3 肽"被证明与多个 Bcl－2 成员活性口袋的亲和力增加,且具有良好的细胞膜透过性。这些经化学修饰的小肽为研究蛋白质相互作用的调节提供了有用的工具。Kritzer 等人通过化学修饰 p53 反式激活结构域上的一个残基,使由其衍生出的 α-肽更稳定并且抗蛋白酶解,并且可以有效激活细胞凋亡通路,与蛋白质本身效果相当。可见,这些蛋白质工程技术极大地丰富了我们对蛋白质相互作用性质的认识。

6 体外 Pull-down 与噬菌体展示技术

Pull-down 技术的原理较为简单,某待测蛋白质 X 与其相互作用的蛋白质 Y 相互作用,共同结合在结合填料或者洗脱下来,利用 Western Blotting 方法或其他相关手段加以检测,即可判断出蛋白质 X 和 Y 之间的相互作用。体外 Pull-down 技术有多种不同的实验方案。对于完全未知相互作用的待测蛋白,噬菌体展示是一个快速检测相互作用的方法(图 5-8)。

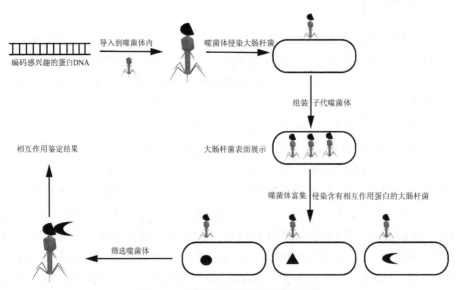

图 5-8 噬菌体展示实验流程示意图

噬菌体展示技术是通过将来自基因文库中的多个基因整合到噬菌体中来筛选蛋白质相互作用的检测方法。其原理是首先通过重组方法得到待测蛋白质 X,将其涂在塑料培养皿的表面上。接着,来自生物体基因组的基因库在文库中表达出若干与噬菌体外壳蛋白融合的融合蛋白,因此它们都被展示在病毒颗粒的表面(这也是这个技术名称的来源),由此得到噬菌体展示库。然后将噬菌体展示库添加到涂层培养皿中。展示库中蛋白质的噬菌体外壳如果能够与蛋白质 X 相互作用,则会保持附着在培养皿上,而其他无关的噬菌体会在后续的洗涤过程中被洗脱。此外,噬菌体颗粒中还含有编码基因,可以通过对封装的 DNA 进行测序来确定噬菌体表面展示的蛋白质的序列,从而建立基因型和表型之间的联系,进而得知能够与待测蛋白 X 相互作用肽的序列。

有两种方法可以将文库成员(小肽)展示到 M13 噬菌体的外壳蛋白上。第一种方法是在主要外壳蛋白(protein-8)上展示,这提供了多价展示。第二种方法是在次要外壳蛋白(protein-3)上展示,通过优化蛋白质表达,这可以在每个噬菌体颗粒中进行一次展示。Deshayes 等人使用噬菌体展示来识别/发现靶向蛋白质的高亲和力配体/肽。在这项研究中,他们选择胰岛素样生长因子(一种含有 70 个残基的肽激素)作为研究其各种表位的靶标。使用他们开发和改进的噬菌体展示方法,可以从大型肽库中鉴定出肽中负责与胰岛素样生长因子受体结合的可识别基序,这些基序为后续对胰岛素乃至糖尿病相关的研究提供了重要数据。

7 荧光共振能量转移与蛋白质片段互补分析技术

荧光共振能量转移(FRET)是一种广泛使用的方法,基于两个发色团之间能量转移的原理,可用于研究蛋白质的相互作用。两个发色团中,其中一个(供体)发色团的发射能量与第二个分子(受体)的激发能量重叠。当供体发色团以其特定的荧光激发波长被激发时,一些激发能量会转移到第二个分子上,使得荧光光谱相较于供体或受体单独存在时发生明显变化(图 5-9)。利用荧光光谱仪捕捉这个变化,即可判断两个蛋白是否发生相互作用。Tsien 等人在 1993 年首次将这一原理应用于蛋白质的相互作用研究,目标蛋白质由供体分子标记,测试蛋白质(有时也使用核酸,比如来自 cDNA 文库的 DNA)由受体标记。如果目标蛋白质和测试蛋白质发生相互作用,会使各自连接的供体和受体靠近至一个比较近的距离(1~10 nm),此时复合物发出的荧光可以利用荧光显微镜或流式细胞术加以检测。

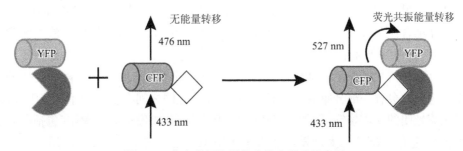

图 5-9 荧光共振能量转移技术原理示意图

目前 FRET 已经广泛用于研究蛋白质—蛋白质、蛋白质—DNA 相互作用,以及蛋白质构象变化等。常用的供体和受体是绿色荧光蛋白(GFP)及其变体,其细胞生物相容性良好,主要用于细胞内蛋白质的研究。常见的用于 FRET 的供体受体对还有青色荧光蛋白(CFP)与黄色荧光蛋白(YFP),它们都是基于绿色荧光蛋白的特定变体。这两种蛋白对配合其他辅助物质,能够用于活细胞实时检测蛋白质—蛋白质的相互作用。另外经常使用的供体受体对是蓝色荧光蛋白(BFP)和增强型绿色荧光蛋白(eGFP),二者也是 GFP 的变体。然而,BFP 荧光较弱,不适用于荧光显微镜和流式细胞术以外的其他仪器。由于FRET 需要外部激光注入能量来激发荧光并产生能量转移,对于不耐受激发的蛋白可能会导致光漂白,导致出现大量的背景噪声。为了避免这些问题,近年来开发了一种改进的 FRET 方法,即生物发光共振能量转移(BRET),它使用生物发光荧光素酶发射光子作为能量供体,能够激发 GFP 蛋白变体如 YFP 等,使其作为能量受体。由于 BRET 中的供体通过化学发光产生能量,因此与经典 FRET 系统相比,它更适合较大的个体如小动物的成像,因此 BRET 在活体实验对象中具有更高的灵敏度。

蛋白质片段互补分析(Protein Coupling Assay,PCA)是最近开发的一种研究蛋白质—蛋白质相互作用的新方法。PCA 基于这样一种观点:荧光蛋白是模块化的,当蛋白质的两个结构域或结构部分相互接近时,它们可以重新构成具备发光活性的完整荧光蛋白。基于这个观点,将单个荧光蛋白(例如 GFP 或 YFP)拆分成两个片段,每个片段都与待研究的蛋白质融合,并导入细胞或小动物等研究体系中。如果待研究的蛋白质彼此相互作用,这将使得两个荧光片段重新组合成具有荧光活性的完整荧光蛋白。PCA 不仅可用于识别新的蛋白质—蛋白质相互作用,还可用于将其他试剂添加到系统中来研究相互作用的改变,对相互作用组学研究有巨大帮助。目前研究者已经利用 PCA 来研究蛋白质功能并绘制蛋白质—蛋白质相互作用图。

虽然 FRET 和 PCA 技术需要的仪器类似,但它们具有不同的优势和局限性。FRET 允许对活细胞中的蛋白质—蛋白质相互作用进行高空间分辨率分析,但两个荧光团(供体和受体)之间的距离需要小于 10 nm 才能发生 FRET,并且直接的蛋白质—蛋白质相互作用发生在相似的空间尺度上。FRET 在某些情况下相对不敏感,并且具有非常窄的动态范围,且两种荧光团需要具有相似的荧光亮度。因此,FRET 不能轻易用于大规模研究(在没有自动化效率非常高的设备的情况下),因为 FRET 的两个组件需要在同一细胞中以最佳水平表达,供体/受体表达水平需要在 10∶1 到 1∶10 的范围内。例如,在 cDNA 文库筛选中,很难使所有单个 cDNA 都以最佳水平表达为诱饵融合蛋白。如果两个荧光团空间结构上没有对齐,或者它们空间上距离稍远而无法产生共振,又或者两种感兴趣的蛋白质相互结合但两种荧光团在复合物中的构象不正确等,均可能导致无法检测到明显的 FRET 信号,从而产生假阴性的结果。此外,为防止出现假阳性信号,所使用的两种荧光团不应存在任何相互作用。即便如此,在获取 FRET 图像时,由于供体和受体的发射光谱不可避免地会有一部分重叠,故而供体和受体荧光团之间存在信号串扰。因此,需要仔细优化荧光团的遗传修饰(例如生成最佳 GFP 变体)和成像采集的操作(包括荧光显微镜的微调),这给 FRET 的大规模应用带来了困难。相比之下,PCA 更适用于大规模研究,并且不需要优化两个片段的蛋白质表达水平以形成活性三维结构。此外,由于 PCA 的原理是基于荧光蛋白结构的折叠,因此荧光信号的动态范围较大。但是,来自 PCA 的信号不能区分直接的和间接的蛋白质相互作用,如果存在第三个蛋白质充当桥梁,从而使两种蛋白质间接地足够接近,PCA 技术依然会显示出信号,这会造成研究蛋白质直接相互作用时出现假阳性结果。不过,该技术在蛋白质相互作用组装的研究中非常有用。因此,PCA 技术可能需要免疫共沉淀或上述其他方法来提供佐证,从而验证 PCA 观察到的蛋白质相互作用的信息是否准确。

第五节　蛋白质相互作用及相互作用组的数据库

1　二元相互作用数据库

数据库在生物医学药物的发现和开发中发挥着重要作用。蛋白质相互作用数据库存储有与蛋白质相关的信息及与其他蛋白质相互作用的数据,包括结合亲和力、相互作用特征(物理或化学)、界面、结合能、功能注释、结合位点、结构域和信号通路,等等。蛋白质相互作用数据库有多种类别,大体上可分为一般蛋白质相互作用、模式生物的蛋白质相互作用、蛋白质相互作用网络、蛋白质的结构数据和蛋白质相互作用通路等几类数据库。对蛋白质相互作用的查找和存储需要不同类型的数据,应当参考不同类型的数据库。因此,收集和存档对蛋白质相互作用分析和理解有用的数据非常重要。

共有 13 个蛋白质相互作用的数据库包含有关蛋白质相互作用的一般数据。

(1) DIP:蛋白质相互作用数据库,讨论了蛋白质相互作用的实验数据。

(2) MINT:属于分子相互作用数据库,是蛋白质之间物理相互作用的公共存储库。

(3) IntAct:有关分子相互作用信息的开源站点。

(4) ChiTaRS 3.1:Chimeric Transcripts and RNA-seq,是蛋白质相互作用数据及其可视化、相互作用网络和注释的集合。

(5) xComb:是从蛋白质相互作用的角度来分析交联肽的数据库。

(6) ANCHOR:收录了利用蛋白质相互作用界面寻找药物结合口袋的数据。

(7) ADAN:数据库中报告了模块化域的蛋白质相互作用。

(8) 2P2Idb v2:是特定收录以 PDZ 结构域介导的蛋白质相互作用的数据库。

(9) Interpare:收录有关界面处蛋白质或结构域相互作用的信息的数据库。

(10) Death Domain DB:一个专门收录关于 Death Domain 超家族的蛋白质相互作用的数据库。

(11) PDZbase:为蛋白质相互作用提供有关 PDZ 结构域的家族数据。

(12) InterDom:描述了一种探索假定的蛋白质域相互作用数据的综合方法。

(13) PARPs:作为蛋白质相互作用数据的实验室信息管理系统,涉及蛋白质相互作用的交互、注释和序列管理。

2　相互作用网络(相互作用系统)数据库

相互作用网络是细胞和分子生物学中蛋白质相互作用的共同结果。因此,通过创建网络图来说明生物系统中的蛋白质相互作用是十分有用的。有 7 个数据库可以描述蛋白质相互作用网络。

(1) BIND(生物分子相互作用网络数据库):提供了生物分子蛋白质相互作用的网络数据。

(2) TRIP 2.0(瞬时受体电位通道相互作用蛋白):TRP(瞬态受体电位)网络信息的

枢纽。

（3）STRING 7：是除比较基因组学、系统发育学和网络研究之外的预测蛋白质相互作用的整合。

（4）IntNetDB（综合网络数据库）：是一个带有注释的预测蛋白质相互作用的综合存储库，专门提供表型距离和遗传相互作用。

（5）PRIMOS（蛋白质相互作用和分子搜索）：是一个单一数据库，集成了来自 BIND、DIP、HPRD、IntAct、MINT 和 MIPS 的信息。

（6）IsoBase：提供了关于使用 IsoRankN 算法的五种生物的蛋白质相互作用网络中蛋白质之间存在的功能关系的数据，即酿酒酵母、黑腹果蝇、秀丽隐杆线虫、小鼠和人。

（7）ComPPI（蛋白质相互作用的特定数据库）：一个综合数据库，将酿酒酵母、黑腹果蝇、秀丽隐杆线虫和人 4 个物种的网络信息汇总到一个隔间中，以探索其生物学功能。

第六节　蛋白质与核酸的相互作用

1　蛋白质与 RNA 的相互作用检测方法

（1）RNA 亲和色谱法

RNA 结合蛋白在多个水平上调节基因表达和 RNA 加工。众所周知，它们会影响转录、前体 mRNA（信使 RNA）加工、mRNA 稳定性以及 RNA 的转运、定位和翻译。这些蛋白质通常通过特定序列与其目标 RNA 相互作用，以高亲和力结合。例如聚嘧啶束结合蛋白（PTB）参与多种转录后事件，包括前体 mRNA 剪接和多聚腺苷酸化以及 mRNA 定位、翻译和降解。电泳迁移率变化分析（EMSA）分析表明，PTB 以高亲和力（Kd～10^{-9} M）与阻遏元件以及其他靶标 RNA 中富含嘧啶的序列结合。序列中的突变将导致结合能力显著降低。在 HeLa 细胞的核提取物中，这种 RNA 形成一个单独的离散复合体，可以通过 PTB 特异性抗体完全超迁移。这显示了 PTB 与 RNA 的结合是特异性的，且表明每个 RNA 分子至少有一个 PTB 蛋白与其结合。这些特性使 RNA 成为 PTB 亲和纯化的潜在配体。由此产生了一种通过 RNA 亲和层析从细胞提取物中分离 PTB 的方法。推而广之，如果已知某蛋白特定的目标 RNA 序列，则该方法可潜在地用于纯化任何 RNA 结合蛋白。该方法也可以从细胞提取物中纯化未知因子，如果已知它们与特定的 RNA 序列形成稳定的复合物，则可以对其进行鉴定。此即为 RNA 亲和色谱法的原理。

RNA 与色谱填料基质的偶联可以通过多种方式进行。底物 RNA 可以与溴化氰活化的琼脂糖或己二酸酰肼琼脂糖共价偶联。如果可以在底物 RNA 中插入额外的序列，也可以使用非共价连接。包括：①poly-A 序列，用于连接到 poly-U Sepharose；②小分子的 RNA 适配体，如妥布霉素和链霉素，或蛋白质如链霉亲和素；③MS2 噬菌体外壳蛋白的结合序列（类似噬菌体展示）。此外，生物素化的核苷酸可以掺入 RNA，作为亲和素或链霉亲和素的高亲和力配体。利用高亲和力的生物素－链霉亲和素相互作用（Kd～10^{-15} M）并使用 5′-生物素化 RNA 可以特异性与蛋白质结合。合成 RNA 寡核苷酸的可用性允许 RNA 仅在一端均匀偶联。这种偶联方法很简单,不需要对 RNA 进行任何苛刻的处理,分离的蛋白质不含底物 RNA,可直接用于其他应用,如体外剪接测定或质谱分析等。

与Biotin融合制备的RNA与Streptavidin Sepharose填料结合

↓

漂洗掉未结合的RNA

↓

将待检测蛋白样品与预先结合好RNA的Streptavidin Sepharose填料相互作用

↓

以Buffer洗去未结合的蛋白样品

↓

中等浓度的氯化钾溶液(0.75mol/L KCl溶液)洗去RNA与蛋白样品的非特异性结合部分

↓

以高浓度的氯化钾溶液(1.5mol/L KCl溶液)洗脱得到与RNA特异性结合的蛋白样品

图 5-10　RNA 亲和色谱法的一般步骤

图 5-10 概述了 RNA 亲和色谱法检测蛋白质与 RNA 相互作用的一般方案。首先,生物素化的 RNA 与基质链霉亲和素 Sepharose 填料结合。然后,去除未结合的 RNA,使细胞核提取物通过 RNA 柱,未结合的蛋白质通过用低盐结合缓冲液洗涤柱子来去除。由于许多杂质 RNA 结合蛋白对 RNA 表现出低亲和力、非特异性结合,使用含有中等盐浓度的缓冲液进行洗涤可以将这些非特异性结合的蛋白质与目标蛋白质分离。最后,使用高盐缓冲液洗脱待检测的特异性结合的蛋白质,并利用 Western Blotting 等进行检测。与 RNA 结合的蛋白可以是单个,也可以是多个。可以使用额外的色谱步骤来分离多个蛋白质。例如上述例子中,PTB 可以通过 Blue Sepharose 柱与其他 RNA 结合蛋白质分离。

（2）质谱法

许多负责 RNA 加工的蛋白质或单独的蛋白质亚基结构可以在原子分辨率下获得。然而,生物学相关的大蛋白—RNA 结构通常不太适合晶体学或核磁共振（NMR）分析。因此,需要新的补救方法来快速准确地绘制蛋白质—RNA 接触图。一种新的质谱（MS）方法能够识别目标蛋白质中与同源 RNA 相互作用的氨基酸。该方法利用伯胺修饰试剂 N-羟基琥珀酰亚胺(NHS)生物素对赖氨酸进行修饰,由于游离蛋白质与蛋白质—RNA 复合物中赖氨酸残基具有不同的溶剂可接触性,使用质谱分析能够准确识别这些具有不同溶剂可接触性的赖氨酸残基,因此能够确认蛋白质是否与 RNA 有效地解除了相互作用。监测赖氨酸的可及性是一个合乎逻辑的选择,因为赖氨酸—磷酸盐骨架的接触在许多核蛋白复合物的形成中起着关键作用。该方法要求在质谱分析之前引入 SDS - PAGE 和凝胶内蛋白水解,原因如下:SDS - PAGE 允许蛋白质根据分子量差异分离单个蛋白质亚基,此后,接触赖氨酸可以准确地分配给多亚基复合物的各个组分。这对于 HIV - 1 逆转录酶(RT)这类的两个亚基均来自同一基因但由病毒蛋白酶进行不同处理的蛋白分析尤其重要。随后的凝胶内蛋白水解产生适合 MS 或 MS/MS 分析的短肽片段。可以从 MS 数据轻松地识别生物素化肽峰,并通过 MS/MS 分析将修饰位点准确分配给适当的赖氨酸残基。比较下来即可显示赖氨酸在游离蛋白质中被修饰、但在核蛋白复合物的背景下未被修饰的位点。该方法可以扩展到使用相应的市售试剂来探测其他与 RNA 相互作用的氨基酸,例如 Arg、Trp、Tyr、His 和 Cys 等。

2 蛋白质与 DNA 相互作用的检测方法

(1)体外 DNA 酶 I(DNase I)印迹法

DNase I 印迹法由 David Galas 和 Albert Schmitz 于 1978 年开发,这是一种研究蛋白质与 DNA 序列特异性结合的方法。在该技术中,一个带有特定末端标记的 DNA 片段被允许与给定的 DNA 结合蛋白相互作用,使用 DNase I 部分消化蛋白质—DNA 复合物,由于与 DNA 结合的蛋白质保护了与其相互作用的 DNA 序列免受核酸酶的攻击,因此这部分受保护的 DNA 不能有效降解。随后通过电泳和放射自显影对降解的 DNA 进行分子量分析,以确定保护区域,进而分析出 DNA 及 DNA 结合蛋白之间的相互作用界面和作用性质。该技术可用于确定大多数序列特异性 DNA 结合蛋白的相互作用位点,目前广泛地应用于转录因子的研究。由于与其他印迹试剂相比,DNase I 分子相对较大,因此它对 DNA 的攻击受到大分子(如多肽)的空间阻碍。因此,DNase I 印迹是所有印迹技术中最有可能有效检测特定 DNA—蛋白质相互作用的方法。对 xUBF 这一种亲和力相对较低的转录因子结合的 DNA 的研究清楚地证明了这一点。

DNase I 印迹分析不仅可以用于研究纯化蛋白质与 DNA 的相互作用,还可以用作分析细胞核粗提取物中感兴趣的蛋白质与 DNA 的相互作用。因此,它可以起到与凝胶迁移实验(EMSA)类似的分析效果。DNase I 印迹法通常可用于研究在 EMSA 实验中表现不佳的蛋白质(上述 UBF 是印迹法优于 EMSA 法的一个例子),因此被视为一种 EMSA 法的替代方法。它的分辨率也高于 EMSA,因为它可以区分同一 DNA 片段上的多个非连续结合位点。然而,由于需要过量的蛋白质来产生清晰的印迹,该技术需要比 EMSA 检测更多的材料,并且无法区分异质 DNA—蛋白质复合物的各个成分。DNase I (E.C.3.1.4.5)是一种直径约为 40 Å 的蛋白质,它结合在 DNA 螺旋的小沟中,独立地切割 DNA 两条链的磷酸二酯主链,留下一个缺口。它的体积有助于防止它切割结合蛋白质下方和周围的 DNA。然而,结合的蛋白质通常也会对 DNase I 的正常切割产生其他影响。同时,DNase I 不会不加选择地消化 DNA,有些序列会被迅速地降解,而另一些序列即使经过大量消化仍"毫发无损"。这直接导致电泳后消化产物的条带相当不均匀,从另一方面又限制了该技术的分辨率。然而,当被蛋白质保护的 DNA 和"裸"DNA 并排运行时,印迹通常非常明显。为了准确定位印迹的位置,应该将与印迹 DNA 片段中标记的相同核苷酸的序列"裸"DNA加入并排的泳道中。由于单个末端标记的片段允许人们一次只观察一条DNA链上的相互作用,因此标记另一条链上的相同片段进行重复实验是有益的。DNA片段可以使用T4—DNA多核苷酸激酶进行5′—标记,并使用Klenow或T4—DNA聚合酶(在填充反应中)或末端转移酶进行3′-标记。为了并排分析DNA双链体的两条链并在两者之间进行直接比较,两个印迹反应应该平行进行。两种反应都使用在同一末端标记的等效DNA片段,仅是一种情况标记5′链,另一种情况标记3′链。

DNase Ⅰ印迹需要使用超过所用DNA片段量的DNA来表征结合活性。DNA上某个位点的占用率越高,能观察到的印迹就越清晰。因此,这项技术重要的是不能用过多的DNA去滴定可用的蛋白质。当蛋白质也产生凝胶位移时,可以部分克服这种限制。然后可以通过非变性凝胶电泳对部分DNase Ⅰ消化的蛋白质—DNA复合物进行分级分离,并在标准印迹分析中通过变性凝胶电泳分析DNA之前切除移位的条带(然后是均质的蛋白质—DNA复合物)。

如果检测的蛋白质不纯,通常需要将过量的非特异性竞争DNA添加到反应中。竞争剂结合非特异性DNA结合蛋白与特异性标记目标的DNA片段一样有效,因此,当存在足够的量的各类DNA时,标记DNA的主要部分可用于特异性结合蛋白,而非特异性结合的蛋白则被其他非特异性DNA饱和。均质和高度富集的蛋白质部分通常不需要在印迹过程中存在非特异性竞争者。在计划印迹实验时,首先要确定使用的DNase Ⅰ的最佳浓度。该浓度是非特异性竞争者数量的线性函数,但更重要的是它还是添加的蛋白质部分的数量和纯度的函数。通常,如果结合反应中存在更多蛋白质,无论该蛋白质是否与DNA特异性结合,均需要更多DNase Ⅰ。因此,可能需要相当高的DNase Ⅰ浓度才能对裸露的和与蛋白质结合的DNA产生所需要的消化程度。因此,仔细确定DNase Ⅰ浓度对于优化DNase Ⅰ印迹检测至关重要,甚至可以决定相互作用检测的正确与否。

(2) Southwestern Blotting法

基因表达的调控在人类发育和发病机制中是必不可少的。基因表达的调控机制涉及不同的6~8 bp DNA基序,称为响应元件,负责与转录因子结合。转录因子是DNA结合蛋白,可与DNA启动子区域的独特作用元件或其他功能性顺式作用元件相互作用,导致基因的表达或抑制。鉴定特定基因的特异性转录因子不仅对基因调控很重要,而且对理解基因功能也很重要。Southwestern Blotting分析(SWB)是探索蛋白质—DNA相互作用和转录因子调控的最强大技术之一。SWB与其他印迹技术类似,通过凝胶电泳分离蛋白质(或DNA),将含有分离蛋白质的凝胶用电场转移(印迹)到硝酸纤维素(NC)或聚偏二氟乙烯(PVDF)膜上。为检测DNA结合蛋白,蛋白质被部分复性并与nmol浓度的有放射性标记的DNA结合。洗去任何未结合的DNA后,通过放射自显影检测印迹上的条带,从而判断出与DNA结合的蛋白。这种技术在识别转录因子方面特别有用,因为它提供了与特定DNA序列有关的所有DNA结合蛋白的分子量信息。自1980年首次描述的原始SWB法以来,已经开发了许多经改进的SWB方法,主要称作1D-SWB、2D-SWB和3D-SWB,它们在蛋白质分离的电泳维度数量上有所不同。1D-SWB在单个SDS-PAGE维度上使用分离;2D-SWB使用等电聚焦分离,然后在第二个维度上使用SDS-PAGE(类似质谱法);而3D-SWB则在2D-SWB的等电聚焦分离之前在非变性条件下分离凝胶上的 DNA。SWB 结合蛋白质组学技术,已经确定了好几种转录因子。此外近年来还开发了一种方法,允许在一个印迹上使用不同的寡核苷酸进行多次重新探测。这几种 SWB 技术中都提供了在体外研究调节转录因子的替代方法。

(3) 荧光共振能量转移(FRET)法

蛋白质—DNA 相互作用很普遍。了解这些关键生物机制的分子基础需要详细分析核蛋白复合物结构,以及控制其组装和功能的动态相互作用。由于蛋白质—DNA 相互作用敏感性以及核酸和蛋白质中位点特异性染料标记方法的最新进展,基于荧光检测的 FRET 分析已被证明是一种强大且广泛适用的技术,可用于探测蛋白质—DNA 复合物的动力学和功能。这些基于荧光的方法的吸引力依赖于荧光探针对其环境的极端敏感性、实时连续监测荧光信号以提供准确动力学数据的可能性,以及当与共振能量转移结合使用时,能够深入了解 DNA 或蛋白质诱导的构象重排的结构基础。

FRRT 的基本原理如前所述。任何旨在研究特定蛋白质—DNA 复合物的 FRET 实验的基本思想都建立在用供体和受体染料进行位点特异性标记,这两种染料都位于同一生物分子(分子内 FRET)或每个相互作用的蛋白或 DNA 用不同分子(分子间 FRET)。供体染料的直接光激发导致能量快速转移到 FRET 受体,后者发出更长波长的荧光。该过程的效率取决于供体和受体染料之间平均距离的六次方,因此供体和受体荧光强度的变化可用于监测蛋白质与其 DNA 底物之间的相互作用,具有极高的灵敏度和准确度。两种染料位于同一生物分子中的分子内 FRET 检测已被广泛用于监测 DNA 底物中蛋白质诱导的构象变化,并确定各种核蛋白复合物的整体结构和装配动力学。这些研究成果包括分析与一系列 DNA 结合蛋白如 TATA 蛋白、高迁移率群盒 HMG、整合宿主因子蛋白 IHF 相互作用时的 DNA 弯曲。分解代谢物激活蛋白 CAP 和 5′Flap 核酸内切酶 FEN1 与 DNA 的作用。DNA 链交换蛋白如 RecA 及其真核同源物 hRad51 和 scRad51、单链结合蛋白、RecBCD 样核酸酶和 Holliday 连接解析酶与 DNA 的作用等。古细菌 Hjc 一直是使用 FRET 相关技术在整体和单分子水平上进行深入研究的主要对象。

FRET 还被用于研究单链 DNA 模板引物相对于大肠杆菌 DNA 聚合酶 I 的 Klenow 片段的相对方向。近年研究已报道一种 FRET 方法来监测转录过程中 RNA 聚合酶(RNAP)相对于 DNA 的运动并确定溶液状态下转录复合物的三维结构的方法。除了那些侧重于理解上述 DNA 识别分子的基础研究外,对由各种酶催化的核酸切割反应的研究是另一个主要领域,FRET 技术为此提供了丰富的动力学信息。通常,酶切过程的效率是通过使用供体和受体荧光团双重标记的 DNA 底物来确定的。在没有酶促反应的情况下,两种染料的接近使得能量从供体有效转移到受体,从而降低供体部分的荧光强度。与酶一起孵育后,DNA 底物的裂解导致供体和受体染料分离,伴随着能量转移的停止和供体荧光的增加。与更传统的生化技术(如基于放射性标记的电泳或基于 ELISA 的技术)相比,这种荧光分析的主要优势在于其连续性,因此可以从初始步骤实时监测裂解反应,无须大量样品处理。按照这种方法,限制性核酸内切酶如 PaeR7、EcoRV、S1 核酸酶和核酸内切酶 V 的动力学都已通过 FRET 技术进行量化。

(本章编委:王　楠　宋远见)

第六章　代谢组学

代谢组学在过去的十年中快速发展,被认为是系统生物学领域想象和阐明复杂表型的动态技术。与转录组学和蛋白质组学等其他组学技术相比,代谢组学的特点在于,这些后期组学只考虑中心法则路径中的中间步骤(mRNA 和蛋白质表达)。同时,代谢组学揭示了基因的下游产物和蛋白质的表达特征。代谢组学的研究中最常用的工具是核磁共振波谱和质谱(MS)。常用的基于质谱的分析方法有气相色谱-质谱(GC-MS)和液相色谱-质谱(LC-MS)。这些高通量仪器在检测代谢组学以及生成进一步分析所需的数据方面发挥着极其重要的作用。本章讨论了系统生物学背景下代谢组学的概念,并举例说明了代谢组学在人类疾病研究、植物对胁迫的反应和非生物抗性方面的应用,以及微生物代谢组学在生物技术方面的应用。最后,本章介绍了代谢组学分析的几个实例,如芳香草本植物凤仙花次级代谢组学和微生物代谢组学在代谢工程中的应用。

第一节　代谢组学的基本特点

代谢组学是一门新兴的技术,它关注的是在代谢水平上对生物体的理解。代谢组的定义是一个生物系统内的所有代谢物。它代表了细胞的关键表型,由对基因表达和蛋白质功能的干扰进行基本判断,确定这些改变来自环境影响或突变。基因表达和蛋白质功能也会受到代谢组变化的影响。因此,代谢组学在细胞系统和基因功能研究方面发挥着重要作用。

1　代谢组学具有不同的层面

具体来说,小分子代谢物水平的研究被定义为代谢组学,其目的是测量在特定条件下细胞或组织中存在的代谢物。因此,代谢组学被认为是在个体水平上提供代谢组信息的小分子的"组学"。代谢组学有几个名字,如代谢分析、靶向/非靶向代谢分析和代谢组学,这些方法涉及分析来自植物/微生物提取物、生物流体和活体组织的代谢物水平。虽然代谢组学与植物/微生物的代谢物分析密切相关,但代谢组学这个术语通常用于对人类的研究。目前,代谢组学常见的应用领域包括对尿液和血浆等生物液体的分析、营养、对药物或疾病的反应。

2　代谢组学在系统生物学背景下有着更加鲜明的特征

"组学"的主要目标是对生物样品中的蛋白质、转录本和代谢物进行非靶向分析。组学技术更令人鼓舞的阶段是对生物系统中可评估性动力学的复杂探索。利用气相色谱（GC）、液相色谱（LC）和质谱（MS）可以对不同样品中的代谢物进行高通量识别和定量，这是动态系统分析的需要，因此，代谢组学是系统生物学领域的关键技术之一。数据驱动方法用于发现大规模组学数据集中的新成分，如基因、酶和代谢物以及其相互作用。因此，代谢组学的一个目的就是在组学数据的基础上发现用于功能研究的新网络。此外，齐藤还展示了系统生物学方法在光化学领域用于功能基因组学研究的应用。该研究将不同"组学"的系统整合应用于植物系统中代谢产物的调控和功能研究。在这种综合方法中产生的假设也将被反向遗传学、生物化学和功能基因组学证实（图 6-1）。

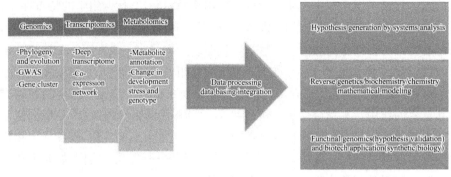

在系统生物学研究中，多组学方法用于生成假说。数据是根据 Kazuki Saito 的"植物化学基因组学——一个新趋势"修改的。

图 6-1　系统生物学和功能基因组学数据驱动的工作流程

第二节　代谢组学的应用

　　根据指定的研究目标和使用不同类型的分析工具，代谢组学可以应用于多功能项目。它可以分为不同的类别：目标分析允许对目标化合物进行定量分析，非目标代谢分析侧重于对非目标代谢物的定性分析，以及通过代谢组学确定无偏见的代谢参数的概述。例如，代谢指纹图谱进行代谢产物的快速筛选和测定，可以减少分析平台分析具有生化相关性代谢产物的工作负荷。该技术已成为基因组后研究或表型特征鉴定的一种快速发展的方法。另一方面，随着分析工具技术的进步，生物样品中大量代谢物的高通量分析已经变得普遍且价格相对低廉。质谱等工具可以同时鉴定广泛和多样的代谢物组。特别是，代谢组学已经引进并应用于几乎所有的领域，包括人类疾病研究、植物和微生物的研究等。代谢组学应用的增加证明了代谢组学方法在理解生化反应及其影响因素等方面的效用。

　　代谢组学在人类疾病研究，特别是肿瘤生物学研究领域具有重要的应用价值。肿瘤细胞高度增殖，具有较高的转录和翻译效率。因此，在基于代谢组学的医学领域，预测肿瘤细胞的存在是一个巨大的挑战。以前的研究主要集中在临床前分析中使用代谢标记物进行癌症检测，并对液体中的生物标记物进行定量。目前，许多代谢物已经被检测和鉴定，结果表明它们可以作为许多肿瘤的标志物。随后，整合组学（代谢组学、蛋白质组学和基因组学）技术加快了癌症早期检测和诊断的进程。例如，肝细胞癌（HCC）是肿瘤的主要病例之一,利用微阵列鉴定细胞因子生物标志物的研究已经有报道。不过目前已有一些研究来分析 HCC 患者的代谢物。Patterson 等人利用 ufc-tof 质谱发现患者生物液样本中糖去氧胆酸盐、去氧胆酸-3-硫酸盐和胆红素含量增加。其他极性代谢物如精氨酸、丙氨酸和赖氨酸在肝癌中也被检测到发生改变。其他研究也报道牛磺酸、胆碱、甘油磷酸胆碱和磷酸胆碱在乳腺癌中发生改变。在结肠腺癌、前列腺癌和卵巢癌中发现肌醇水平升高。这些检测技术的改进无疑是令人鼓舞的,然而,在癌症代谢组的研究中存在一些障碍。由于在不同类型的肿瘤中代谢物的分布可能有所不同,数据分析在证明肿瘤组的合理性方面仍然存在困难。由于样品之间的差异、分析系统的准确性和灵敏度以及肿瘤的生理特征差异,也导致对肿瘤敏感的代谢物的特征很难确定。许多研究已经开展,以寻找新的代谢生物标志物用于肿瘤疾病的研究,不过目前成熟可靠的代谢组学方法的建立尚有待时日。代谢组学、蛋白质组学、转录组学和基因组学是了解代谢变化和途径改变的重要手段,将为预防和诊断疾病提供适当的信息以及更好的生物标志物选择。

代谢组学在植物研究中具有重要意义,因为植物与动物、微生物相比会产生更多的代谢物。一般来说,植物在应对环境胁迫时会产生次生代谢产物。植物次生代谢产物在应对非生物胁迫中发挥着重要作用。环境代谢组学是植物生理学的一个有前途的研究领域,可以回答与植物代谢物变化有关的环境或生态因素方面的问题。代谢组学方法是一种新兴的技术,可以用来了解植物对环境和生态因素的行为。植物代谢组学的研究还包括植物对逆境的响应和植物的非生物抗性。植物的应激是指植物应对生长条件的任何显著变化,这些变化可能会干扰某些代谢途径。代谢组学可以识别植物的代谢产物/化合物、逆境代谢副产物、植物的适应反应和植物分子的信号转导,对植物生物学研究具有重要意义。与生物和非生物胁迫相关的植物代谢物的一些例子有多元醇、甘露醇和山梨醇,甜菜碱、蔗糖、海藻糖、果聚糖等糖类以及氨基酸。脯氨酸和四氢嘧啶作为渗透剂和渗透保护剂在高盐和干旱的胁迫下保护植物。代谢组学还可识别食物代谢物对人类健康的好处。通过对某些途径的修饰,使具有营养价值的植物代谢物得到改善。其中一个成功的例子是转基因黄金水稻(GR)的研究,使 β-胡萝卜素在胚乳中积累。这样做的好处是,虽然许多代谢物参与对某些人类疾病的防御;然而,天然植物的生产水平不足以提供最佳效益。又例如,科学家们在番茄中建立代谢工程,以提高花青素等重要次生代谢产物的产量。该研究报告称,这种新的番茄品种具有强烈的紫色,抗氧化能力提高了三倍。此外,他们还用这种番茄喂养易患癌症的小鼠,证明这种番茄可以延长易患癌症小鼠的寿命。

微生物在许多方面影响了我们的日常生活,它们与我们在一种微妙而复杂的相互关系中不断地相互作用。典型的微生物具有能够调节代谢组成来应对环境条件波动的能力。微生物代谢组的变化不仅提供了对表型特征的理解,而且还提供了对人类和动物有用的生物活性化合物。另一方面,许多研究表明微生物可作为精细化工生产的可再生资源。为了提高所需化合物的产量,需要了解和改进特定微生物的细胞系统。微生物代谢组学是研究微生物系统的众多平台之一,其强调通过使用一系列分析平台从任意微生物中分离、鉴定和定量收集低分子量代谢物。也就是说,微生物代谢组学涉及微生物系统的两个方面。第一个方面被称为代谢足迹或外代谢组学,它专注于细胞排泄到细胞外周围的代谢物;第二个方面被称为代谢指纹或细胞内代谢物分析,它处理细胞内的新陈代谢或代谢物。这两个方面对于提供有助于理解任意微生物系统的关键信息同样重要。与植物代谢组学相比,代谢组学在微生物研究中的应用相对较晚。随着代谢组学方法对微生物系统的分析越来越受到重视,它也被认为是理解细胞功能的必要手段之一。大肠杆菌是最早被用于多种生物技术的微生物之一,在微生物代谢组学研究的发展中起着重要作用。大肠杆菌已经成为微生物系统中一个有价值的模型,一些研究大肠杆菌代谢物的非靶向方法的代谢组学研究已经被报道。同时,由于乳酸菌在发酵过程中的广泛应用和普遍安全的地位,其在系统生物学研究中也引起了广泛的关注。更重要的是,作为益生菌,乳酸菌对人体健康有着多种有益作用,如抗炎、抗过敏等。具体来说,乳酸菌的代谢组学研究已被频繁报道。例如,从不同环境分离的乳球菌菌株表型特征的差异表明,每一株菌株的正常生长需要不同的氨基酸。除了大肠杆菌和乳酸菌,酿酒酵母和丝状真菌也因其对人类的影响而闻名,人们可利用代谢组学的方法操纵其生产具有生物活性次级代谢物。最近,利用丝状真菌产生高价值代谢物的研究已经被报道。丝状真菌不同的生态位和生活方式,突出了该微生物能产生大量次生代谢产物的潜力。例如,丝状真菌是大量和精细的治疗用化合物的来源,可用于治疗人类和植物疾病。然而,酵母和丝状真菌的整体代谢谱并没有被人们熟知。与其他微生物一样,了解利用酵母和真菌需要全面的策略,如识别信息学处理,以增加其在生物技术中的应用。

第三节　代谢组学的工作流程

在过去的十年里,代谢组学在软件和硬件方面取得了长足的进步,工具和应用的复杂性也在不断增加。对于不能事先了解样品中代谢物组成的研究发现,非靶向分析技术可用于检测大量代谢物。在这种情况下,当数据获取和处理之后,代谢物的鉴定至关重要。目前,非靶向代谢组学研究中的代谢物鉴定是代谢组学研究的重要瓶颈,要全面把握代谢组学的概念,必须突出代谢组学的工作流程。

图 6-2 展示了代谢组学的工作流程,首先是一个生物学问题,然后是实验设计、数据收集和分析,最后是生物学解释。数据收集和分析是代谢组学工作流程中的关键组成部分,这两个部分处理了定性和定量的问题,加强了对最终结果的生物学解释。采用代谢组学方法评估治疗效果和组间差异,进而能够了解造成差异的原因。代谢组学研究中解决的一些典型问题如下:

* 样品之间有区别吗?
* 样品之间的区别是什么?
* 造成这种区别的原因是什么?

为了解决这些问题,代谢组学需要最大限度地从研究对象中提取信息,并考虑所有因素,包括偏差和变异。在代谢组学中,设计一个有效的实验流程来讨论生物学问题和变异是一个至关重要的步骤。此外,实验工作还应重点关注样品的制备和提取、处理复杂的生物基质和样品大小的确定。

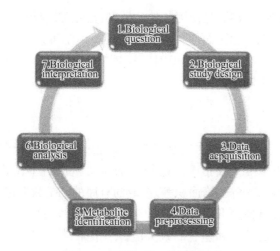

图 6-2 代谢组学工作流程概览

1 数据采集

代谢组学已广泛应用于医学、合成生物学、植物、动物和微生物系统等各个领域。代谢组是生物系统中表型和功能的变化的产物。代谢组学研究包括使用高通量分析工具进行高分辨率分析,同时测定和定量分析代谢产物。特别是,分析工具的出现促进了生化信息或代谢组数据的生成。代谢组学中分析工具的使用有助于根据色谱和质谱中报道的化学成分进行分类和质量控制。由于代谢组学的目标是分析生物样品中的所有代谢物,因此代谢组学在很大程度上依赖于应用分析仪器来获取和鉴定代谢组数据。气相色谱质谱联用(GC-MS)是代谢组学研究中最常用的分析工具。GC-MS 提供了高的峰容量,优良的重复性,大量且容易获得的电子电离(EI)化合物库和相对容易的仪器操作。GC-MS 要求样品进行衍生化或挥发以进行检测。利用 GC-MS 技术可方便地对化合物进行鉴定。识别是基于生成的质谱与来自其他数据库的标准质谱进行比较,如美国国家标准与技术研究所(NIST)质谱库。与 GC-MS 相比,液相色谱-质谱联用(LC-MS)检测的代谢物范围更广,包括了从高分子量到低分子量的化合物以及亲水和疏水代谢物。LC-MS 在很大程度上取决于色谱柱的规格和流动相的选择。电喷雾电离(ESI)是 LC-MS 仪器中常用的电离源。此外,LC-MS 不需要像 GC-MS 那样分析样品时要进行衍生化或特殊准备。不过,LC-MS 的峰容量和稳定性都不足,这主要是由于基质效应造成的。尽管有缺点,LC-MS 如今也已被广泛地用于初级和次级代谢物的同时分析。除了色谱技术外,还引入了毛细管电泳-质谱联用(CE-MS)来检测氨基酸、糖酵解系统、戊糖磷酸途径和三羧酸(TCA)循环的代谢产物。CE-MS 的分离能力优于常规高压液相色谱(HPLC)。然而,CE-MS 的重复性低,易受温度变化的影响。以光谱为基础的分析工具如核磁共振(NMR)和傅立叶变换红外光谱(FTIR)也被应用于代谢组学研究。这些工具利用磁场和红外线(IR)分别检测代谢产物的特定共振吸收谱。

2 数据分析

数据分析是代谢组学研究的重要环节。该过程旨在发现重大的变化并验证所获得的数据。大数据(通常称为元数据)是使用各种分析平台和工具获得的。代谢组学研究中的数据分析策略可分为非靶向和靶向两种。非靶向代谢组学可被称为化学计量代谢组学,在此过程中,对样本的模式进行处理并识别出显著差异。靶向分析方法主要指定量分析,可对特定化合物进行鉴定和定量。

3 非靶向方法

在此步骤中,所有可能的代谢物在鉴定前都要经过处理。非靶向方法处理检测尽可能多的代谢物组,以获得模式或指纹。这种方法需要生成一个由代谢物 id(保留时间(Rt),m/z 值)和定量变量(峰高,峰面积等)组成的有序的二维数据矩阵。要获得此信息,需要数据配准。配准通常使用 Rt 或 m/z 值的分档来进行,另外,使用内部标准 Rt 进行比对可以减少样本之间的差异和随后的缺失值。一般来说,非靶向方法处理的是非常大的数据矩阵,因此,需要使用多变量统计分析(MVA)进行可视化,从数据矩阵中提取研究者感兴趣的和有意义的代谢物。主成分分析(PCA)是一种非监督 MVA 方法,用于代谢组学的数据挖掘。PCA 是使用得分和负荷矩阵来解释数据内方差基础。通过比较这些矩阵,可以得到导致样品差异的代谢物的关系。除此之外,偏最小二乘鉴别分析(PLS-DA)和正交偏最小二乘鉴别分析(OPLS-DA)可以用于鉴别具有生物标志物潜力的重要代谢物。

4 靶向方法

由于分析程序本身的局限性和偏差存在,非靶向方法获得的代谢物可能是假阳性或假阴性的。因此,需要用适当的方法提取重要的代谢物来进行生物学解释。而靶向方法需要确认根据其代谢物 id 标注的峰的重要性和可靠性。采用量化方法提高数据矩阵的重现性是实现目标识别的重要手段。定量可采用纯标准的校准曲线或内标计算。与非靶向方法类似,MVA 工具也可用于靶向方法的分析。PCA、PLS-DA 和 OPLS-DA 是代谢组学研究中主要的 MVA 工具。最后,为了从 MVA 获得生物学解释,额外的生物信息学工具正在被整合到代谢组学研究中。例如,代谢集富集分析(MSEA)被用来识别和解释具有生物学意义的代谢物的变化模式。

第四节　代谢组学的案例研究

1 Kesum 的代谢组学研究

Saito 和 Matsuda 详细描述了代谢组学技术是如何出现的,以及功能基因组学和植物生物技术如何使代谢组学技术受益。系统生物学方法驱动的代谢组数据揭示了植物细胞系统的秘密及其在植物生物技术中的应用。关于植物物种的研究已经进行了近 30 万个物种,但仍有约 10 万个物种未被探索。植物中存在的代谢物的总数量约为 100 万个,这表明它含有大量的化合物,其中可能存在有利于制药工业的成分。然而,只有少数植物的生物活性和代谢产物的化学成分得到了充分的研究。因此,对尚未开发的植物的代谢组进行分类还需要更多的研究。香料 Polygonum minus-Huds,在当地被称为 kesum,通常用于各种传统药物。多年来,从这种当地草药的精油中提取的化合物已经被成功地鉴定出来。对该植物产生的代谢物通过分析管道进行分析和鉴定,如气相色谱-质谱法(GC-MS)、带火焰电离检测器的 GS-MS(GC-FID)、二维气相色谱飞行时间质谱(GC×GCTOF MS)和液相色谱飞行时间质谱法(LC-TOF),使用 GC-GCTOF MS 共成功鉴定了 48 个化合物,通过 GC-MS 技术共鉴定出 42 个化合物。可见,目前的技术已经可以有效地识别和量化 Kesum 的代谢物。

对温度在调节 Kesum 三羧酸循环主要代谢谱方面的影响也有研究报道。为了解温度对植物代谢物的影响,人们进行了一组模拟互移栽试验。Kesum 在生长室中生长后收获,生长室的温度设置模仿低地和高地的条件,可利用 GC-MS 和 LC-TOF 对两种处理分离出的反应的代谢物进行鉴定和分类。GC-MS 分析共得到 37 个挥发性化合物;LC-TOF 成功鉴定了 85 种黄酮类化合物。在高温处理下,高地植物群体中的醛类和萜类聚集;温度越高,黄酮醇含量越高;但是,花青素类化合物在此处理中减少。可利用傅立叶变换红外光谱(FTIR)对不同环境下的不同植物群体进行特征识别,利用二维红外相关光谱的热扰动技术对植物种群进行判别(图 6-3)。研究表明,红外指纹图谱可以直接区分植物起源居群以及温度对植物生长的影响,并以该植物不同组织为基础,进一步研究其代谢产物谱。在对提取物进行 GC-MS 分析之前,先使用固相微萃取(SPME)和水蒸气提取等技术进行了预处理。对这种植物的香气和味道有贡献的化合物被成功地分析出来,大约有 77 种代谢物。在叶片中也检测到高水平的萜类化合物,但在茎和根中检测到的较少。虽然对 Kesum 挥发油中挥发性化合物的研究已经很深入,但细节信息仍然缺乏。因此,研究者们采用 GC-MS/olfactometry(GC-MS/O)和香味提取稀释分析(AEDA)对 Kesum 中的芳香活性化合物进行了研究和特征识别。结果显示,癸醛、十二烷醛、1 壬醛、金合欢醇和 α-佛手柑烯均是构成该植物特有香味的关键化合物。这一发现对阐明这种草药中芳香化合物的生物合成信息具有重要意义。此外,这一发现也可进一步应用于香精香料行业。人们对 Kesum 的生物学特性也进行了更深入的研究。通过采用精油和溶剂提取物,研究者们对 Kesum 的抗菌、抗氧化和抗胆碱酯酶活性进行了探索,结果表明该植物具有较高的抗氧化活性,特别是清除 DPPH 的活性;同时还发现其样品的水提取物和甲醇提取物对乙酰胆碱酯酶的抑制活性最好,对耐甲氧西林金黄色葡萄球菌(MRSA)的抗菌活性最高。这些发现为探索该植物的深层药用价值提供了初步的植物化学分析。

2　乳酸乳球菌作为代谢工程应用的模型

乳酸乳杆菌可被施加氧化、加热和冷却、酸性、高渗透性和饥饿等多种应激条件,了解其应激反应行为是很重要的,这不仅对菌种的优化,而且对操纵乳酸乳球菌作为宿主进行异质化合物生产也很重要。此外,乳酸乳球菌的胁迫响应机制对代谢工程的应用具有重要意义,已成为目前研究最广泛的乳酸菌(LAB)。在过去的几十年里,研究者们已经为这种菌株开发了多种基因工具。乳酸乳球菌菌株具有很好的代谢调节能力,适合高效细胞

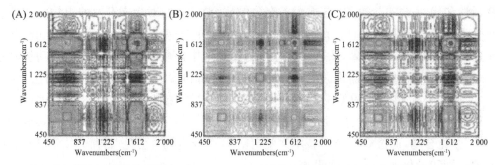

二维相关红外同步光谱的等高线图。在 2 000～450 cm⁻¹ 的区域内分析了来自不同温度处理的 Kesum 的二维光谱。(A) 低生长温度处理；(B) 对照；(C) 高生长温度处理。

图 6-3 二维相关红外同步光谱等值线图

工厂的发展。此外,还适合于代谢工程操作,因为它们不产生内毒素,并被归类为 GRAS (FDA 评价食品添加剂安全性的指标)。乳酸乳球菌属有两个主要亚种:乳酸乳球菌亚种和乳酸乳球菌乳脂亚种。与其他 LAB 一样,乳酸乳球菌乳脂亚种会以其有限的生物合成能力产生必要的代谢物而闻名,因此解释了其复杂的营养需求。为了研究乳酸乳球菌乳脂亚种产生特定的代谢物来满足其生长需要,菌株被暴露在不同的温度条件下和进行搅拌预处理。首先,利用傅立叶变换红外光谱(FTIR)对在 30℃ 培养的乳酸乳球菌进行细胞外图谱分析,然后再通过顶空和气相色谱-质谱(HSGC-MS),进一步研究了有助于产生感官特性的细菌。结果显示乳酸乳球菌乳脂亚种会产生大量的 3-甲基丁醛,2-甲基丁醛和 2-甲基丙醛。据报道,这些挥发性化合物会影响奶酪的香气、口感和质量,这引起了研究人员在不同条件下对乳酸乳球菌胞内和胞外进行代谢谱分析的兴趣。此外,通过选择 37℃ 无搅拌和 30℃ 有搅拌(150 r/min)两种标准作为乳酸乳球菌生长的基础条件的研究,不但用于代谢分析,也被探索用于乳酸乳球菌的转录组分析。

使用平板计数(cfu/mL)和光密度(OD600)监测乳酸乳球菌乳脂亚种 MG1363 在 30℃ 有搅拌和 37℃ 没有搅拌条件下的生长情况,结果显示,对两种条件而言,在生长曲线的指数阶段,碳源葡萄糖转化为生物质和发酵产物,醋酸、乙醇和二氧化碳。培养 6 h 后呈指数期递减。指数生长期一般被认为是生长曲线的线性部分,因此可假定细胞处于稳定状态。指数生长阶段的确切周期决定了代谢物和通量体分析的正确采样点/时间,因为在这一阶段,所有中间浓度和通量都假定是恒定的。因此,在分批培养中,指数生长过程中存在一种代谢稳态,其生长速率是恒定的。此外,一些研究表明,指数增长的细胞对环境胁迫更加敏感,如饥饿、温度响应、酸和乙醇的积累以及渗透和氧化压力等方面,都比静止期的细胞敏感。

一般来说,影响发酵产品中代谢物含量、特性的主要因素是原料、发酵工艺和生产实践。在本研究中,这些因素的特征是所使用的介质 M17、测试条件(30℃ 有搅拌和 37℃ 无搅拌)以及最后的检测工具。尽管如此,代谢含量应该与培养基的物理化学成分严格相关。同时也产生了微生物对环境的适应性,并且这种适应性主要来自遗传信息,由复杂的调节网络控制,以使其适应各种环境。在这项研究中,61 个代谢物使用三甲基硅酰(TMS)衍生化,44 个代谢物使用氯甲酸甲酯(MCF)衍生化检测。然而,只有 47 种代谢物被统计验证($P<0.05$)由 13 种氨基酸组成,包括乙酸和乳酸发酵副产物,丙酮和丙酸的

丙酸代谢产物,2,3 丁二醇的丁酸代谢产物,丁酸、棕榈酸和己酸的脂类。

为了了解乳酸乳球菌在不同条件下的代谢变化,研究人员采用相关性分析的方法,研究了不同代谢产物的配对关系。一般来说,在生物合成上有联系的代谢物被集中在一起。图 6-4 描述了乳酸乳球菌胞外显著相关水平($P<0.05$)。从相关网络中得到三个代谢产物簇 A,B,C。具体来说,簇 A 和簇 B 是由丁酸连接的。簇 A 由苯胺、苯甲酸盐、苯乙酸等与苯丙氨酸代谢有关的代谢物组成,例如天冬氨酸、丝氨酸、氨基丁酸、腐胺等氨基酸和生物胺,1-十六醇的脂肪酸基团,乳酸和乙醇发酵副产物。簇 B 含有癸酸、十七烷、2,4-二羟基苯乙酮和巯基乙酸等代谢物。同时,在乳酸、乙醇和乙酸发酵副产物的过程中,簇 C 由丙酮酸、苏氨酸和 d-arabinoo-1,4-内酯组成。需要特别注意的是,簇 C 中的代谢物也值得关注,因为相关的代谢物被鉴定为发酵的副产物,可能对乳酸乳球菌的表型特征有重要贡献。

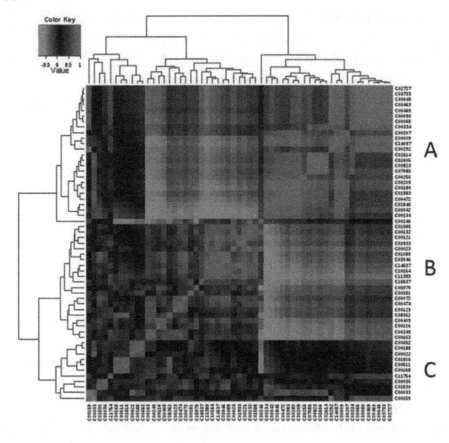

图 6-4 47 种细胞外代谢物的相关性分析($P<0.05$)

第五节 代谢工程与合成生物学

基因改造是全球工业实践的中心。无论是传统的杂交育种和诱变手段,还是以 DNA

重组技术为灵感的目标基因改进,这些方法的共同目标是改善生物化学反应,从转基因生物中获得理想的性状或产品滴度。基因技术的应用是现代生物技术的标志,它使研究人员能够在 DNA 和蛋白质水平上进行操控,以获取知识和创造新的产品和技术,从而解决医疗保健、农业和环境部门同时存在的问题。基因组学和高通量生物学的出现,加速了分子生物学工具和先进的基因工程技术的扩展,其影响远远超过单一学科的重组蛋白表达和个体功能获得及功能丧失基因突变的研究。

正如前文所讨论的,利用组学驱动的系统生物学平台阐明了复杂的生物机制,作为基因调控、代谢途径和网络建模的基础及深度信息,使基于生物技术和工程方法的进一步应用及探索成为可能。主要来说,代谢工程和合成生物学是分子生物学广阔领域的扩展,代表了建立在重组 DNA 技术原理上的基因工程研究领域的复杂体系。代谢工程、系统生物学、合成生物学等的快速发展与 RNA 干扰(RNAi)和规律间隔成簇短回文重复序列(CRISPR)等基于基因组编辑工具的革命性技术的出现以及发达国家和发展中国家蓬勃发展的生物基础产业和医疗保健部门相吻合。本节重点放在生物工程(BioE)平台的实施,包括基于微生物的代谢工程和合成生物学方法作为整合数据驱动系统的支持技术,这些生物学数据的输入对开发可持续和增值的生物技术应用至关重要。

20 世纪 90 年代开始的代谢工程时代出现了许多令人兴奋的研究发现,并加速了一种先进的基因工程方法形成,旨在研究代谢和生化相互作用的更广泛的方面。代谢工程主要被定义为利用重组 DNA 技术对代谢途径进行定向调控,用于高效生产燃料、化学品和医药产品,由于其工业相关性,引起了越来越多的关注,并因此迅速发展。代谢工程不同于一般的基因工程,它的优点是对代谢途径和基因调控网络的多级研究,而不是对基因和酶,特别是限速酶的单个研究。

代谢工程的基础方面包括基因构建、性能分析、途径工程和代谢途径的优化,以获得所需的产品。使用的技术从重组蛋白表达到通量的生化分析,工程细胞或蛋白质的动力学和热力学。在本质上,代谢工程通过研究化学计量平衡、通路调控和网络建模,关注基因修饰对工程细胞的更广泛影响,在某种程度上先于系统生物学在系统水平上理解复杂的代谢干扰的生物机制。这一多学科的研究领域带来了开创性的研究成果,如从氨基酸生产生物燃料、合成抗疟药物前体、生产 1,4-丁二醇等非天然化学物质,以及最近使用代谢工程微生物完成阿片类药物的生物合成。这些里程碑式的研究带来了新兴的生物基础产业,这些产业利用代谢工程微生物生产生物燃料、化学品和药品,并采用可持续和绿色技术商业模式,最终为工业生物技术创造了一个新的细分市场。

代谢工程师的最终目标是通过解决工程细胞的瓶颈、调试和工艺优化来提高生产水平,同时降低产品开发和工业商业化所涉及的能源负担和相关成本。对微生物基因组和代谢途径的更深入了解,加速了基因组规模的途径工程和系统代谢工程。利用数据驱动的方法,包括基于计算机和组学的途径预测及基因选择工具来构建,调节和优化代谢途径及蛋白质功能的进化。在计算机辅助代谢工程方法中,因为用于大规模发酵和生物加工的工程微生物的生产力和能力的提高,加速了用于氨基酸和生化物质工业生产的菌株发展。鉴于新一代组学技术的快速发展和不断扩大的合成生物学工具,如 CRISPR 干扰(CRISPRi),通过全基因组分析和高通量菌株筛选,将进一步提高底物利用和超高产菌株的发展。

　　合成生物学是在分子生物学的广泛领域中迅速兴起的一门研究学科,在涉及复杂的基因修饰或活细胞改变的代谢工程中已被频繁地使用。合成生物学的出现主要与高通量DNA合成成本的降低及对实现细胞和遗传系统调节的工程原理的兴趣增加有关。合成生物学家的目标是使遗传工具标准化,并对基于抽象层次的遗传成分所赋予的复杂生物过程有更明确的控制和调节。考虑到这个研究领域的跨学科特性,合成生物学的共识定义是设计新的生物部件、设备和系统,以及重新设计现有的和自然的生物系统。事实上,合成生物学具有代谢工程的重叠特征,特别是通过使用分子生物学和计算工具进行DNA部件组装,使用通路工程和经过充分研究的模型调控系统进行遗传电路设计及构建。这个快速新兴领域的关键定义事件要追溯到2000年初第一个遗传计数器和拨动开关的建造,使各种人工基因元素的发展和控制电路,包括使用逻辑门的构型来控制基因的表达。这一领域的另一个重要因素是建立公共收集和存储库,如标准生物部件注册(RSBP)、合成生物学开放语言(SBOL)和Addgene公共质粒存储库,这极大地帮助了科学研究之间的部件标准化和资源共享。

　　启动子、核糖体结合位点(RBS)、编码序列(CDS)和转录终止子等基本遗传元件被认为是构建具有预期行为和目的的标准化生物系统的生物组成部分。通过设计和构建具有明确遗传成分的人工生物系统,在利用化学DNA合成和Gibson等温组装、体内同源重组等催化DNA组装技术合成细菌基因组方面取得了重大突破。国际合成酵母基因组项目"合成酵母2.0"取得了重大进展,该项目旨在重新设计和构建合成真核基因组。全新生物设计工具和智能数据密集型技术极大地促进了该项目的进展,这将是推进微生物合成生物学的又一项重要成就。合成遗传系统的使用将允许对生物功能和输出进行更大的控制,这对于生成基于迭代设计—构建—测试—学习模型循环的遗传设计自动化和定制非常重要。编程和生物信息学工具在实施迭代电路循环中起着重要作用。与传统的建立和测试单个构建体的基因工程方法相比,它允许以系统的方式设计、模拟、预测和分析整个研究方案,并能以高通量的方式不断改进。通过计算机辅助设计(CAD)工具和基于生物传感器的设计方法,对于具有复杂生物合成途径和基因簇的生物化学产品(如植物次生代谢物和抗生素)的生产非常有用。构建和筛选重要速率限制酶的靶向途径。antiSMASH 3.0和RetroPath等CAD工具已被用于预测、筛选,并最终使用微生物生产目标化合物。通过使用基因编码的生物传感器,可以实现精确的基因控制和高通量的靶向转录筛选,从而提高菌株的生产活性和稳健性。

(本章编委:张　强　牛海晨)

第七章　糖组学

糖基化是一种常见的翻译后修饰，可以使碳水化合物附着在蛋白质和脂质支架上。据估计，大约 50％的蛋白质存在糖基化修饰。这些聚糖参与多种生物过程，包括蛋白质折叠、细胞生长发育、免疫抗凝、微生物致病与肿瘤转移等。改变正常的糖基化机制而导致的各种疾病被归类为"先天性糖基化缺陷"。尽管传统的实验方法主要以单个蛋白质和其他生物大分子相互作用为对象，但实验方法和生物化学过程的最新进展使整个生物"系统"的研究成为可能。这样的系统化研究集中于多重的、复杂的分子所产生的交互。这些相互作用通常用生物化学反应网络来描述，而不是单一的反应。常规程序的应用和高通量技术支持收集系统化分析所需的实验数据。

在这一领域，定量模型可以指导对这些数据的整体解释。融合实验和计算模型已经产生了被称为"糖生物学系统"的研究领域。其中"糖组学"的概念已经融合入基因组学、蛋白质组学、代谢组学等领域，人们从而能够更好地解析复杂性状，并系统化地了解细胞的结构—功能关系及从组织和器官水平来解释生命现象。

第一节　糖基化反应网络与数据采集

哺乳动物细胞中的糖基化过程受较小的反应网络调节，这些反应可以分为三类(图 7-1)。其一是导致糖核苷酸形成的代谢反应(尿苷二磷酸半乳糖，胞苷—磷酸唾液酸等)。这些反应发生在细胞质和细胞核中，涉及各种酶家族，包括激酶、合酶和表异构酶。图 7-2(A)提供了这类生化途径的概述示意图。其二是糖基化反应，介导添加聚糖到蛋白质和脂类。这种反应主要发生在内质网(ER)和高尔基体，涉及糖基转移酶和其他酶家族，如磺基转移酶。为了达到这个目的，代谢反应中产生的糖核苷酸必须转运到 ER/高尔基体。这些反应共同导致糖蛋白、鞘糖脂、蛋白多糖和糖基磷脂酰肌醇连接蛋白锚的构建。图 7-2(B、C、D)概述了导致 O-聚糖、N-聚糖和糖脂形成的反应途径。图 7-2(B)显示了导致 O-聚糖共有的 8 个核心结构合成的反应，标记为 core-1 到 core-8。它还引用了一个反应途径的例子，可以导致黏蛋白核心-2 结构上的唾液酸刘易斯-x 四糖(sLe^x)聚糖的形成。这些 sLe^x 聚糖可以作为黏附分子选择素家族的配体。在本章后面讨论的示例中，这个 sLe^x 被定义为"系统输出"。图 7-2(C)显示了一系列高甘露糖、杂化和复杂的 N-聚糖可以从外糖苷酶、延伸和终止链糖基转移酶的组合作用中产生。图 7-2(D)提供了鞘糖脂形成途径的概述。其三，一旦形成糖蛋白和糖脂，各种运输机制会调节这些糖结合物在细胞内、细胞表面、细胞核和细胞质上的分布(图 7-1)。回收补救反应，有助于大分子分解后单糖的合成。除了上述三组调控聚糖合成和分布的反应外，细胞内或细胞表面的功能性反应还调控聚糖的效应功能。这些效应功能包括但不限于细胞黏附、信号传导和细胞凋亡。一些聚糖在信号转导中发挥重要作用，比如 Notch 家族的成员，参与了细胞转录组的调控。这些复杂的相互作用共同调节细胞功能。原则上，可以将本节中描述的每个模块作为一个整体或部分单独研究，然后使用系统生物学/多尺度方法来定量地整合信息。因此，像糖共轭物的大量运输或回收这样的过程也可以一次研究一个，这些单独的步骤也可以集成到一个更大的生物合成/网络模型中。

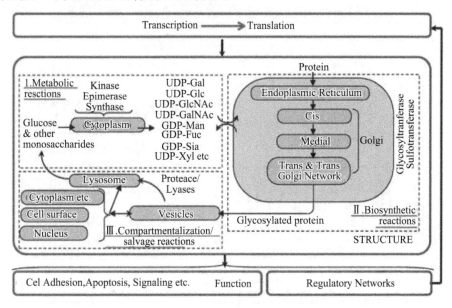

图 7-1　糖基化

开发描述糖基化的数学模型需要三个基本步骤（图 7-3）。首先是"生物信息收集"。它涉及基本模型成分的定义，如酶、底物和产品。这一步骤对所研究的生化网络的所有组成部分及其连通性进行了分类。它很大程度上依赖于现有的细胞生物学和生物化学知识，以及下面描述的分析工具。其次是"模型制定"，它定义了计算机模型的性质。如果我们主要对系统的稳态行为感兴趣，这个公式可能仅仅基于简单的线性代数和优化原则。当时间为变量时，它可以包含常微分方程（ode）或布尔网络。根据模型的性质和特定的酶/非酶过程，人们整理出与系统相关的适当的动力学/热力学/随机/优化参数（例如 Michaelis 常数 KM，解离常数 Kd 和开关速率常数 kon/off）。最后是"仿真及后仿真分析"。在硅（即计算机）中模拟实验系统，根据拟合实验数据确定未知模型参数。由于许多不同的模型可能拟合成一个实验数据集，而且在不同的敲除/化学处理条件下，每个模型都能产生大量依赖于时间和浓度的数据，因此多维结果的可视化非常重要。由此可得，网络分析策略被应用于巩固来自复杂反应网络模拟的发现，并生成实验可验证的假设。湿实验室（实验）测试由干实验室（计算机）模拟生成的假设是模型验证的关键步骤。这将导致模型结构和参数的迭代细化。

定量生化模型的建立首先是表征参与分子的网络和这些组分之间的相互作用。更具

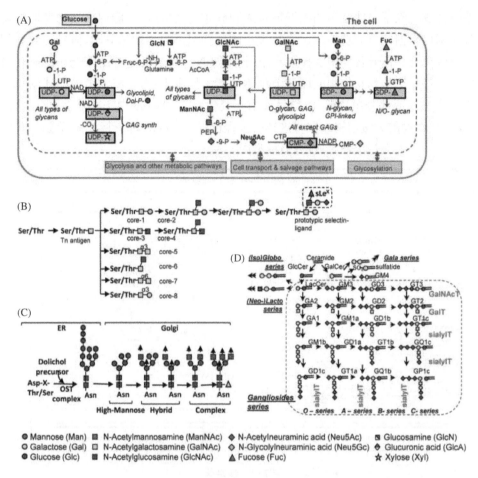

（A）单糖的生物合成和相互转化；（B）O-连接糖基化；（C）N-连接糖基化；（D）糖脂类合成。

图 7-2　选择性糖基化反应途径

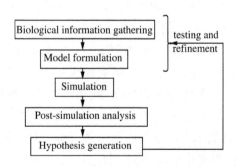

图 7-3　模型构建过程中的基本步骤

体地说，这些信息包括定性方面的分子网络拓扑结构和提供模型参数估计的动力学数据。通常，这些知识可以从大规模文献综述中获得。此外，近年来出现了一系列数据库，通过整理与基因组、蛋白质组、相互作用组和代谢组相关的数据，为路径构建提供了线索。这一步产生的反应网络可以用 XML（可扩展标记语言）格式来描述，近年来开发的越来越多的数学模型和分析工具也都利用了这种格式来表示。这些建模标准允许研究小组之间简化文档和交换模型信息。系统生物学标记语言和细胞标记语言是生物化学反应网络的两种广泛使用的表示形式。使用系统生物学图形表示法、分子相互作用图谱或其他工具也有助于生物信息的准确传递。MIM 图已经被广泛地用来表示分子网络。SBGN 包含三个层次的图，包括过程图、实体关系图和活动流图，它们与 SBML 兼容。使用 SBML 符号表示糖基化网络已经开始实行。一些组织也定义了基于 XML 的规则/模式来描述碳水化合物结构。因此，将计算/系统生物学的发展与糖生物学领域的实验研究相结合的尝试正在进行中。在基因水平上用于模型合成的数据整理方面，大多现有数据库都没有专门针对与糖相关的研究进行整理，但如 gene Expression Omnibus，ArrayExpress 和 CIBEX 都包含与该领域相关的信息。此外，功能性糖组联盟（CFG；www. functionalgly-comics. org）设计了一种定制的 Affymetrix 阵列，与全基因组微阵列相比，该阵列改善了糖基转移酶基因和相关下游靶标的表征。该工具监测了 2 000 个与糖生物学相关的人类和小鼠转录本的表达。此外，人们还致力于应用实时定量逆转录酶-聚合酶链反应（PCR）来监测糖基转移酶和相关基因。Nairn 等人在使用实时 PCR 和微阵列数据比较 700 个基因后，报告了他们基于 PCR 方法具有更大的灵敏度和动态范围，特别是在低丰度聚糖相关转录本的情况下。总的来说，实验工具可以在转录水平上审视系统扰动的影响。

虽然基因表达测量可以迅速进行，但基因表达和蛋白质表达之间的关系通常是非线性的。这在糖生物学中更为复杂，是因为糖基转移酶催化翻译后的修饰。因此，除了表达水平外，酶活性的定量对模型的构建也很重要。这可以使用一系列碳水化合物受体对不同家族的糖基转移酶进行检测。与酶活性相关的数据，包括但不限于糖基化相关的过程，也在 BRENDA（www. brenda-enzymes. org/）数据库中进行了全面的分类，这是基于对 79 000 多篇主要文献的统计。但是，这个数据库由于个别实验室的缺点而受到影响，因为出版物和实验程序使用的单位不遵循统一模式。另一个规模较小的用于计算机模拟的数据库叫作 SABIO-RK（生化途径分析系统-反应动力学）。这个信息资源数据库从 KEGG 数据库中收集了很多数据。虽然该系统具有输出为 SBML 格式的优点，但与糖生物学领域相关的数据却有些有限。除了基因和蛋白质水平的数据外，结构信息也是构建模型的关键组成部分。在线工具和分析方法的进步使这种方法成为可能。在这方面，近年来出现了碳水化合物结构资料库，包括 Glycosuite DB 资料库和 Glycome DB 资料库。后者是收集现有数据库（包括 CarbBank、GLYCOSCIENCES）的糖链结构数据的存储库。KEGG GLYCAN（http：//www. genome. jp/kegg/glycan/）数据库也手工编目了与糖基化相关的生化途径。最后，人们正在努力扩展这种方法，以便能够动态地创建与聚糖相关的功能网络。糖生物学分析工具的开发对糖生物学研究有很大的帮助。在这方面，尽管传统的方法侧重于使用电泳、色谱和相关的基于放射性的分析，但新的高通量技术已经为糖组学研究而开发。特别是，MALDI（基质辅助激光解吸/电离）、液相色谱-质谱及这些方法的衍生技术提供了关于糖基化的蛋白质位点和特定蛋白质上的碳水化合物结构的有价值数据。利用各种基于凝集素的纯化步骤、化学修饰协议、外糖苷酶消化方法和同位素标记策略正在取得进展，目标是完全表征糖基化的位点特异性性质。一个主要的挑战是关于糖基化的定量数据有限，而这些数据对于解释糖基化的微观异质性是必要的。另一个限制是缺乏可以用来分析 MS 数据的自动化程序。蛋白质特异性聚糖结构的更详细信息的可用性使系统级分析成为可能,该分析纳入了聚糖生物合成途径的随机性质,并可能解释与聚糖结构和功能相关的非线性情况。

其他大规模分析技术包括基于微阵列的方法,其中凝集素、抗体或碳水化合物被固定在底物上,凝集素微阵列由密集的固定凝集素点组成,荧光糖蛋白和细胞与这些凝集素斑点杂交,可用扫描仪监测结合情况,然后根据已知的凝集素的特异性推断与蛋白质/细胞相关的聚糖结构。作为凝集素的替代品,一些研究人员将碳水化合物固定在底物上,因为它们可以用来检测聚糖结合蛋白。在同一原理的另一种变体中,抗糖蛋白抗体被固定在载玻片上以捕获特定的糖蛋白,然后使用荧光凝集素和抗碳水化合物抗体检测捕获大分子上的特定聚糖结构。抗体用于将糖蛋白捕获到底物(聚苯乙烯珠)上,荧光抗碳水化合物抗体用于检测聚糖结构,这种方法也已扩展到流式细胞仪上,以检测位点特异性糖基化。

第二节　糖组学建模

许多不同的建模方法可以用于糖基化反应网络的研究。策略的选择取决于可用的实验数据量和现有的生物化学知识,也取决于项目目标(图7-4)。当有丰富的实验数据集

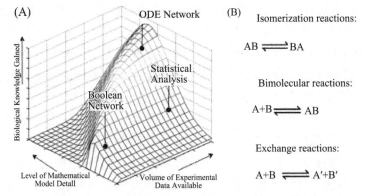

(A) 建模方法的选择取决于实验数据的数量和可用的生化知识;(B) 糖基化系统中的大多数反应可分为三类。

图7-4　数学模型

和生物化学知识时,可以模拟 ODE 网络模型。这种类型的建模是直接的,但一个主要的挑战是所有必要的速率常数可能在文献中没有,这可能会阻碍数学模型的形成。而布尔网络是在缺乏这种详细信息的情况下进行模拟的。在这种情况下,网络的组织比动力学细节更重要。这适用于网络整体结构和分子机理信息不足或动力学和时间数据不足的情况。当有实验数据时,统计分析是适当的,但缺乏详细的生化知识。通过计算机模拟来进行建模的方法对于生化反应网络中相关组分的半定量分组特别有用。下面将描述这三组建模方法。首先来看下基于一组耦合的 ODE 网络的建模方法。在这些方法中,每个方程代表一个单一的生物反应或过程。这种类型的表征在生物学文献中很常见,它已被用于描述细胞信号和糖基化过程。当只有一个自变量(通常是时间)和反应物的数量很大时,

这种方法是合适的。这里所写的反应通常来自质量作用定律,该定律指出元素反应(具有一个过渡态的反应)的速率与反应物质碰撞的频率成正比,这又取决于系统中反应物的浓度。浓度项被提升为任意反应阶的幂,通常对应于反应的分子数。虽然糖组学领域有三种不同类型的反应(图 7-4(B)),但我们着重讨论可逆生化反应的情况,正向和反向速度 v_f 和 v_r,动力学速率常数 k_f 和 k_r 如下:

$$A + B \underset{k_r}{\overset{k_f}{\rightleftharpoons}} A'B'$$

$$\text{net velocity}(v) = -\frac{\mathrm{d}[A]}{\mathrm{d}t} = v_f - v_r = k_f[A][B] - k_r[A'][B']$$

该方程的平衡常数(K_{eq})为 $K_{eq} = k_f/k_r = [A'][B']/([A][B])$。延伸这个方法,第 i 个反应的速度(v_i)如下:

$$v_i = v_{i,f} - v_{i,x} = k_{i,f} \prod_{f=1}^{m} C_1^{v_d^f} - k_{i,s} \prod_{t=1}^{m} C_1^{v_d^f} \tag{1}$$

C_i 为第 i 种反应物的浓度,$\mu_n^2(\mu_n^2)$ 表示第 i 种反应物相对于第 i 种反应物的正(逆)反应顺序。对于具有 m 个底物和 n 个反应的一般体系,上式可以用矩阵符号表示为:

$$\frac{\mathrm{d}C}{\mathrm{d}t} = \alpha v^{\mathrm{T}} \tag{2}$$

这里,向量 v 由 n 个单独的反应速度组成,C 包含 m 个反应物的浓度,$m \times n$ 矩阵 $\boldsymbol{\alpha}^{\mathrm{T}}$ 包含反应网络的化学计量系数。一般来说,$\boldsymbol{\alpha}^{\mathrm{T}}$ 描述了单个通量矢量或反应速度($v = v_1$, $v_2, \cdots, v_n$)与物质浓度时间导数($C = C_1, C_2, \cdots, C_m$)之间的连通性。这个矩阵是典型的"稀疏"矩阵,即它包含大量的零。

这是因为在典型的生物系统中,每个物种/反应物只参与少量的生化反应。在 $\boldsymbol{\alpha}^{\mathrm{T}}$ 中识别的生物连通性是基于我们的生物化学/生物学知识,以及验证相关反应组分(如特定糖基转移酶或底物)存在或不存在的实验。对于典型的生物反应网络,反应数(n)大于反应物数(m),即 $n > m$;上式通常作为具有初始条件的初值问题来求解下式:

$$C(t = 0) = C_0 \tag{3}$$

在有多个自变量的情况下,例如,如果除了时间之外还存在反应物或酶的空间梯度,这种建模方法可以扩展到包含偏微分方程。因此,尽管糖基化酶在 ER/高尔基体中的分布不同,糖基化过程仍然可以使用 ODE 来模拟,将每个高尔基体或 ER 模拟成一个单独的混合反应器,并将这些串联起来模拟整个网络过程。在反应物的数量方面,如果反应物的数量较低,在一个特定的蛋白质位点上可能会出现多种聚糖结构。这种现象被称为"微异质性"。类似地,在给定位点上出现或不出现聚糖的异质性被称为"宏观异质性"。由于这种异质性,单个蛋白质可能具有不同的分子量和功能。虽然异质性的程度取决于蛋白质/细胞的类型和特定的糖基化位点,但其确切机制尚不清楚。在这方面,随机或概率模型可以用来模拟多糖在给定位置的分布。在这样的计算中,除了测量该位点的平均聚糖结构外,还可以生成解释异质性的波动数据。实验与理论的结合可以揭示糖基转移酶的表达水平、底物结构、酶催化速率,以及糖基转移酶对常用底物的竞争在调节糖基转移酶异质性中的相对贡献。

第二种是基于逻辑的模型使用"门"和"真值表"来指定模型物种之间交互的方法。在这种情况下,反应网络由一个有向图表示,其中节点代表单个反应物/物种,边表示连通性。该反应网络中的 m 种物质记为 $S_j(j=1,\cdots,m)$,称其具有浓度 Cj。对于布尔(双态)网络,若存在则为 1(ON),若不存在则为 0(OFF)。图 7-5 给出了这样一个网络的示例。这里,图 7-5(A)所示的常规反应途径用图 7-5(B)中的布尔网络符号表示。在每条边上表示的布尔传递函数包含"门"信息。这是三个典型的逻辑运算符"not""and"和"or"或它们的导数。节点的未来状态(S^*,在 $t+1$ 时刻)是根据当前状态(S,在 t 时刻)和图 7-5(C)所示的布尔传递函数确定的。由于状态图的性质,布尔网络通常达到一个固定或重复的状态,这些状态一起被称为"动态吸引子"。如图 7-5(D)所示,在中间时间增加之后,S4 稳定到基础水平。尽管布尔网络模型很容易模拟,但当所有物种在每个时间点同步更新时,它们只能提供关于网络动态的有限信息,如图 7-5 所示,并且它也不能模拟可能在不同时间尺度进行的过程,例如基因表达和聚糖合成的变化。为了更好地理解网络的动态,人们制定了各种策略使网络输出多样化。这个目标是了解每个模型元素的平均行为。实现这一目的的策略包括异步更新节点集中,即每个节点以随机序列或选定的时间间隔更新。此外,经典布尔网络的变体已经出现,如阈值布尔网络和分段线性系统,它们允许定义更复杂的逻辑运算符。此外,除了 ON/OFF(1/0)状态外,还出现了多状态和模糊逻辑模型,允许填充其他状态。通过整合这些概念,基于逻辑的模型旨在生成时间行为,而不需要详细的动力学信息。基于逻辑的模型在描述调节网络和信号级联的系统中得到了广泛的应用,未来也将在糖基化途径研究中应用。

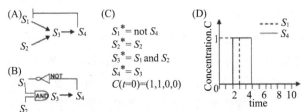

(A) 小反应系统;(B) 用逻辑门表示(A)中的同一系统;(C) 从(B)中的逻辑门图导出的语句;(D) 使用物种浓度同步更新(C)中描述的网络的模拟。

图 7-5 布尔网络

最后,"数据驱动模型"是一组统计工具,能够分析使用高通量蛋白质组学方法收集的实验数据。这种方法的优点是可以建立模型,即使对特定路径的知识是缺乏的。该方法中使用的许多建模概念类似于以前开发的用于分析 DNA 微阵列数据的技术,包括分层聚类、主成分分析和偏最小二乘法等技术。除了分析原始实验数据,这些技术也可以用于巩固糖基化反应网络的计算机模拟得到发现。

第三节　糖基化反应网络的先验、模拟与优化

人们已经开始尝试建立计算模型来解决糖基化过程的复杂本质。与研究细胞信号或代谢途径的其他领域相比,这类方法的数量很少。这些模型大多关注 N-连接糖基化。Umana 和 Bailey 的模型基于实验确定的速率常数检验了 N-连续糖基化,但并没有将模型输出与实验确定的糖基分布联系起来。Krambeck 和 Betenbaugh 用实验数据进行了比较。他们最近的研究试图通过改变参与 N-聚糖生物合成的 19 种酶的速率常数,来匹配正常和白血病单核细胞的基质辅助激光解吸/电离时间飞行(MALDI-TOF)质谱数据。在这一概念的另一个扩展中,Hossler 等人模拟了两种反应器构型中的 N-聚糖生物合成途径,这两种反应器构型模拟了糖蛋白在高尔基体中的移动(四个连续的搅拌槽反应器串联)或池成熟和囊泡运输(四个塞流反应器串联)。这些研究者还定义了可以最小化多糖微观异质性的假设条件。在另一项研究中,Lau 等人将实验与理论相结合,证明了支链三触角和四触角 N-聚糖的生产对己糖胺通量超敏感。

在分析过程中,通过整合一组组分模型,作者还证明了分枝 N-聚糖的数量和程度调节细胞表面糖蛋白水平、细胞生长和阻滞功能。这些结果暗示了可通过抢救治疗的疾病和抢救治疗的途径。在糖生物学领域应用数学建模的其他尝试侧重于有限的一组反应,而不是整个反应网络。虽然之前的论文都关注 N-聚糖的生物合成,但研究者开发了第一个用于建模 O-连接糖基化的反应网络(图 7-6)。本研究的目的是:调控 p-选择素糖蛋白配体(PSGL)-1 上 O-聚糖形成的限速步骤。因为这些碳水化合物在炎症过程中对选择素介导的白细胞-内皮细胞黏附发挥重要作用;以及 O-糖基化网络的计算机模拟能够在多大程度上拟合实验得到的糖基分布数据。为了验证这种可能性,研究者从文献中收集了关于 PSGL-1 上的 O-聚糖分布的实验数据。通过改变计算机 O-糖基化模型中的速率常数和反应路径结构,我们试图将计算机模型的输出与测量的实验数据相匹配。该反应网络的主要系统输出是 sLe^x 聚糖(图 7-6),模型参数包括 5 个糖基转移酶总速率常数 ki(这些是拟合未知数)。将糖基转移酶速率常数的计算机估测值与测量相同酶活性的湿实验室实验结果进行了比较,这证实了计算机建模方法是合适的。

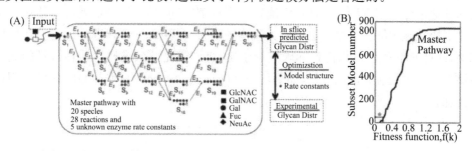

(A) 人白细胞中 sLe^x 型结构合成的单室 O-连接糖基化模型;(B) 在主途径中删除一个或多个物种和相关反应生成了 837 个子集模型。

图 7-6　O-Glycosylation 反应网络

无论 Glycomics 数据来自传统实验还是高通量数据集,将模型参数拟合到实验数据中都是一个挑战。在这方面,有两个问题是不能明确分离的:① 找到适合实验的"合适模型"结构;② 确定适合这个"合适模型"的模型参数。我们首先考虑第二个问题,因为这更容易处理。

如何定义反应速率常数的全局和局部优化呢? 这里的目标是最小化目标函数或成本函数 $f(k)$,它是模型模拟结果("干数据")和生物实验数据("湿数据")之间误差的度量。在我们的例子中,模拟数据和实验数据代表了聚糖分布数据(图 7-6),通过改变速率常数 k_i,两者之间的差异被最小化:

$$\text{argmin}_{k_i \in [0,\infty]}(f(K)) \text{ or } \text{argmin}_{k_j \in [0,\infty]}|\text{simulation result}[K] - \text{experiment data}[K]| \tag{4}$$

由于反应的性质,优化问题本质上是非线性的,可能存在微分代数约束,可以尝试使用局部或全局优化方法来求解。局部方法在接近开始猜想的地方确定解。全局搜索算法跨越了整个参数空间,适用于存在多个解的情况。由于这一性质,全局优化方法的计算代价昂贵,而且与局部优化方法相比收敛速度较慢,用全局优化程序不能保证理想解的确定。考虑到这一点,我们的方法是执行全局优化(遗传算法)首先找到解的邻域,然后使用局部极小化(拟牛顿法)收敛到精确解。这种方法被称为"混合遗传算法"。遗传算法是一种受达尔文进化论启发的全局优化算法。它包括许多自然遗传中常见的特征,如基因重组时预期的交叉,以一定频率自然发生的突变,以及旨在保护适者生存物种的选择。在这些计算中,第一步是随机生成几组"母"速率常数,使每组速率常数满足解空间的约束条件。在我们之前的工作中,有 5 个未知的速率常数,因此我们生成了 50 组"父速率常数"。每一个集合都用数组 k 表示,它表示优化问题解的一个初始猜想。使用目标/成本函数评估每个"父母"的适合度[公式(4)]。在接下来的迭代中,尽管有几个(比如四个)目标函数最小的最适者或"精英"父母被保留或"选中",剩余的 k 个数组通过在父集合中"交叉/混合"速率常数和/或通过随机扰动或"突变"选定常数产生额外的多样性来再生。然后评估新一代的适应度,并重复选择、交叉和突变步骤,以细化"精英"亲本。继而将这个过程重复多次。一般来说,"精英"父类在最初的几个迭代中收敛得非常快,而后续的解决方案细化则进展得相当缓慢。除了遗传算法,其他可以用于解决全局优化问题的技术包括模拟退火和其他进化规划方法。一旦我们确定了全局解空间的邻近区域,就可以使用局部优化策略来快速优化解。这些方法通常关注函数 $f(k)$ 在开始猜测附近的梯度。在梯度的基础上,计算速率常数 k,以使目标函数最小化,直到满足收敛准则。一种常见的局部优化方法是迭代牛顿法。由此可知,如果函数 $f(k)$ 是二阶可微的,则 k 的序列可以用以下公式提炼。

$$k^{(n+1)} = k^{(n)} - \frac{f'(k^{(n)})}{f''(k^{(n)})} \tag{5}$$

第四节　模拟后分析:生成假设

模拟程序的最终目标是定义自然的"设计原则"。然而,由于大量的计算以及模型方程和参数的数量,定义内在的、动态的网络属性是具有挑战性的。因此,需要采用灵敏度分析和分岔分析等模拟后分析方法来定义突发系统的鲁棒性、脆弱性、振荡性、双稳定性和模块化等特性。这种后仿真分析方法还可以帮助生成实验假设,指导模型验证。鲁棒性衡量了一个系统在给定水平上保持细胞功能的能力,即使在面对扰动和进化的情况下。振荡性描述了系统在两个平衡状态之间摇摆或围绕特定值波动的能力。双稳定性是指活细胞以类似开关的方式从一种状态突然转变到另一种状态的能力。系统网络模块化描述了在不考虑外部连接的情况下,一个模块或一组生化反应作为一个单元发挥作用的能力。接下来简要讨论所选的模拟后分析方法。灵敏度分析又称参数灵敏度分析,是一种将系统输出对系统参数引起微小变化的响应量化的摄动方法。这里定义的系统参数不仅包括单个反应速率常数或其他动力学系数,如 Vm 和 Km,还可以包括反应分子的路径结构和初始浓度。系统输出包括单个物种浓度、反应速度或相关函数,例如生物振荡周期和振幅。在我们的模拟中,基于糖聚糖 sLe^x 定义了灵敏度系数,将其定义为系统输出。所考虑的系统参数为糖基转移酶速率常数 k_i。该系数的归一化适用于比较大量参数敏感性和识别复杂参数空间中的突出因素。因此,将比例灵敏度系数定义为:

$$W_{ij} = \frac{k_i}{[sLe^X]} \frac{\partial [sLe^X]}{\partial k_i} \tag{6}$$

在评估灵敏度系数的方法中,最简单的是有限差分法,它可以用于量化局部敏感性。这种方法中,系统输出的响应是通过手动在一个小范围内改变感兴趣的参数,同时保持其他参数在一个固定的值。这种方法的优点是不需要其他复杂的灵敏度方程。另一种评估局部灵敏度系数的常用方法称为"直接微分法"。这里的灵敏度系数可以用灵敏度方程来描述,这是由动力学 ODE 对系统参数的微分得到的。通过同时求解灵敏度和动力学 ODE 得到灵敏度系数。尽管上述方法在概念上很简单,但随着反应网络的规模和系统参数的增加,这些技术在计算上可能变得复杂。因此,邻接方法或格林斯函数方法已被应用于减少计算时间。这些方法包括求解邻接灵敏度 ODE 或与动力学方程相关的格林斯函数方程。与直接方法相比,后者更适合复杂系统变量的敏感性需要对所有系统参数进行评估的情况。

除了评估系统扰动的影响外,灵敏度分析也被广泛用于量化复杂生物系统的鲁棒性。对变化非常敏感的参数和部件可能会给系统带来脆弱性,而这些通常不是生物系统的自然属性。虽然鲁棒性评估网络对摄动的整体响应,但模块化涉及对较大网络的小部分进行类似的分析。应用于这些模块的灵敏度分析与通量分析相结合,可以定义系统中的非必要反应(即通量和灵敏度都较小的反应)。删除这些对系统输出只微弱影响的非必要反应可以缩减模型。这种分析所产生的简化模型揭示了生化反应网络的"设计原则"。

虽然灵敏度分析提供了定量的系统动力学与参数的依赖关系,但应用于 ODE 网络模型的分岔分析更侧重于定性地理解系统稳态如何受到系统参数的影响。生物系统的状态可以是稳定的、不稳定的或振荡的。在参数空间中,系统状态从一类转移到另一类的点被定义为"分岔点"。在分岔点,当网络发生质的变化时,稳态解可能会转变为不稳定解,反之亦然。在这样的分析中,分岔图显示了作为分岔参数函数的系统平衡或周期状态。这种分析定义了四种常见的局部分岔类型,包括鞍节点分岔、跨临界分岔、干草叉分岔和霍夫分岔。其中,鞍节点和霍夫分岔在涉及细胞信号的研究中常用于细胞周期调控和基因调控网络。但目前尚未对糖基化途径进行详细的分岔分析。然而,基于对细胞信号通路(如丝裂原活化蛋白激酶(MAP-kinase)信号网络)进行的类似分析,我们可以预期应用Michaelis-Menten 方程,由于大量的反应物和产物、糖基化通路中的正和/或双负反馈回路而存在的兆线,至少在某些反应通路中可能导致双稳态。如先前 MAP-kinase 通路所示,在参数空间不同区域的模型可能在非线性系统中显示振荡和双稳态。

第五节　糖组学进展

蛋白质糖基化是翻译后修饰中最复杂多样的一种,主要是由于糖基上的糖及其生物合成的特性。为了更好地理解糖基化对病理条件的影响,需要建立一个包含糖基、糖肽和糖基信息的知识库。建立这个知识库的关键一步是破译糖基因组,以了解参与物种或病理条件糖基化途径的基因和酶。糖基化水平和糖基化成分显著影响循环系统治疗蛋白的功能活性和半衰期以及人体的免疫反应。不同的物种具有不同的糖基化途径,在一些物种中表达的基因会在另一些物种中受到抑制。例如,由于糖基化与人类免疫系统兼容,中国仓鼠卵巢(CHO)细胞的糖基化模式往往比人类细胞的糖基化模式更简单,因此被广泛用于生产蛋白质疗法。CHO 细胞 N-糖基化的典型途径见图 7-7。2011 年测序 CHO 基

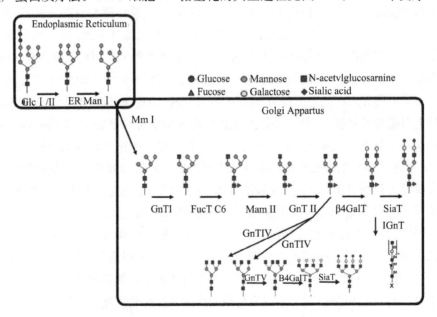

图 7-7　CHO 细胞 N-糖基化主要途径的简化图

因组时进行了完整的 CHO 糖基因组分析。人类 300 个糖基化基因(udp-N-乙酰氨基葡萄糖(GlcNAc)转移酶 ALG13 和磺基转移酶 CHST7、CHST13)中,只有 3 个基因在 CHO 基因组中缺乏同源性。然而,RNA 测序结果显示只有一半的预测聚糖合成和降解基因表达。统计分析表明,磺基转移酶、岩藻糖基转移酶和 N-乙酰半乳糖胺(GalNAc)转移酶显著减少。其他在 CHO-K1 细胞中受到抑制的糖基因包括平分型的 GlcNAc 转移酶 III(GnTIII, Mgat3),α(1,2)-、α(1,3)-和 α(1,4)-连接的岩藻糖基转移酶,以及 ST6Gal。North 等人利用多种数据类型,包括高 MS(高达 11000 Da)MS/MS 和气相色谱/质谱(GC/MS),发现 Pro-5 野生型 CHO 中存在一些平分型的 GlcNAc 结构。通过质谱建模和连锁分析发现,在 CHO 细胞的 Pro-5 细胞系中,产生平分型 GlcNAc 的 Mgat3 基因并非完全沉默。由于某些 CHO 细胞系可能表现出 Mgat3 基因的激活,而该基因提供 GnTIII 活性。为了将糖链动力学与糖转移酶表达谱联系起来,糖基因微阵列包括糖苷酶、糖转移酶、糖转运体和凝集素芯片,被广泛用于了解糖链在疾病状态下的作用机制。例如,为了找出甘聚糖在肿瘤转移中的关键作用,比较了高转移潜能细胞株(HC-CLM3)和低转移潜能细胞株(Hep3B)。ST3GalI、FUT8、β3GalT5、MGAT3、MGAT5 等基因在糖脂质、N-聚糖和唾液酰 Lewis 抗原的生物合成中发挥作用,皆差异表达。此外,研究人员还对 CHO 糖基化控制的关键糖基转移酶进行了敲除筛选。

糖蛋白质组学是评价糖基化蛋白质及其糖基化位点的一个领域。它通常涉及对健康和/或疾病状态的样本进行糖蛋白富集,以便进行比较,找到可能在某些疾病状态中发挥重要作用的差异表达糖蛋白。这种方法需要复杂的比较蛋白质组学方法、先进的质谱技术和强大的生物信息学工具来识别疾病早期预测的生物标志物,最终可用于疾病预后。无标记定量、稳定同位素标记、相对和绝对定量等压标记(iTRAQ)和串联质量标记(TMT)是用于解释样品间差异表达蛋白的一些方法,同时可用于生物标志物和目标的发现。酰化化学和糖基化多肽的固相萃取为 N-连接糖蛋白的鉴定和定量提供了手段。在这种方法中,蛋白质混合物与酰肼树脂平衡,在氧化后与糖蛋白上的碳水化合物结合,然后用 PNGaseF 酶解糖蛋白,用液相色谱-质谱(LC-MS)分析。利用这项技术,研究人员可评估非同步心衰和心脏再同步治疗的糖蛋白组谱的差异。用 iTRAQ 可检测糖蛋白水平的相对变化,并用无标记 LC-MS 验证。患者经过治疗后几种糖蛋白水平恢复正常。另外还可以利用固相提取糖基化多肽技术富集卵巢肿瘤和相邻正常卵巢组织中的糖蛋白。对于正常卵巢、透明细胞癌、高级别子宫内膜样癌、高级别浆液性癌、低级别子宫内膜样癌、低级别浆液性癌、黏液性癌、用 iTRAQ 试剂标记移行性癌标本,根据 iTRAQ 标记及 MS/MS 谱进行相关蛋白定量,有可能识别出在卵巢肿瘤与正常组织中表现出差异表达的蛋白和每个卵巢肿瘤特有的过表达蛋白。此外,Western blot 分析支持蛋白质组学结果,并显示卵巢黏液癌中癌胚抗原相关细胞黏附分子 5 和 6(CEA5 和 CEA6)水平升高。同样的技术也被用于识别 HIV 感染、HIV 精英抑制因子和抗反转录病毒治疗引起的潜在免疫激活。这些发现表明 HIV 精英抑制因子显著影响免疫相关的糖蛋白作为抗病毒免疫的结果。利用唾液糖蛋白组富集和同位素标记的方法,鉴定了乳腺癌中的差异表达蛋白。进一步的 Western blot 和凝集素分析证实 versican 是乳腺癌中高度差异表达的唾液糖蛋白之一。此外,结合唾液糖蛋白富集方法和选择性反应监测技术,发现前列腺癌组织中唾液酸化前列腺特异性抗原的表达上调。为了提高癌症预后和诊断的准确性,可以使用器官特异性糖基化和唾液基化蛋白,如前列腺特异性抗原。酰肼化学,凝集素,多凝集素亲和层析,代谢结合糖类似物分离糖蛋白,都是生物标志物和目标发现的常用方法,旨在早期发现和治疗不同类型的癌症。

糖是许多疾病的关键生物分子,包括癌症、免疫紊乱、心血管疾病和艾滋病;它们也在单克隆和双特异性抗体的效力中发挥重要作用。然而,由于糖链结构分析的技术难题,全球糖链研究一直受到阻碍。经过甲基化或碳二亚胺偶联对糖基进行衍生化后,毛细管电泳、LC 等多种分析平台被广泛应用。引入荧光标记,如 2-氨基苯酰胺,使用荧光检测器定量聚糖。近年来,质谱技术的发展已经提供了聚糖组成的测定和定量方法,其中还包括固相固定和等压标记。图 7-8 展示了常用的聚糖分析方法,包括凝集素微阵列、超高效液相色谱(UPLC)和 LC/MS/MS。

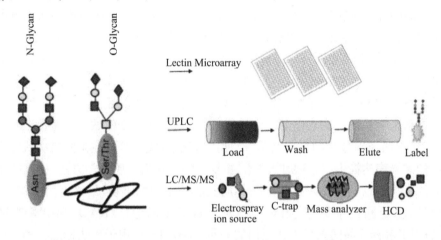

常用的几种聚糖分析方法,包括凝集素微阵列、UPLC 和 LC/MS/MS 等压标记方法。

图 7-8

TMT 和 iTRAQ 经常用于肽的定量,以发现各种医疗条件下的生物标志物或目标。然而,由于它们的叔胺结构,使用等压标记(如 aminoxyTMT 和 iART)在糖链定量方面的应用有限。近年来,一种新的基于质谱的含季胺糖基等压标记技术(QUANTITY)已经发展起来,其能够提高对糖基的完整标记,并增强 MS 2 片段上的报告离子强度。四种定量试剂包括反应聚糖偶联位点、补偿分子质量变化的平衡器和报告子,报告子可生成 176~179Da 的报告子离子用于定量的 MS2 片段。定量标记方法与固相固定化技术相结合,对经糖基转移酶修饰的 CHO 细胞进行糖代谢比较,如以将来自不同组织或细胞的大量样品变性并固定在 AminoLink 树脂上。为了稳定唾液酸基团,可以使用对甲苯胺与碳二亚胺偶联试剂,也可以使用 PNGaseF 从固体载体释放 N-聚糖。然后,对每个样品的甘氨酸还原端 GlcNAc 的醛基进行 QUANTITY 标记,再用 LC/MS/MS 进行分析。一个整体的蛋白质组学分析也可以通过执行球粒消化来进行。位点特异性聚糖的占有和糖蛋白的改变在病理条件下也非常重要。由于难以同时分析,糖基化位点、糖肽和聚糖一直被分别研究。一种叫作固相萃取 N-连接聚糖和糖肽的方法被开发出来用于从复杂样品中综合分析聚糖苷、糖基化位点和糖肽类。该方法可应用于单一蛋白、牛胎蛋白和复合细胞系(OVCAR-3)的检测。在这种方法中,使用醛功能化固体载体,肽被固定化。PNGaseF和Asp-N消化分别允许释放N-聚糖和N-糖肽类。在质谱分析后,建立了一个样品特异性的完整的糖肽数据库,包含所有可能的糖苷和甘聚糖。同时,从OVCAR-3细胞中分离完整的糖肽,用MS运行。用糖基氧离子作为标记,提取出完整的糖肽的光谱。使用GPQuest软件将这些光谱映射到OVCAR-3糖基化特异性数据库。

由于缺乏一种已知的内糖苷酶,所以对O-糖组学的研究具有挑战性。然而,近年来出现了一些分析方法来分析和量化O-聚糖。例如在吡唑啉酮类似物存在的情况下,研究人员通过优化微波辅助β-消除程序来分析来自细胞、组织、血清和FFPE组织的O-聚糖。在人类多种疾病中,尤其是肿瘤中,已经证明截短的O-糖蛋白Tn(GalNAca1-Ser/Thr)和它的水杨酸化版本sialyl-Tn(STn)(Neu5Aca2,6GalNaca1-Ser/Thr)表达异常。因此,Tn和STn都是已知的肿瘤碳水化合物标记物。

(本章编委:张强 王会平)

第八章　生物学数据库

系统生物学是研究生物系统组成成分的构成与相互关系的结构、动态与发生的学科。随着生物学研究的不断深入以及相关技术的进步，生物系统组成成分的构成与相互关系逐步被发现，各种生物学数据呈指数级增长。如何高效地构建与使用数据库，以实现对海量生物学数据的存储、处理及检索是当前生物学领域主要研究内容。因此，学习并掌握主要数据资源也是相关科研人员的必备技能，将有助于对生物系统组成之间的相互关系和系统功能的理解。

目前生物数据库发展日趋完善，各种数据资源信息存在关联与共享。因此，本章首先介绍了当前广泛使用的综合数据库；而后从生物系统组分及其相互作用关系两个层次列举了当前主流的数据库。通过本章的学习，将会对各种生物数据资源有较为全面的认识，并通过实践能够掌握此类数据库的数据类型、检索方式及数据获取途径。

第一节　生物学数据库简介

1　什么是数据库

在认识数据库（Database）之前，需要明确数据（Data）的概念。"数据"通常是用来计算、分析或计划某事的事实或信息。此外，也有人将"数据"定义为事实或观察的结果，是对客观事物的逻辑归纳。换言之，声音、图像、符号、文字等信息都可以被称为数据。在生物学领域中，基因名、大分子序列、基因表达值等信息都可以称为数据。

在早期的生物学研究中，受技术手段的限制，通量较低，产生的数据也相对较少。但随着人类基因组计划的实施和快速测序技术的发展，数据呈指数级增长，从早期实验的MB级向GB级甚至TB级迈进。在海量的生物学数据的驱使下，生物学领域迫切地需要对此类数据进行高效的管理，因此加速了生命科学和计算机技术的融合，并催生了相关数据库的开发和完善。

在计算机领域，数据库被描述为一类用于储存和管理数据的计算文档，是统一管理的相关数据集合，其目的是为了促进数据信息的检索和调用。为了更好地理解这一概念，可将其形象地理解为生活中存放物件的仓库，为了提高该仓库的分拣与流通速度，将仓库中储存的东西按照一定的规律进行组织、存储与取用。

在计算机领域中，早期比较流行的数据库模型有三种，即层次式数据库、网络式数据库和关系型数据库。但目前，最常用的数据库模型主要有两种，即关系型数据库（SQL）和非关系型数据库(NoSQL)。关系型数据库和非关系型数据库在使用场景上存在较大差别,因此一般不认为两者间存在孰强孰弱的关系。

表 8-1　关系型数据库和非关系型数据库的比较

	关系型数据库	非关系型数据库
优点	① 使用表结构,格式一致,易于维护; ② SQL 语言通用,方便使用; ③ 支持 SQL,可用于一个表及多个表之间非常复杂的查询	① 存储数据的格式可以是 key、value 形式,文档形式,图片形式等,使用灵活,应用场景广泛;而关系型数据库则只支持基础类型。 ② NoSQL 可以使用硬盘或者随机存储器作为载体,速度快;而关系型数据库只能使用硬盘。 ③ 扩展性高。 ④ NoSQL 数据库部署简单,基本都是开源软件,成本低
缺点	① 读写性能比较差,尤其是海量数据的高效率读写; ② 固定的表结构,灵活度稍欠; ③ 高并发读写需求对于传统关系型数据库来说,硬盘 I/O 是一个很大的瓶颈	① 不提供 SQL 支持,学习和使用成本较高; ② 无事务处理; ③ 数据结构相对复杂,复杂查询方面稍欠

(1) 关系型数据库,是指采用了关系模型来组织数据的数据库。关系模型是在 1970 年由 IBM 的研究员 E. F. Codd 博士首先提出的,在之后的几十年中,关系模型的概念得到了充分的发展并逐渐成为主流数据库结构的主流模型。关系模型指的是二维表格模型,而一个关系型数据库就是由二维表及其之间的联系所组成的一个数据组织。

(2) 非关系型数据库。NoSQL 一词首先是 Carlo Strozzi 在 1998 年提出来的,指的是他开发的一个没有 SQL 功能、轻量级的、开源的关系型数据库。这个定义跟我们现在对 NoSQL 的定义有很大的区别,它确确实实字如其名,指的就是“没有 SQL”的数据库。但是 NoSQL 的发展慢慢偏离了初衷,我们要的不是“NoSQL”,而是“No Relational”,也就是我们现在常说的非关系型数据库了。

2　如何获取与研究相关的数据资源

生物学与计算机技术的结合让生物进入信息时代。为方便管理各种生物数据,目前已开发了各式各样的生物数据库。了解与本领域相关的数据库并善加利用可能会使研究工作得到事半功倍的效果。

生物学数据的快速增加,直接导致数据库种类与数量的大幅增长。这些整合了大量信息的数据库为生物科研工作者的进一步研究提供便利。然而,面对当前海量的生物学资源如何找到与自己研究领域相关的数据,也是生物信息学新手面对的一个突出问题。针对该问题,常用的方法有:

(1) 利用主流搜索引擎直接检索。该方法较为容易,在检索前需要提炼关键词(Key-

word），并通过多个关键词的组合，利用谷歌、百度、必应等搜索引擎直接检索。考虑到多数数据库都是以英文形式展示，因此最好以英文关键词的形式进行检索。以同义突变为例，我们可以选择"Synonym Mutation""database"作为关键词，通过必应搜索，可得如图8-1所示的结果，并成功检索到由我国科研工作者开发的同义突变数据库 dbDSM。

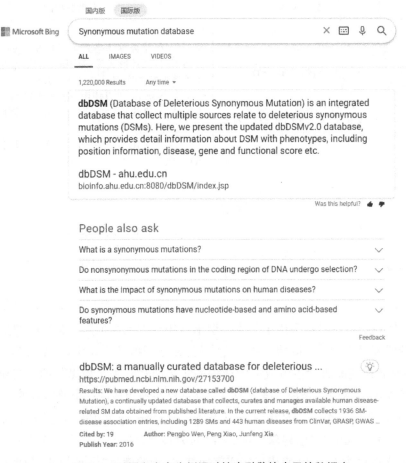

图 8-1　以同义突变为例通过搜索引擎检索目的数据库

（2）利用目前主流的生物学综合门户。NCBI、EMBL、UCSC 等是当前使用最为广泛的主流门户。以 NCBI（https：//www. ncbi. nlm. nih. gov/）为例，为了帮助人类更好地认知生物学问题，该门户提供多种在线生物学数据和生物信息学分析工具，可通过 https：//www. ncbi. nlm. nih. gov/guide/all/访问该门户的所有资源（图 8-2）。

（3）利用文献检索或者关注相关数据库专辑。由于此类数据库为了更好地传播，通常会以科技论文的形式发表研究成果，因此我们可以通过检索相关文献，进而获得所需的目的数据库，通常使用 PubMed 以及 Web of Science 检索文献。此外，有些生物学研究权威期刊如 *Nucleic Acid Research*、*Bioinformatics* 等均设有数据库专刊（专辑）（图 8-3），通常以年刊形式介绍一些重要数据库的更新情况。

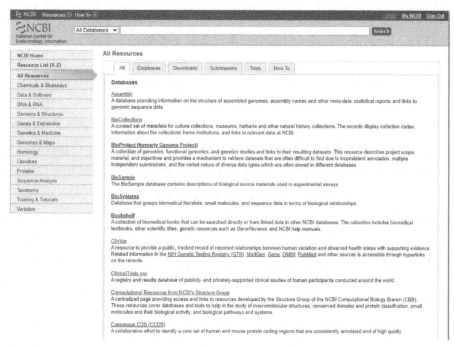

图 8-2　访问 NCBI 所有资源的途径

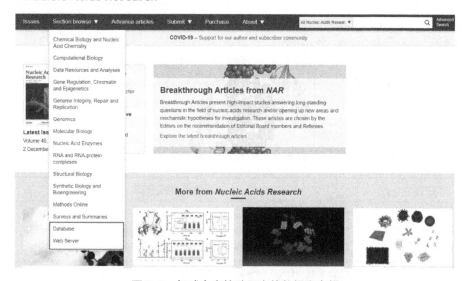

图 8-3　权威杂志核酸研究的数据库专辑

3　生物学数据库分类

　　在生物学领域中,数据库通常被归类为一级数据库(Primary databases)和二级数据库(Secondary databases)(表 8-2)。一级数据库收录由实验直接得出的数据,例如核苷酸序列、蛋白质序列或大分子结构等。实验结果由研究人员直接提交到数据库中,数据本质上是档案。

相比之下,二级数据库包含从分析原始数据的结果中得出的数据。它们通常被称为策划数据库(Curated database)。二级数据库通常利用来自众多来源的信息,包括其他数据库(一级库和二级库)和科学文献等。它们经过高度策划,通常使用计算算法和人工分析和解释的复杂组合,从科学的公共记录中获取新知识。

在过去十年左右的时间里,二级数据库已成为分子生物学家的重要参考手段之一,它们提供了有关研究界调查过的几乎任何基因或基因产物的丰富信息。挖掘这些信息以获得新发现的潜力是巨大的,能更加便利地发掘生物系统内各种组分及其相互作用关系。

表 8-2　一级数据库和二级数据库的区别

	Primary database	Secondary database
Synonyms	Archival database	Curated database; knowledgebase
Source of data	Direct submission of experimentally-derived data from researchers	Results of analysis, literature research and interpretation, often of data in primary databases
Examples	ENA, GenBank and DDBJ (nucleotide sequence) ArrayExpress and GEO (functional genomics data) Protein Data Bank (PDB; coordinates of three-dimensional macromolecular structures)	InterPro (protein families, motifs and domains) UniProt Knowledgebase (sequence and functional information on proteins) Ensembl (variation, function, regulation and more layered onto whole genome sequences)

(资料来源:https:// www. ebi. ac. uk/training/ online/courses/ bioinformatics-terrified/ what-makes-a-good-bioinformatics-database/primary-and-secondary-databases/

然而,在系统生物学研究中,研究人员更加关注生物系统组成成分的构成与相互关系的结构、动态与发生。因此,本书结合系统生物学研究内容,并参考"生物信息学数据库大全"(https://zhuanlan. zhihu. com/p/303247762)将相关数据库分为:综合数据库、系统组分数据库以及组分相互关系数据库。

表 8-3　本章涉及的数据库

分类	主要数据资源
综合数据库	EMBL-EBI(https://www. ebi. ac. uk/) NCBI(https://www. ncbi. nlm. nih. gov/) DDBJ(https://www. ddbj. nig. ac. jp)
系统组分数据库	Uniprot(https://www. uniprot. org/) PubChem(https://pubchem. ncbi. nlm. nih. gov/) ChemSpider(http://www. chemspider. com/) ZINC(http://zinc. docking. org/) TRANSFAC(https://genexplain. com/transfac-2-0/) MetaboLights(https://www. ebi. ac. uk/metabolights/) lnc2Cancer(http://www. bio-bigdata. net/lnc2cancer) NONCODE(http://www. noncode. org/) RNALocate(http://www. rna-society. org/rnalocate)

（续表）

分类	主要数据资源
组分相互关系数据库	STRING(http：//string-db. org) BioGRID(https：//thebiogrid. org/) IntAct(https：//www. ebi. ac. uk/intact/) ENCORI(https：//starbase. sysu. edu. cn/) miRWalk(http：//mirwalk. umm. uni-heidelberg. de/) LncRNADisease(http：//www. rnanut. net/lncrnadisease/) DrugBank(https：//www. drugbank. ca/) TCMSP(http：//lsp. nwu. edu. cn/tcmsp. php) TTD(http：//db. idrblab. net/ttd/)

第二节　综合数据库

1　EMBL-EBI

欧洲分子生物学实验室（European Molecular Biology Laboratory，EMBL）由多个欧洲国家在 1974 年共同发起建立，现在由欧洲 30 个成员国政府支持，其目的是为了促进欧洲国家之间的合作，并以此来发展相关基础研究、改进仪器设备、开展教育培训等。该组织的宗旨是：从事分子生物学及分子医学方面的基础研究；为科学家、学生及访问学者提供相应层次的训练；为成员国的科学家提供必需的科研服务；在生命科学领域内开发新型的科研仪器及研究手段；积极参与生物技术的转化及应用。

EMBL-EBI 是非营利性学术组织 EMBL 的一部分。目前，EMBL-EBI 为生命科学研究提供了免费的数据资源，并维护着世界上最全面的开放分子数据库，主要资源和工具可通过 https：//www. ebi. ac. uk/services 进行访问（图 8-4）。

2　NCBI

美国国家生物技术信息中心（National Center for Biotechnology Information，NCBI）由美国国立卫生研究院（NIH）于 1988 年创办，是美国国家分子生物学信息资源中心，也是全球最有影响力的生物学网站之一（图 8-5）。作为分子生物学信息的国家资源中心，NCBI 负责创建自动化系统来存储和分析有关分子生物学、生物化学和遗传学的知识；促进研究和医学界使用此类数据库和软件；协调收集国内和国际生物技术信息的工作；并对基于计算机的信息处理的先进方法进行研究，以分析重要的生物分子的结构和功能。

为了满足不同研究内容的需求，NCBI 的主要任务有：（1）使用数学和计算方法在分子水平上对基本的生物医学问题进行研究；（2）与多个 NIH 研究所、学术界、工业界和其他政府机构保持合作；（3）通过赞助会议、研讨会和系列讲座来促进科学交流；（4）通过 NIH 校内研究计划支持博士后的计算生物学基础和应用研究培训；（5）通过科学访客计划让国际科学界的成员参与信息学研究和培训；（6）为科学和医学界开发、分发、支持和

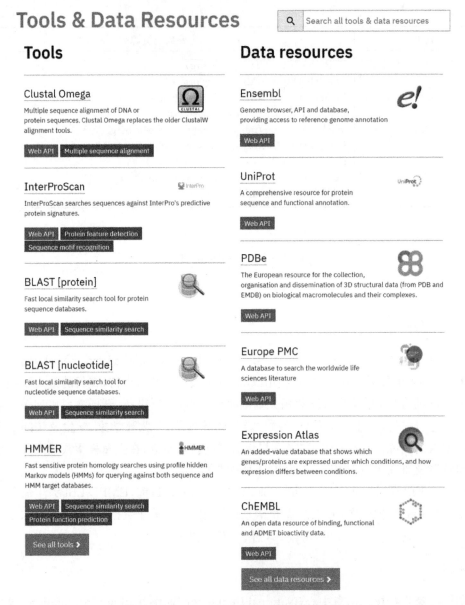

图 8-4　EMBL-EBI 中主要工具及数据资源

协调对各种数据库和软件的访问;(7)制定和推广数据库、数据存储和交换以及生物命名标准。

3　DDBJ

日本 DNA 数据库(DNA Data Bank of Japan,DDBJ),于 1984 年建立,是世界三大 DNA 数据库之一,与 NCBI 的 GenBank,EMBL 的 EBI 数据库共同组成国际 DNA 数据库。目前,DDBJ 中心在日本三岛的信息与系统研究机构——国家遗传学研究所(NIG)运作。此外,由于 DDBJ 中心每天与 EBI 和 NCBI 交换数据,因此这三个数据中心共享着几乎相同的数据(图 8-6)。

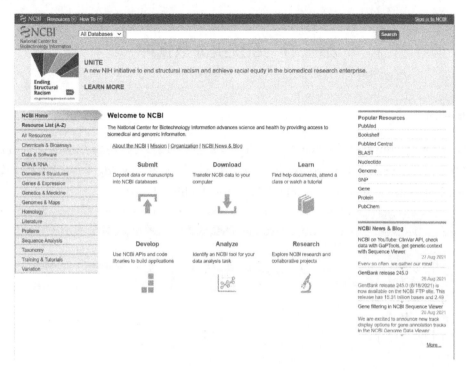

图 8-5　NCBI 主页

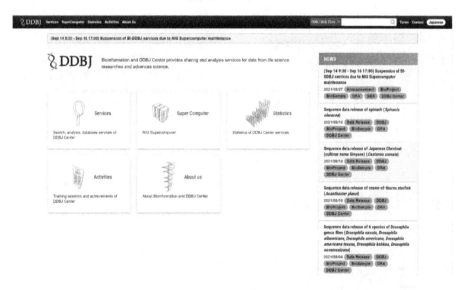

图 8-6　DDBJ 主页

第三节 系统组分数据库

1 UniProt

UniProt 是 Universal Protein 的英文缩写,是蛋白质序列和注释数据的综合资源数据库(图8-7、图 8-8)。UniProt 数据库包含了 UniProt Knowledgebase(UniProtKB)、UniProt Reference Clusters(UniRef)和 UniProt Archive(UniParc)。

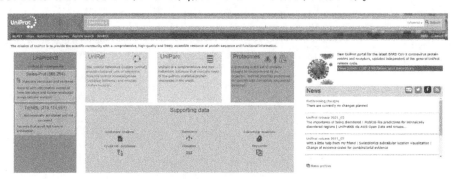

图 8-7 UniProt 主页

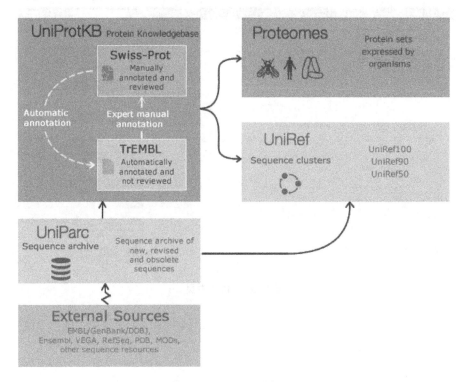

图 8-8 UniProt 的构成

(1) UniProtKB,即 Protein Knowledgebase,涵盖了由专家人工注释和校验的 Swiss-

Prot 数据集和通过自动注释的 TrEMBL 数据集。尽管在质量上略逊于 Swiss-Prot，但它弥补了人工校验在时间上和人力上的不足。

（2）UniRef，提供来自 UniProt 知识库（包括异构体）的序列集群集和选定的 UniParc 记录，并基于分辨率的差异，分为 UniRef100、UniRef90、UniRef50。

（3）UniParc，是一个全面的非冗余数据库，包含了世界上大多数公开可用的蛋白质序列。由于蛋白质可能存在于不同的源数据库中，也可能存在于同一数据库中的多个副本中，UniParc 通过只存储一个序列一次并为其提供一个稳定的唯一标识符（UPI）来避免这种冗余。

2 PubChem

PubChem 数据库（图 8-9）于 2004 年正式开放使用，它包含了很多与有机小分子化学结构及其生物活性相关的信息，并与 NIH PubMed/ Entrez 信息链接。

通过 PubChem 检索，可得到目的分子的分子式、SMILES、2D 和 3D 结构、InChI 和 InChIKey、相对分子质量、脂水分配系数、氢键受体和供体数目、可旋转键数目、互变异构体数目等基本的结构信息和物化性质。此外，该数据库还收录了化合物作为药物的剂型、药理性质、毒性、生物活性检测等信息。

PubChem 的数据信息被划分成三个相互关联的数据库，即 PubChem Substance、PubChem Compound 和 PubChem BioAssay，这三个数据库都隶属于 NCBI 的 Entrez 信息检索系统。

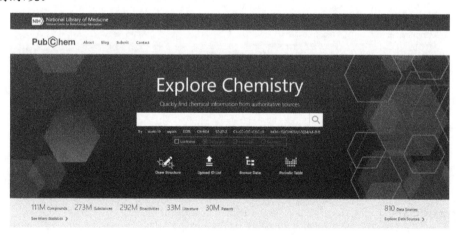

图 8-9 PubChem 数据库

3 ChemSpider

ChemSpider 是一个免费的化学结构数据库，提供快速的文本和结构搜索访问（图 8-10）。

4 ZINC

ZINC 包含 2 000 多万个化合物分子的信息，适用于虚拟筛选。通过 ZINCID、SMILES 格式等进行检索，可获取 xlogP、溶解度、氢键给体等信息，以及 2D 和 3D 结构。

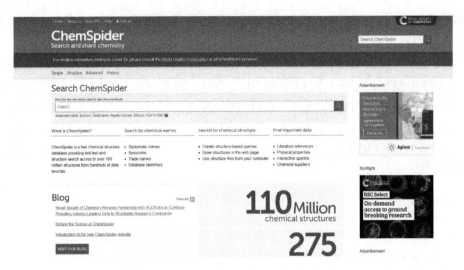

图 8-10　ChemSpider 数据库

该数据库中的分子结构均可被免费下载,支持 SMILES、mol2、3DSDF 和 DOCK flexibase 格式(图 8-11)。

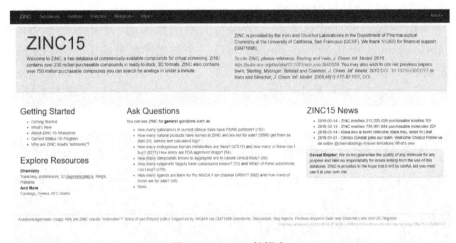

图 8-11　ZINC 数据库

5　TRANSFAC

TRANSFAC 是研究转录调控的经典数据库,提供最全面的实验确定的转录因子结合位点和可用的位置权重矩阵(图 8-12)。

6　MetaboLights

MetaboLights 作为代谢组学实验和衍生信息数据库,涵盖了代谢物结构及其参考光谱、生物学作用、位置和浓度以及代谢实验数据等信息(图 8-13)。

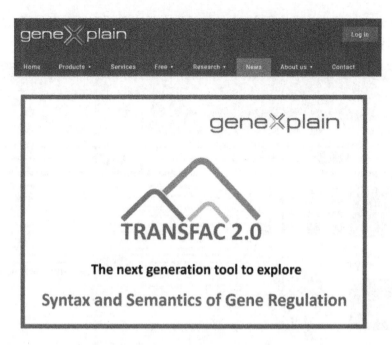

图 8-12 TRANSFAC 2.0 数据库

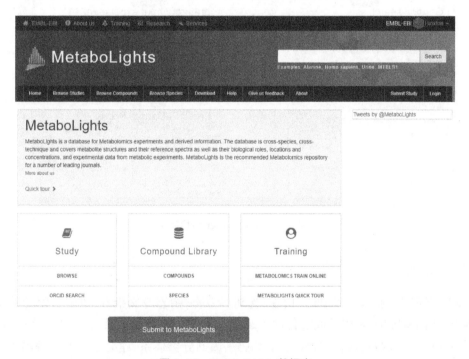

图 8-13 MetaboLights 数据库

7 lnc2Cancer

人体中存在大量的长链非编码 RNA(lncRNA),此类转录本的发现极大地改变了人类对癌症的认识。目前已经证实 lncRNA 在癌症进程的各个环节中都发挥着重要作用。

为了促进 lncRNA -癌症关联的研究,哈尔滨医科大学有关研究团队开发了此数据库,并对该数据库持续升级维护(图 8-14)。

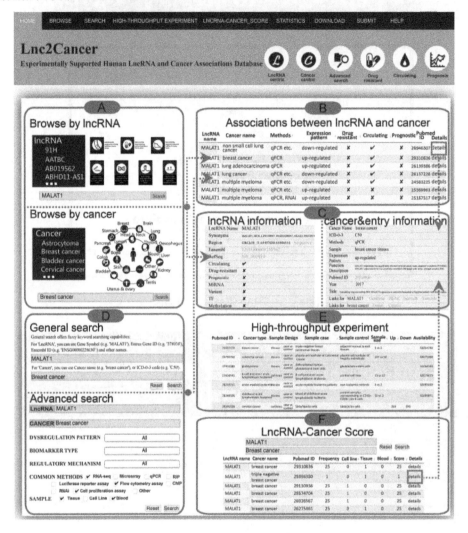

图 8-14　lnc2Cancer 数据库

8　NONCODE

NONCODE 数据库于 2005 年创建,受到 *Science* 杂志专文推荐,由中科院计算所和生物物理所团队维护,累积访问过亿次。2013 年受邀以专家数据库加入国际 RNA 联盟(RNAcentral)。该数据库首次提出了非编码基因的分类体系,建立了多项非编码领域标准,推动了长非编码 RNA 的研究发展(图 8-15)。

9　RNALocate

RNALocate 是一个提供 RNA 亚细胞定位的、高效的处理、浏览和分析的资源库(图 8-16)。当前版本的 RNALocate(v2.0)记录了超过 190 000 个与 RNA 相关的亚细胞定

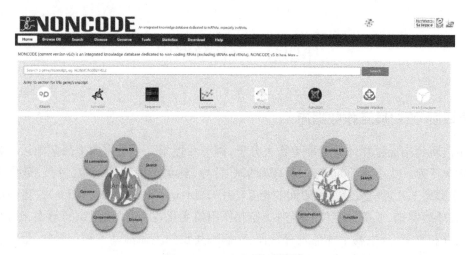

图 8-15　NONCODE 数据库

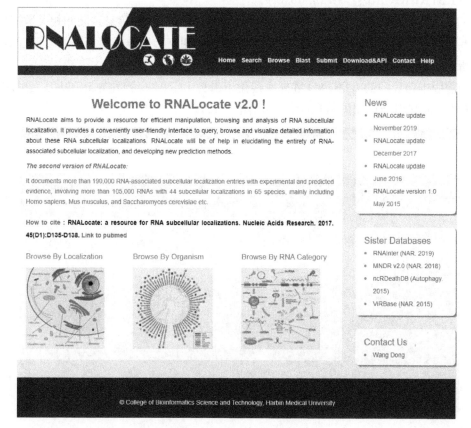

图 8-16　RNALocate 数据库

位条目，并提供了实验和预测证据，涉及 65 种物种中超过 105 000 个具有 44 个亚细胞定位的 RNA，主要包括智人、小家鼠和酿酒酵母等，有超过 21 800 条 RNA（9 种 RNA 类型，包括 mRNA、miRNA、lncRNA，等等）和 42 种亚细胞定位（主要包括细胞核、细胞质、内质网和核糖体等）。

第四节　互作数据库

1　蛋白质-蛋白质互作数据库

蛋白质是构成生物体的重要生物大分子,调节和控制几乎所有的生命基础活动和高级生物学行为。从小分子的转运、代谢和信号转导,到单个细胞的增殖、分裂、分化和凋亡,几乎都离不开蛋白质及它们之间的相互作用(Protein-Protein Interaction)。蛋白质表达量、翻译后修饰、亚细胞定位和蛋白质相互作用的变化,决定了从组织的形成、分化,器官的发育和衰老,到生物个体的发育特征、疾病和死亡的生命活动进程。因此,蛋白质研究的一个主要方向是蛋白质相互作用组学(Interactomics)。

(1) STRING(http://string-db.org)

STRING 数据库整合了来源于高通量实验、文本挖掘、生物信息预测和相关数据资源的相互作用关系;并利用打分系统给不同方法得到的相互作用分配了不同的权重,提供了每对蛋白质相互作用的可靠性评分。

当前版本(11.5)的 STRING 数据库覆盖了来自 14 094 个物种的 6 760 万蛋白质,以及超过 2 000 亿对蛋白质的信息(图 8-17、图 8-18)。

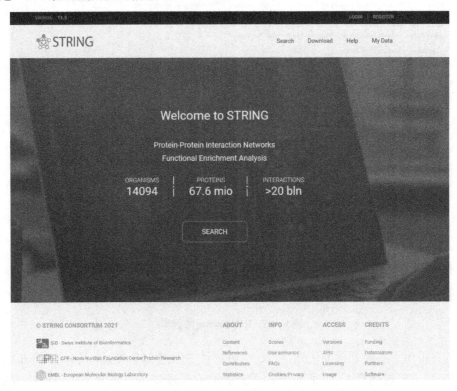

图 8-17　STRING 数据库

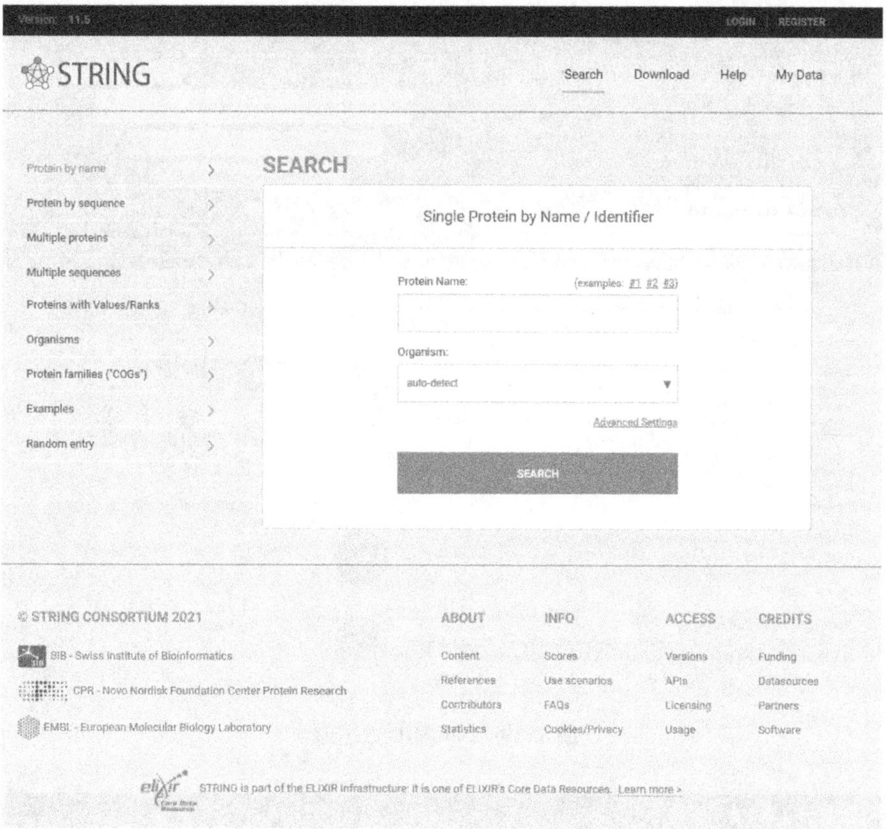

图 8-18 Spring 数据库检索界面

（2）BioGRID（http://thebiogrid. org/）

BioGRID 是一个生物医学交互存储库，其中包含通过综合管理工作编译的数据。目前最新的版本为 4.4.204。通过对 78 593 篇文献的收集整理，数据库收录了 2 306 028 个蛋白质和遗传相互作用，29 417 个化学相互作用和 1 128 339 个主要模式生物物种的翻译后修饰（图 8-19）。

（3）IntAct（http://www. ebi. ac. uk/intact/）

IntAct 数据库是欧洲生物信息学研究所数据库系统的重要组成部分，数据来源于文献挖掘和用户直接提交（图 8-20）。

2 非编码 RNA 互作数据库

（1）ENCORI（https://starbase. sysu. edu. cn/）

ENCORI（The Encyclopedia of RNA interactoms）是对早期 starBase 数据库的升级。该数据库主要关注 miRNA-target 相互作用，是一个收录了 miRNA-ncRNA、miRNA-mRNA、ncRNA-RNA、RNA-RNA、RBP-ncRNA 和 RBP-mRNA 等相互作用的开源平台（图 8-21）。

（2）miRWalk（http://mirwalk. umm. uni. heidelberg. de/）

miRWalk 数据库收录了多物种 miRNA 靶基因信息，第一版发布于 2011 年，后经持

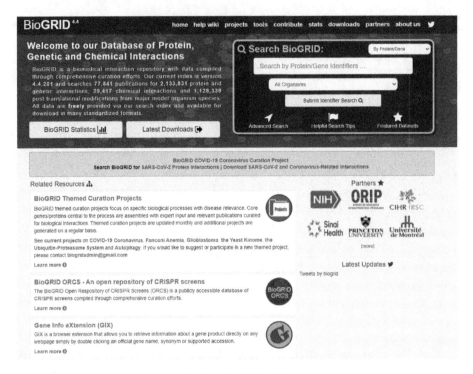

图 8-19　BioGRID 数据库

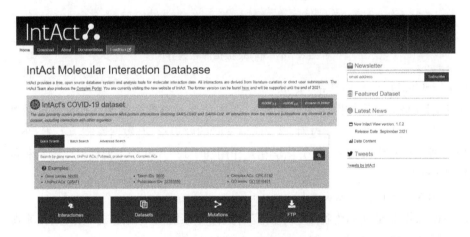

图 8-20　IntAct 数据库

续更新和维护，曾登上 Nature methods。最新版本的 miRWalk 涵盖了通过机器学习算法预测的互作关系(图 8-22)。

(3) LncRNADisease(http://www. rnanwt. nrt/tncrnadisease/)

越来越多的证据表明 lncRNA 和 circRNA 在许多疾病的发生和发展中起关键作用。北京大学和华东师范大学的研究团队通过对该领域的深入研究，开发了 LncRNADisease 数据库，目前已更新到 2.0 版(2018 年)。该数据库收录了 ncRNA 与疾病关联的相关信息(图 8-23)。

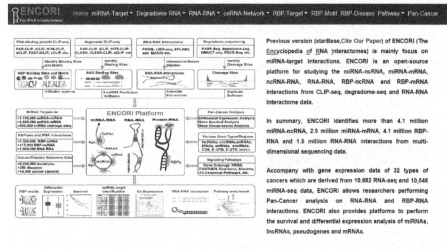

图 8-21 ENCORI 数据库

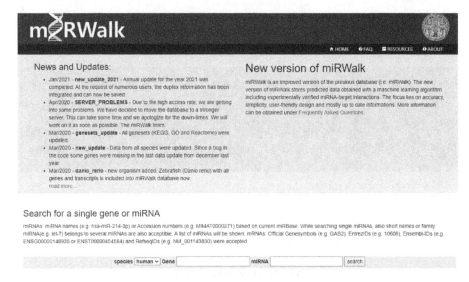

图 8-22 miRWalk 数据库

3 小分子-生物靶互作数据库

（1）DrugBank（http：//www. drugbank. ca/）

DrugBank 是一个整合了生物信息学和化学信息学资源的综合平台，可免费向用户提供详细的药物数据与药物靶标信息及其机制的全面信息，如药物化学、药理学、药代动力学、ADME 及其相互作用信息等（图 8-24）。

（5）TCMSP（http：//lsp. nwu. edu. cn/tcmsp. php）

TCMSP（Traditional Chinese Medicine Systems Pharmacology Database and Analysis Platform，中药系统药理学数据库与分析平台）是由西北大学研究团队开发的中草药系

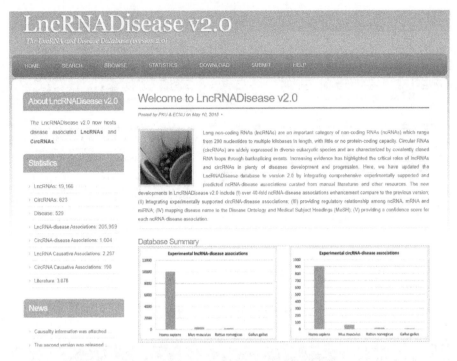

图 8-23　LncRNADisease 数据库

The DrugBank database is a unique bioinformatics and cheminformatics resource that combines detailed drug data with comprehensive drug target information.

图 8-24　Drugbank 数据库

统药理学平台,它收录了药物、靶标和疾病之间的关系(图 8-25)。

(6) TTD(http://db. idrblab. net/ttd/)

TTD(Therapeutic target database)提供了药物主要靶标的相关信息,自 2002 年上线以来,访问量已经突破 200 万次(图 8-26)。

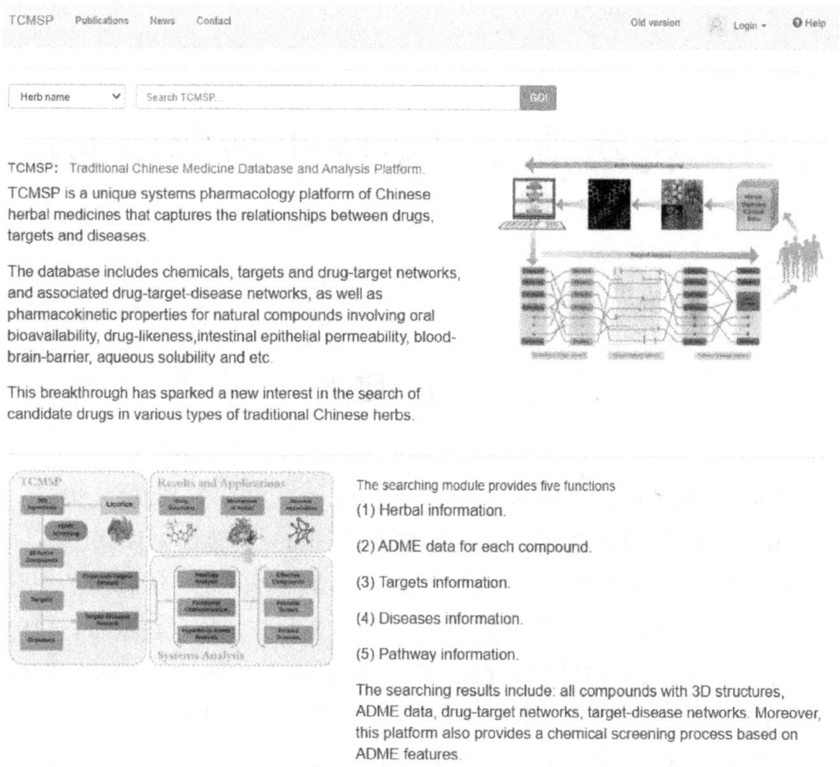

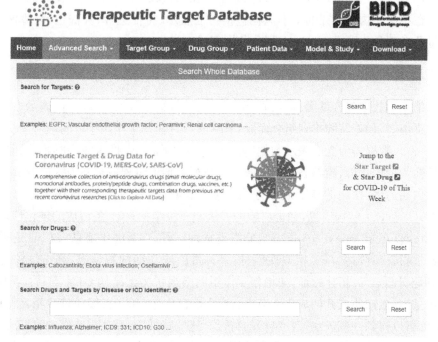

图 8-25　TCMSP 数据库

图 8-26　TTD 数据库

（本章编委：温鹏博　于亚男）

第九章　机器学习在系统生物学中的应用

第一节　概述

高通量测序技术的快速发展积累了海量的数据,包括基因组学、转录组学、蛋白质组学、代谢组学等生物数据,这些数据具有数据量大(Volume)、数据多样化(Variety)、有价值(Value)、高速(Velocity)等特点。人类基因组测序数据自 2015 年起每 7 个月翻一番,为保存这些海量的生物大数据,国际上已建立起许多公共分子信息数据库,包括基因图谱数据库、核酸序列数据库、蛋白质序列数据库、大分子结构数据库等。如何从海量的生物学数据中获取有价值的信息进而指导生命科学的研究,得到越来越多的关注。

机器学习算法是通过从数据中自动分析获得规律,并利用规律对未知数据进行预测的方法。近年来,机器学习在计算机视觉、自然语言处理、推荐系统等领域均有优异的表现,而海量的生物信息大数据的出现为机器学习在该领域的应用打下了良好的数据基础。机器学习在系统生物学研究的基本流程包括特征表示、特征选择、算法选择、算法评估和性能度量几个部分。下面就这几个部分分别叙述。

1　特征表示

生物信息学数据包含基因、蛋白质、RNA 等类别,这些数据长度不等、表示方法不一,如蛋白质是由 20 种氨基酸排列组合而成,氨基酸数目在几十至几千之间。对于机器学习任务而言,输入数据需为能够表示数据特点的结构化数据,而将这些将原始的、非结构化的数据转换为结构化的、能够表示不同属性的特征数据的过程就被称为特征表示。

以蛋白质为例,常用的特征表示方法主要有:(1) 序列信息,如氨基酸组成、二肽组成、PseAAC 等;(2) 结构信息,如蛋白质的二级或三级结构;(3) 蛋白质的理化性质信息,如 The Amino Acid index(AAindex)、分组重量编码等;(4) 进化信息,如 K -近邻得分、位置特异性打分矩阵等;(5) 相似性信息;(6) 蛋白质功能注释信息,如 GO 注释信息、KEGG 通路分析;(7) 拓扑特征,如将相互作用网络表示为图结构 G(V、E)后,其中 V 是一组表示基因、蛋白质或其他成分的节点,而 E 是表示它们的(直接/间接)相互作用的一组边,由此可以得到一些表示拓扑结构的特征。这些特征中,有些需要借助第三方软件的帮助获取,如位置特异性打分矩阵需要使用 BLAST 对 SwissProt 等数据库多次遍历搜索得到;有些特征需要靠编程获取,这在一定程度上限制了机器学习在系统生物学中的发展。值得庆幸的是,近年来越来越多特征表示网站/程序的出现加速了该领域发展,如

PseAAC-General、Pse-in-One、iFeature、PROFEAT、propy、Rcpi、POSSUM、PseKRAAC 等。

2 特征选择

特征选择是从候选特征中选出"优秀"的特征,通过特征选择可以达到降维、加快训练速度、提升模型性能等效果。

生物信息数据编码后的特征大多是高维数据,当维度过高时,不仅容易造成同类数据在空间中的距离变远,直接影响分类算法的性能,而且增加算法的时间复杂度。如 AAindex 数据库中有 544 种氨基酸的理化性质,长度为 21 的肽段的 AAindex 特征可高达 11 424维(21×544),然而并非所有的特征均有用。因此在模型创建前,特征选择算法可用于衡量特征重要性,以去除不相干或者不重要的特征。

特征选择的难点在于本质是一个复杂的组合优化问题。当我们构建模型时,假设拥有 N 维特征,每个特征有两种可能的状态,即保留和剔除。那么这组状态集合中的元素个数就是 2^N。如果使用穷举法,其时间复杂度即为 $O(2^N)$。假设 N 仅为 10 时,如果穷举所有特征集合,需要进行 1 024 次尝试。这将是巨大的时间和计算资源的消耗,因而在特征选择时,我们需要找到明智的方法。目前,常用的特征选择方法可以分为三类,即 Filter、Wrapper、Embedded。Filter 顾名思义就是过滤式方法,对过滤之后的特征进行训练,特征选择的过程与后序学习器无关,其评估手段是判断单维特征与目标变量之间的关系,常用的手段包括 pearson 相关系数、Gini 系数、Relief、最大互信息系数、F 值、信息增益、卡方统计、方差校验和相似度度量等。Wrapper 即封装法,可理解为将特征选择的过程与分类器封装在一起,以一个分类器的交叉验证结果作为特征子集是否优秀的评估方式。而特征子集的产生方式分为前向搜索与后向搜索两种方法,常见的方法有稳定性选择(Stability Selection)和递归特征消除(Recursive Feature Elimination,RFE)等。Embedded 称为嵌入法,通过使用分类器本身的特性进行特征选择,可以分为基于正则化的方法进行特征选择,如 Lasso、岭回归、group Lasso 等,和基于树模型的特征选择,如随机森林、弹性网络等。

还有一些特征选择方法是结合了 Filter 和 Wrapper 的混合模型,如最小冗余和最大相关度(Minimal Redundancy and Maximum Relevance,mRMR)。

3 机器学习算法

目前常用的算法可以分为传统的机器学习算法和深度学习算法。传统的机器学习算法根据是否有标记又可以分为监督学习、无监督学习、半监督学习三类。监督学习是从有标记的训练数据中学习一个模型,然后根据这个模型对未知样本进行预测,常见的监督学习算法包括逻辑回归、决策树、最近邻(K-Nearest Neighbor,KNN)、随机森林、支持向量机(Support Vector Machine,SVM)、朴素贝叶斯、线性回归、Gradient Boosting 和 Adaboost 等;无监督学习又称为非监督学习,它可以自动从样本中学习特征实现预测,常见的无监督学习算法有聚类、关联分析、自组织映射(SOM)和适应性共振理论(ART)等;半监督学习则是介于两者之间的学习技术,它同时利用有标记样本与无标记样本进行学习。

根据学习任务的不同,又可以分为分类、回归和聚类算法。下文将分别介绍几类经典的机器学习算法(分类、回归、聚类)和深度学习算法。

(1) 分类算法

分类算法是应用分类规则对记录进行目标映射,将其划分到不同的类中,构建具有泛化能力的算法模型,即构建映射规则来预测未知样本的类别。主要的分类算法包括决策树、支持向量机、最近邻、贝叶斯网络(Bayes Network)和神经网络等。

① 决策树

顾名思义,决策树是一棵用于决策的树,目标类别作为叶子节点,特征属性的验证作为非叶子节点,而每个分支是特征属性的输出结果。决策过程从根节点出发,测试不同的特征属性,按照结果的不同选择分支,最终落到某一叶子节点,获得分类结果。主要算法有 ID3、C4.5、C5.0、CART 等。

② 支持向量机

支持向量机通过将低维特征空间中的线性不可分进行非线性映射,转化为高维空间线性可分的特征,同时应用结构风险最小理论在特征空间寻找最优超平面,特别适合分类的问题。为了避免在低维空间向高维空间转化过程中增加计算复杂度和"维数灾难",支持向量机应用核函数,使其不需要关心非线性映射的显式表达式,可直接在高维空间建立线性分类器,优化计算复杂度。支持向量机常见的核函数有线性核函数、多项式核函数、径向基函数和二层神经网络核函数等。应用于支持向量机的目标变量是应用于二分类时算法最佳,虽然可以用于多分类,但效果不佳。此外,与其他分类算法相比,支持向量机对小样本数据集的分类效果更好。

③ 最近邻算法

最近邻算法通过对样本应用向量空间模型表示,将相似度高的样本分为一类,对新样本计算与之距离最近(最相似)的样本类别,那么新样本就属于这些样本中类别最多的那一类。可见,影响分类结果的因素为距离计算方法、近邻的样本数量等。

④ 贝叶斯网络

贝叶斯网络又称为置信网络(Belief Network),是基于贝叶斯定理绘制的具有概率分布的有向弧段图形化网络,其理论基础是贝叶斯公式。网络中每个点表示变量,有向弧段表示两者间的概率关系。

⑤ 神经网络

神经网络的基本组成单位是神经元,也称为感知器,它是一种模仿生物神经元的数学模型,主要由输入权值、偏置和激活函数组成(图 9-1)。神经网络包括输入层、隐藏层、输出层,每一个节点代表一个神经元,节点之间的连线对应权重值,输入变量经过神经元时会运行激活函数,对输入值赋予权重并加上偏置,将输出结果传递到下一层中的神经元,而权重值和偏置在神经网络训练过程中不断修正。

(2) 回归算法

回归分析(Regression Analysis)是确定两种或两种以上变量间相互依赖的定量关系的一种统计分析方法。回归分析按照涉及变量多少,可分为一元回归分析和多元回归分析;按照因变量的多少,可分为简单回归分析和多重回归分析;按照自变量和因变量之间

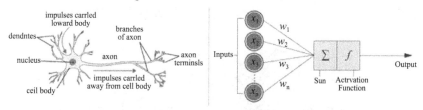

Biologcal Neuron cersus Artificial Neural Network

图 9-1　生物神经元和人工神经网络的类比图

的关系类型,可分为线性回归分析和非线性回归分析。这种技术通常用于预测分析、时间序列模型以及发现变量之间的因果关系,具体包括线性回归、逻辑回归、多项式回归、逐步回归、岭回归、套索回归、弹性回归等。

（3）聚类算法

聚类算法的目标是使同一类对象的相似度尽可能的大,不同类对象之间的相似度尽可能小。根据聚类方式的不同可以分为基于划分、基于层次、基于密度、基于网格的聚类算法。基于划分的方法通过给定一个有 N 个元组或者纪录的数据集,以分裂法构造 K 个分组,每一个分组就代表一个聚类（K<N）,代表算法有 K-MEANS 算法、K-MEDOIDS 算法、CLARANS 算法等。基于层次的方法对给定的数据集进行层次似的分解,直到某种条件满足为止,具体又可分为“自底向上”和“自顶向下”两种方案,代表算法有 BIRCH 算法、CURE 算法、CHAMELEON 算法。基于密度的方法能克服基于距离的算法只能发现“类圆形”的聚类的缺点,只要一个区域中的点的密度大过某个阈值,就把它加到与之相近的聚类中去,代表算法有 DBSCAN 算法、OPTICS 算法、DENCLUE 算法。基于网格的算法通过将数据空间划分成为有限个单元（cell）的网格结构,所有的处理都是以单个的单元为对象,代表算法有 STING 算法、CLIQUE 算法、WAVE-CLUSTER 算法等。

（4）深度学习算法

深度学习的基础是神经网络,其具有更多隐藏层,这些层位于神经元的第一层（输入层）和最后一层（输出层）之间。我们首先介绍深度学习的基础反向传播算法,接着介绍前馈神经网络、卷积神经网络和循环神经网络。

① 反向传播算法（Backpropagation Algorithm,简称 BP 算法）

反向传播算法是一种用于训练前馈神经网络的监督学习算法。本质上是反向传播计算成本函数的导数表达式,是每一层之间从左到右的导数乘积,而每一层之间的权重梯度是对部分乘积的简单修改（“反向传播误差”）。

我们向网络提供数据,它产生一个输出,我们将输出与期望的输出进行比较（使用损失函数）,并根据差异重新调整权重,再重复此过程。可以通过随机梯度下降等非线性优化技术来实现。

② 前馈神经网络（Feedforward Neural Network,FNN）

前馈神经网络起源于 1958 年,其每一层中的每一个神经元都与下一层中的所有其他神经元完全相连,所描述的结构称为“多层感知器”,相较于单层感知器只能学习线性可分离的模式,前馈神经网络则可以学习数据之间的非线性关系。网络结构如图 9-2 所示。

前馈网络的目标是近似某个函数 f。例如对于分类任务,y=(x)将输入 x 映射到类别 y。前馈网络定义了一个映射 y=f(x,α),并学习了导致最佳函数逼近的参数值。

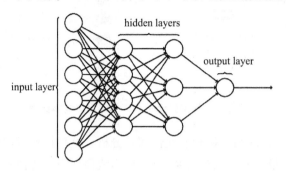

图 9-2　前馈神经网络结构图

该模型之所以被称为前馈,是因为从 x 到定义 f 的中间计算,最后到输出 y,没有反馈连接,即没有将模型的输出反馈到自身的反馈连接。

③ 卷积神经网络(Convolutional Neural Network,CNN)

受 Hubel 和 Wiesel 对猫视觉皮层电生理研究的启发出现了卷积神经网络(CNN)。Yann Lecun 最早将 CNN 用于手写数字识别并一直保持了其在该问题中的霸主地位。近年来卷积神经网络在语音识别、人脸识别、通用物体识别、运动分析、自然语言处理甚至脑电波分析方面均有突破。

卷积神经网络与普通神经网络的区别在于,卷积神经网络包含了一个由卷积层和子采样层构成的特征抽取器。在 CNN 的卷积层中,一个神经元只与部分邻层神经元连接。在 CNN 的一个卷积层中,通常包含若干个特征平面(Feature Map),每个特征平面由一些矩形排列的神经元组成,同一特征平面的神经元共享权值,这里共享的权值就是卷积核。卷积核一般以随机小数矩阵的形式初始化,在网络的训练过程中卷积核将学习得到合理的权值。共享权值(卷积核)带来的直接好处是减少了网络各层之间的连接,同时又降低了过拟合的风险。子采样又称池化(pooling),通常有均值子采样(mean pooling)和最大值子采样(max pooling)两种形式。子采样可以看作一种特殊的卷积过程。卷积和子采样大大简化了模型复杂度,减少了模型的参数。

④ 循环神经网络(Recurrent Neural Network,RNN)

RNN 网络和其他网络最大的不同就在于 RNN 能够实现某种"记忆功能",适于进行时间序列分析。如同人类能够凭借自己过往的记忆更好地认识这个世界一样,RNN 实现了类似于人脑的这一机制,对所处理过的信息留存有一定的记忆,而不像其他类型的神经网络并不能对处理过的信息留存记忆。

(5)机器学习与深度学习的比较

① 数据量

机器学习能够适应各种数据量,特别是数据量较小的场景;但如果数据量迅速增加,那么深度学习的效果将更为突出。例如在许多领域(包括计算机视觉、语音、自然语言处理等),深度学习都达到了远远超越传统机器学习方法的精度。

② 硬件依赖性

传统的机器学习算法计算成本不高,可以通过普通的 CPU 进行训练;而深度学习算法需要执行大量矩阵乘法运算,因此在设计上高度依赖于高端设备,如快速 GPU、SSD 存储以及快速的大内存。

③ 特征工程

经典机器学习算法通常需要复杂的特征工程。首先对数据集执行探索性数据分析,然后进行特征选择或者特征降维,最后必须仔细选择最佳特征输入到机器学习算法。使用深度网络时不需要这样做,因为人们可以直接将数据传递到网络,并且通常可以立即获得良好的性能。

④ 可理解性

由于经典机器学习涉及特征工程,这些算法很容易解释和理解。此外,调整超参数和更改模型设计更为直接,因为我们对数据和底层算法有更透彻的理解。而深度学习是"黑匣子",即使到现在研究人员还没有完全理解深度网络的"内部"。由于缺乏理论基础,超参数和网络设计也是一个相当大的挑战。

⑤ 执行时间

执行时间是指训练算法所需要的时间。深度学习需要大量时间进行训练,因为其中包含更多参数,因此训练的时间投入也更为可观;相对而言,机器学习算法的执行时间则较短。

4　算法评估和性能度量

(1) 算法评估

我们需要使用"测试集"(test dataset)评价算法对新样本的判别能力,然后以测试集上的"测试误差"(test error)作为泛化误差的近似。通常我们假设测试样本是从样本真实分布中独立而同分布采样所得,同时测试样本需尽量不在训练集中出现、未在训练集中使用。可是若我们只有一个数据集 D,如何做到既要训练,又要测试呢?常见的做法有留出法、交叉验证法和自助法。

① 留出法

"留出法"(hold-out)直接将数据集 D 划分为两个互斥的集合,其中一个集合作为训练集 S(约为数据集 D 的 2/3～4/5),另一个作为测试集 T,即 $D=S \cup T$, $S \cap T=\varnothing$。在 S 上训练出模型后,用 T 来评估其测试误差,作为对泛化误差的估计。

② 交叉验证法

"交叉验证法"(cross validation)先将数据集 D 划分为 k 个大小相似的互斥子集,即 $D=D_1 \cup D_2 \cup \cdots D_k$, $D_i \cap D_j=\varnothing (i \neq j)$。每个子集 D_i 都尽可能保持数据分布的一致性,即从 D 中通过分层采样得到。然后,每次用 $k-1$ 个子集的并集作为训练集,余下的那个子集作为测试集;这样就可获得 K 组训练/测试集,从而可进行 K 次训练和测试,最终返回的是这 K 个测试结果的均值。显然,交叉验证法评估结果的稳定性和保真性在很大程度上取决于 K 的取值,通常把交叉验证法称为"k-折交叉验证"(k-fold cross validation)。

③ 自助法

我们希望评估的是用 D 训练出的模型,但在留出法和交叉验证法中,由于保留了一部分样本用于测试,因此实际评估的模型所使用的训练集比 D 小,这必然会引入一些因训练样本规模不同而导致的估计偏差。留出法受训练样本规模变化的影响较小,但计算复杂度又太高了。"自助法"($bootstrapping$)是一个比较好的解决方案,它直接以自助采样($bootstrap\ sampling$)为基础,给定包含 m 个样本的数据集 D,我们对它进行采样产生数据集 D':每次随机从 D 中挑选一个样本,将其拷贝放入 D',然后再将该样本放回初始数据集 D 中,使得该样本在下次采样时仍有可能被采到;这个过程重复执行 m 次后就得到包含 m 个样本的数据集 D',这就是自助采样的结果。

自助法在数据集较小、难以有效划分训练/测试集时很有用;此外,自助法能从初始数据集中产生多个不同的训练集,这对集成学习等方法有很大的好处。然而,自助法产生的数据集改变了初始数据集的分布,这会引入估计偏差。因此,在初始数据集足够时,留出法和交叉验证法更常用一些。

(2) 性能度量

性能度量(performance measure)反映了任务需求,在对比不同模型的能力时,使用不同的性能度量往往会导致不同的评价结果;这意味着模型的"好坏"是相对的,什么样的模型是好的,不仅取决于算法和数据,还决定于任务需求。

回归任务最常用的性能度量是"均方误差"(Mean Squared Error,MSE)。本节主要介绍二分类任务中常用的性能度量,如准确率、精确率、召回率、灵敏度等。

① 准确率(Accuracy)

准确率是表示被分对的样本数在所有样本数中的占比,它的定义如下:

$$\text{Accuracy} = \frac{TP + TN}{P + N}$$

其中,TP 指 True Positive,即被预测为正样本的正样本的数目;

FP 指 False Positive,即被预测为正样本的负样本的数目;

FN 指 False Negative,即被预测为负样本的正样本的数目;

TN 指 True Negative,即被预测为负样本的负样本的数目。

通常来说准确率越高,分类器性能越好。然而在样本正反例极度不平衡的情况下,准确率的评价不太适用。

② 精确率(Precision)

精确率表示被分为正例的样本中实际为正例的比例,它的公式定义为:

$$\text{Precision} = \frac{TP}{TP + FP}$$

③ 召回率(Recall)

召回率表示有多少个正例被分为正例,它的公式定义是:

$$\text{Recall} = \frac{TP}{TP + FN}$$

可以看到精确率和召回率反映了分类器性能的两个方面,而且二者是相互矛盾的。如果你的模型很贪婪,想要覆盖更多的样本,那么它就更有可能犯错,在这种情况下,你会有很高的召回率和较低的精确率。如果你的模型很保守,只对它很确定的样本做出预测,那么你的精确率会很高,召回率则会相对低。

④ 灵敏度(Sensitivity)

灵敏度表示的是所有的正例中被分对的比例,衡量了分类器对正例的识别能力,公式为:

$$\text{Sensitivity} = \frac{TP}{TP+FN} = \frac{TP}{P}$$

可以看到和召回率计算方式是一样的。

⑤ 特异性(Specificity)

特异性表示的是所有的负例中被分对的比例,衡量了算法对负例的识别能力。公式为:

$$\text{Specificity} = \frac{TN}{FP+TN} = \frac{TN}{N}$$

可以看到灵敏度和特异性分别衡量了分类器对正负例的识别能力,而且这也是一个很好的特性,不会受样本类别不平衡的影响(因为分母分别是 P 和 N)。

第二节　机器学习在基因组中的应用

机器学习在系统生物学中的应用也是全方位的。在基因组学应用中,以肿瘤基因表达谱数据为例,测序技术的发展产生了海量的肿瘤基因表达谱数据,通过对其分析可以帮助识别肿瘤亚型、监测肿瘤治疗、评估预后生存风险等。然而,单纯依靠人工分析已经无法满足日益增长的数据需求,因此基于机器学习的肿瘤数据分析逐渐成为生物信息处理领域的研究热点,它可通过肿瘤数据自动学习到重要的信息,避免了传统生物学方法研究中过分依赖研究人员主观经验的问题。我们主要从肿瘤特征基因选择、肿瘤样本分类两个方面进行论述。

1　机器学习在肿瘤特征基因选择中的应用

肿瘤基因表达谱数据具有样本少、特征维度较高的特点,直接用其构建机器学习模型不仅造成算法时间复杂度高、算法性能低且不利于发现靶标基因,因此特征选择是肿瘤基因表达谱分析中重要的一环。具体而言分为 Filter、Wrapper 和 Embedded 三种,除此以外有些融合 Filter 和 Wrapper 方法,下面分别予以叙述。

基于 Filter 的特征选择方法是最常用的一种。具体而言,Sun 等提出一种基于局部学习的特征选择(Local Learning-Based Feature Selection, LLBFS)方法处理具有复杂分布和高维的数据,并依赖核密度估计和边际最大化概念进行特征基因选择;Lan 等提出一种基于多任务学习的过滤方法,旨在利用辅助数据来进行特征基因选择。

而 Wrapper 方法比 Filter 方法需要更高的计算成本,因此在 Wrapper 框架上进行的研究较少,其中之一是 Sharma 等提出的连续特征选择(Successive Feature Selection, SFS)方法,试图克服传统特征基因选择算法的缺点,即:最终选择的特征基因子集中包含很少的弱排序基因,即使它们可能有益于提高分类精度。

许多 Embedded 的特征选择算法通过将回归作为现有学习模型的约束以实现稀疏解,从而有利于特征基因的选择。例如:Du 等利用扩充数据技术和 L2 范数约束进行特征基因选择;Liang 等利用 L1/2 约束建立了正则化稀疏多元回归模型来实现特征基因选择。这些方法使用高、低权重之间的稀疏差异来度量特征,如果稀疏差异较大,则可用权重来选择相关特征基因。这类方法大大减少了存储向量所需要的空间,通常用于处理庞大的数据。

大多数特征基因选择方法是结合了 Filter 和 Wrapper 方法的混合模型,其中,最小冗余、最大相关度(Minimal Redundancy and Maximum Relevancy,mRMR)是混合模型中最常见的特征基因选择原则。例如,Hu 等采用 mRMR 的搜索策略构建邻域互信息(Neighbourhood Mutual Information,NMI)模型,以提高特征基因选择的效率。

2 机器学习在肿瘤样本分类中的应用

此外,许多机器学习分类算法还可用于根据基因表达谱数据进行肿瘤样本分类。由于基因表达谱数据特征空间高维度和小样本特性(仅有几十或几百个样本),分类时主要考虑的问题之一就是如何获取有效的特征信息以实现准确分类,因此机器学习在肿瘤样本分类中也比较关注特征选择或者特征降维。如 Aliferis 等使用递归特征消除和单变量关联过滤方法来选择基因表达谱数据的一小部分作为简化的特征空间,进而提高分类精度。Ramaswamy 等使用 SVM 进行递归特征消除,选择少量基因的表达作为肿瘤样本分类的特征空间;Wang 等将基于相关的特征选择器与不同的分类方法相结合,选择具有高可信度的相关基因;Sharma 等提出将基因分成多个小的基因子集,然后选择这些小的基因子集中包含重要信息的基因,最后进行肿瘤样本分类;Nanni 等结合了不同的维数约简方法对特征空间降维,从而有效进行分类任务。上述方法中的大多数是使用特征选择来减少维度并选择包含重要信息的基因,它们的潜在问题是所选择的特征空间的可扩展性和通用性,即所选择的特征空间是否可以扩展并应用于新的分类任务和数据集。此外,数据的小样本特性仅能够为分类模型提供非常少量训练样本,这使得分类问题更加难以解决并增加了过拟合的风险。为了解决上述问题,Fakoor 等提出利用栈式自动编码器(Stacked Auto Encoder,SAE)对基因表达谱数据进行特征学习,从无标签数据中学习得到一个简洁的特征表示,然后将学习到的特征与特定癌症类型的有标签数据一起用于分类器的学习,以实现对该数据分类。

第三节 机器学习在转录组中的应用

1 机器学习在长链非编码 RNA 识别中的应用

长链非编码 RNA(Long non-coding RNAs,LncRNA)是一类转录本序列长度大于 200 个的核苷酸,缺乏特异性完整开放阅读框(open reading frame,ORF),而且不具备蛋白质编码能力,但对生物体的基因表达、剂量补偿及基因印迹等活动具有调节作用的 NcRNAs。研究表明,LncRNA 广泛参与癌症的发生和发展,识别癌症相关的 LncRNA 对于研究基因与癌症的关联关系,研究诊断和治疗癌症的有效生物标志物和靶标具有重要意义。分析这些数据需要解决的首要问题就是区分长链非编码 RNA 和蛋白质编码转录翻译序列(PCTs)。

基于机器学习的 LncRNA 识别方法是使用现有的 LncRNA 基因数据库,通过提取基因数据库中 LncRNA 相关特征,训练能够分类 LncRNAs 和 PCTs 这两类序列的分类模型,使用训练好的分类模型预测类型未知的 RNA 序列,达到识别 LncRNA 的目的。目前经典的基于机器学习的 LncRNA 识别方法,包括 CPC 方法、CPAT 方法、PLEK 方法。它们遵循着大致相同的流程:从公共基因数据库获取 LncRNAs 和 PCTs;提取需要的转录本序列特征;选择合适的机器学习算法构建分类模型;输入训练数据集的特征向量训练分类模型;将待预测的转录本序列输入训练好的模型,得到序列的预测结果。

2 机器学习在 RNA 修饰位点识别中的应用

RNA 修饰是将初级转录 RNA 转化为成熟 RNA 的过程,它是生物体内一种常见的调控方式。随着测序技术的发展,RNA 修饰已成为表观遗传领域新的研究热点之一。RNA 修饰的种类繁多,如甲基化修饰、假尿苷(Ψ)修饰等。

表 9-1 总结了部分机器学习算法在假尿苷(Ψ)位点中的应用研究。

表 9-1 机器学习算法在假尿苷(Ψ)修饰位点识别中的应用研究

序号	模型	特征表示	特征选择	算法
1	iRNA-PseU	核苷酸的频率密度,PseKNC		支持向量机
2	PseUI	核苷酸组成(NC)、二核苷酸组成(DC)、伪二核苷酸组成(PseDNC)、位置特异性核苷酸倾向(PSNP)和位置特异性二核苷酸倾向(PSDP)		支持向量机
3	iPse-CNN	one-hot 编码		卷积神经网络
4	EnsemPseU	kmer、二进制编码、增强型核酸组成、核苷酸化学性质和核苷酸密度	Chi2	集成模型(支持向量机、极端梯度增强、朴素贝叶斯)

3 机器学习在 piRNA 识别中的应用

小非编码 RNA 发挥着调控基因表达的作用,主要包括三大类:小分子 RNA(microR-NA,miRNA)、小分子干扰 RNA(siRNA)和与 piwi 蛋白相作用的 RNA(piRNA)。piR-NA 被认为是基因组的守护者,它们主要在生殖系统细胞和干细胞中表达,在维持生殖系统 DNA 完整性、抑制转座子转录、抑制翻译、执行表观遗传调控等过程中均起到至关重要的作用。piRNA 作为数量最为庞大的一类非编码 RNA,众多研究人员通过机器学习在基因组上从非编码 RNA 中分析识别 piRNA,为生物研究者做进一步功能研究提供帮助。表 9-2 总结了机器学习在 piRNA 识别中的一些应用。

表 9-2 机器学习算法在 piRNA 识别的应用

序号	模型	特征表示	算法
1	piRNApredictor	kmer 序列特征	
2	piRPred	kmer 基序和第一位置的尿嘧啶以及 piRNAs 簇特征和端粒/着丝粒邻近特征	多核的模块化和支持向量机融合
3	Pibomd	使用了计算生物学工具 teiresis 分别识别了小鼠 piRNA 序列和非 piRNA 序列中频繁出现的可变长度的基序	支持向量机
4	Piano	piRNA 与转座子相互结合的结构信息 Triple	支持向量机
5	piRNAdetect	n-gram 模型(NGmS)分类识别序列	支持向量机
6	GA－WE	谱剖面、失配谱、子序列谱、位置特异性评分矩阵、伪二核苷酸组成和局部结构序列三重态元素	基于遗传算法的加权集成学习

第四节　机器学习在蛋白质组中的应用

1 机器学习在蛋白质结构预测中的研究

蛋白质二级结构其实是蛋白质氨基酸序列中各个氨基酸的主链原子在短程空间上的形态分布,二级结构按照粗粒度分为 α-螺旋,β-折叠,β 转角三种,按照细粒度分为 α-螺旋(H),β-桥(B),折叠(E),螺旋-3(G),螺旋-5(I),转角(T),卷曲(S)和环(L)八种。

早期的蛋白质二级结构预测研究主要聚焦在粗粒度的结构预测上,代表性算法有基于残基构象性的 Chou-Fasman 算法、GOR(Garnier-Osguthorpe-Robson)算法。Chou-Fasman 算法利用残基的倾向性预测蛋白质的结构,但是该方法仅考虑单个氨基酸的特征信息,所以相对而言准确率并不是很高;GOR 算法不仅结合了蛋白质序列中单个氨基酸的特征信息,还考虑了一定权重的相邻蛋白质氨基酸之间的其他特征信息。

相较于粗粒度层面的蛋白质二级结构预测,细粒度层面的二级结构预测输出信息更有价值。1983 年,Kabsch 等人提出了 DSSP 分类方法将蛋白质的三分类进一步细化成八类；Qian 等应用神经网络来进行预测，并将局部残基之间的相互作用纳入蛋白质结构预测领域，他们通过搭建简单的三层人工神经网络进行特征信息提取进而预测，网络模型最后输出蛋白质氨基酸序列中各个残基的二级结构状态；Pollastri 等在 DSSP 的基础上提出使用 BiLSTM(bidirectional recurrent neural network)构建二级结构预测模型；Ma 等人提出了一种基于数据分区和半随机子空间方法(PSRSM)的蛋白质二级结构预测的新方法。

蛋白质的功能很大程度上取决于它的三维结构。数十年的时间里，研究人员一直在用 X 射线晶体学和冷冻电镜这类实验技术解析蛋白质结构，但是由于蛋白质结构极其复杂，这类方法不仅存在费时耗钱的问题，且对一些蛋白也不适用，到现在为止，医学上也只研究出少数蛋白质的构造。2018 年，在两年一度的"蛋白质结构预测比赛"(CASP)中，谷歌 DeepMind 团队开发的 AlphaFold，通过预测蛋白质中每对氨基酸之间的距离分布，以及连接它们的化学键之间的角度，将所有氨基酸对的测量结果汇总成 2D 的距离直方图，然后让卷积神经网络对这些图片进行学习，从而构建出蛋白质的 3D 结构。紧接着 2020 年底，DeepMind 公司开发了 AlphaFold2，其利用注意力机制取代了 AlphaFold 的卷积网络，预测准确性提升超 30%。Alphafold2 能更好地预判蛋白质与分子结合的概率，从而极大地加速新药研发的效率。

2　机器学习在蛋白质相互作用预测中的应用

蛋白质在生物体内通常不是孤立存在的，多数蛋白质会与其他蛋白质发生某种相互作用以发挥其正常功能。因此，如何更好地理解并且测定蛋白质相互作用(Protein-Protein Interactions, PPI)不仅有利于人们更好地理解生命机制，而且能更好地探讨人类疾病的发病机制，为蛋白质功能分析、药物靶标设计等提供有效的基础理论支持。近几年，蛋白质相互作用预测的研究引起相关领域学者们的广泛关注，他们也提出了许多生化实验检测方法和计算预测方法。由于生化实验检测方法的计算成本高且耗时长，因此，基于机器学习方法已经得到越来越多的关注。

（1）传统的机器学习算法在 PPI 预测中的应用

根据所使用的特征不同，机器学习算法在 PPI 预测中的应用可分为基于基因组信息、基于进化信息、基于序列信息和基于结构信息等，其中基于基因组信息和基于进化信息由于存在较大的局限性，我们重点阐述基于序列信息和结构信息的特征表示方法。很多序列的理化性质应用于蛋白质—蛋白质间的相互作用的预测研究中，如疏水性、理化性质、进化概况、氨基酸组成等特征向量。基于对结构决定功能的认识，很多研究中也将结构信息考虑进来，如蛋白质的二级结构(Secondary structure)、溶剂可及性表面积(Solvent Accessible Surface Area, ASA)、蛋白质表面几何形状(Geometric shape)及温度因子(B-factor)等。

（2）深度学习在 PPI 预测中的应用

近年来，由于深度学习的优异表现，研究人员也开始尝试通过深度学习来研究蛋白质相互作用的问题。有些直接将经典的前馈神经网络、卷积神经网络、残差神经网络用于 PPI 的预测，如 Zeng 等通过结合局部上下文和全局序列特征，提出了一种新的端到端深度学习框架 DeepPPISP，针对局部上下文特征采用滑动窗口来捕捉目标氨基酸的相邻特征，对于全局序列特征，则采用卷积神经网络从整个蛋白质序列中提取，最后结合局部上下文和全局序列特征来预测蛋白质相互作用。有些研究将深度学习与传统的机器学习算法相结合,提取隐藏特征构建匹配的模型,如 Wang 等结合深度学习卷积神经网络和特征选择旋转森林,利用神经网络客观有效地提取蛋白质的深层隐藏特征,然后通过特征选择旋转森林去除冗余噪声信息,得到最终的预测结果。有些研究根据具体的研究内容构建个性化的深度网络,如 Lei 等认为蛋白质相互作用赋予蛋白质氨基酸突变率和蛋白质物理化学性质,据此提出了一种多模态深度多项式网络(Multimodal Deep Polynomial Network,MDPN)和正则化极限学习机来预测蛋白质数据。

第五节　技术挑战和未决问题

从机器学习在系统生物学中的应用发展可知,传统的机器学习主要包括特征表示、特征选择和特征约简算法、模型构建三个方面。而深度学习表现优异的原因是具备其强大的特征表征能力,可直接或间接从氨基酸序列中提取高层的特征隐射。当然,也有很多研究整合了传统机器学习算法和深度学习算法,例如使用深度学习算法抽取特征,再利用传统机器学习算法构建模型,这样不仅提高了算法的性能还增强了模型的可解释性。总之,机器学习在系统生物学中取得的成果有目共睹,然而还有很多未解决的技术问题,主要有以下几个方面。

首先,数据集的不平衡问题。数据集不平衡也是制约很多其他机器学习领域发展的瓶颈问题,具体原因在于缺少有效的负样本。很多研究单纯将非正样本视为负样本,这样容易造成数据集不平衡问题,且负样本中存在假阴性数据。目前,有很多不平衡数据的处理方法,但不能从根本上解决这一问题。针对这一问题,可以关注机器学习领域的前沿研究,如对比学习、自监督学习等,若将其引入系统生物学中,或许可以解决这一问题。

其次,多组学数据的融合问题。虽然机器学习在单一组学中有着不错的表现,然而很多问题如果从系统生物学的角度出发,即将多组学知识相融合,或许可以更好地阐明其机理。针对这一问题,构建多组学的网络模型应该会有更全面的解释,因此基于异构网络的研究值得深入展开。

最后,模型的验证及推广问题。很多应用机器学习在系统生物学中的研究没有采用湿实验的辅助验证,致使很多研究的真实性、可靠性得不到验证。另外很多模型最后没有以工具包或者网站的形式落地,或者由于维护不到位。建议构建模型时可以采用 Alphafold2 等软件的开源形式,使得研究成果可以为广大科研工作者所用。

(本章编委:刘莘　刘妍)

第十章 表观遗传系统

第一节 表观遗传修饰及功能

1 DNA 甲基化

表观遗传修饰,主要是非 DNA 序列变化的其他途径与机理所引起的可遗传性的基因表达改变。DNA 甲基化是一类较为重要的表观遗传修饰,除此之外还有组蛋白修饰以及小 RNA 修饰等其他方式。DNA 甲基化一般是 DNA 序列中的胞嘧啶、腺嘌呤的 C 或 N 上的 H 被 CH3 所替代而形成甲基化修饰,如 5-甲基胞嘧啶(5-Methylcytosine,5mC)、N6-甲基腺嘌呤(N6-Methyladenine,6mA)、N4-甲基胞嘧啶(N4-Methylcytosine,4mC)。5mC 是哺乳动物基因组 DNA 中含量最高的甲基化修饰,占总胞嘧啶的 3%~5%。DNA 5mC 修饰主要发生在 DNA 序列上胞嘧啶接着鸟嘌呤出现的位点,称为 CpG 位点(CpG sites)。哺乳动物 DNA C5-胞嘧啶甲基化转移酶有 3 种:DNMT1、DNMT3a 和 DNMT3b。在胚胎发育过程中,DNMT3a 和 DNMT3b 将均不含两条链 5mC 的 DNA 甲基化,从头建立 DNA 的甲基化,被称为从头甲基化酶(de novo Methyltransferase);而 DNMT1 则倾向于甲基化双链 DNA 中半甲基化 CpG 位点,这一甲基化过程发生在 DNA 半保留复制中,将新链甲基化,维持了该 DNA 原本的甲基化状态,因此 DNMT1 被称为维持甲基化转移酶(Maintenance Methyltransferase)。此外,在啮齿动物中还存在一种从头甲基化酶 DNMT3c,在精子生成过程中介导雄性生殖细胞的逆转录转座子的启动子的甲基化。

组织内 DNA 甲基化的分布与丰度,可用于某些疾病的诊断与治疗,目前 DNA 甲基化分析已开始应用于临床诊断。例如,进食障碍(Eating Disorders,ED)与内稳态通路 DNA 异常甲基化有密切的联系,预期 DNA 甲基化的分析和表征有助于发展更有效的 ED 治疗方法。在癌症的诊断上,DNA 甲基化也可作为肿瘤诊断及预后康复的标记物。紧密连接蛋白 1(Tightjunction protein1,ZO-1)甲基化检测试剂盒可以用于急性白血病的诊断;DNA 结合因子抑制剂 4(Inhibitor of DNA binding 4,ID4)和 ZO-1 的异常甲基化可以作为淋巴瘤诊断的生物标记物;尿液中谷胱甘肽硫转移酶 P1(GlutathioneS-transferase P1,GSTP1)基因的甲基化产物可用于前列腺癌的诊断等。

2 DNA 5-甲基胞嘧啶去甲基化

DNA 去甲基化是将甲基化修饰碱基转化为不含甲基化修饰的过程,是 DNA 甲基化的逆过程。DNA 的甲基化和去甲基化在生物体内一般处于动态平衡,共同调控着基因的时空表达。目前的研究认为,DNA 5mC 去甲基化过程的复杂度远大于甲基化过程,大致可分为被动去甲基化(Passive DNA demethylation)与主动去甲基化(Active DNA demethylation)两种途径。被动去甲基化主要发生在 DNA 复制过程中,复制产生的新链均为非甲基化 DNA,如新链没有被维持甲基化转移酶甲基化,则 5mC 被逐步稀释,总体水平下降。DNA 主动去甲基化则是 CH_3 在各种酶的作用下被移除,目前对动植物 DNA 主动去甲基化已有一定研究,但有关机制仍需进一步解释。

哺乳动物 5mC 氧化去甲基化路径的发现,对 5mC 去甲基化研究意义重大。2009 年,Rao 研究组发现,在哺乳动物脑组织和胚胎干细胞中,DNA 5mC 可通过 TET1 酶催化氧化为 5-羟甲基胞嘧啶(5hmC)。Purkinje 细胞 DNA 中 5hmC 占 0.59%,颗粒细胞 DNA 中 5hmC 占 0.23% 等。一般哺乳动物 5hmC 含量可分为三类:神经元组织和胚胎干细胞中的高表达(0.3%~0.7%);肾脏、膀胱、心脏等的中度表达(0.15%~0.17%);肝脏和内分泌腺的低表达(0.03%~0.06%)。后续研究发现,TET 蛋白可进一步将 5hmC 氧化为 5 甲酰基胞嘧啶(5-formylcytosine,5fC)、5-羧基胞嘧啶(5-carboxycytosine,5caC)。这两种修饰可通过碱基修复机制去除,使 5mC 回复到无修饰胞嘧啶状态,实现 5mC 主动去甲基化。并且 TET 蛋白催化 5mC 至 5hmC 的转化速率远快于 5hmC 至 5fC 和 5fC 至 5caC 的转化速率。

一些小分子物质也可改变细胞内 5hmC、5fC 和 5caC 水平,如维生素 C 可作为辅助因子与 TET 酶直接作用,显著提高 TET 蛋白介导的 5mC 氧化。经维生素 C 处理的小鼠胚胎干细胞基因组 5hmC 水平可由 0.1% 提高至 0.3%,5fC 水平由 7.7×10^{-6} 提高至 8.1×10^{-6},5caC 水平则提高 20 倍。此外,环境污染物醌类化合物可增强细胞内 TET 蛋白的活性;而典型环境内分泌干扰物双酚 A、双酚 S 均可调控 TET 基因的转录和表达,影响细胞内的 5hmC 水平。

在碱基切除修复通路中,尿嘧啶 DNA 糖苷酶家族中的胸腺嘧啶糖苷酶(Thymine DNA Glycosylase,TDG)具有进行 G/T 错配修复的能力,在碱基切除修复路径中,发现 TDG 具有新的功能,负责识别和切除 5fC 和 5caC 修饰。另外,TDG 的特殊结构位点使其在 AID 或载脂蛋白 B mRNA 编辑酶催化多肽(APOBEC)存在时,发生脱氨反应,在 Gadd45a 的协助下识别去除 5fC 等去甲基化中间产物,最终达到将 5mC:G 修复成未经修饰的 C:G 的目的。TDG 调控的 DNA 去甲基化在胚胎发育过程中可能发挥了重要作用。有研究发现,哺乳动物胚胎干细胞与人类生殖细胞的甲基化水平都会经历高度甲基化—去甲基化—重新甲基化过程。在对小鼠的 TDG 基因敲除实验中,缺失 TDG 的小鼠胚胎会在发育早期(约 12a)死亡,并且在死亡胚胎中观察到了多种发育障碍。胚胎发育阶段,TDG 保护与调控与发育相关的基因启动子,使其不被甲基化而表达沉默,维持了胚胎细胞的正常发育。

哺乳动物中 DNA 去甲基化不仅可以影响胚胎发育、分化等过程,还会对生物体正常生理代谢活动起到调控作用。例如，DNA 去甲基化可能影响哺乳动物脂肪沉积。Melzner 等人通过对前脂肪细胞分化时 Leptin 基因启动子区甲基化程度进行分析，发现了脂肪细胞进行分化期间，该基因启动子区甲基化状态呈显著下降状态，即从前脂肪细胞向分化末期的成熟脂肪细胞转化过程中，Leptin 基因启动子区从高度甲基化向高度去甲基化转变。当人工干预年轻细胞体基因组 DNA 去甲基化后，细胞体在连续传代后更容易出现如 DNA 合成能力下降等衰老的特征，提示了 DNA 去甲基化对细胞衰老的影响。后续相关研究表明，DNA 去甲基化会引起人二倍体成纤维细胞端粒缩短，从而加速人体细胞衰老。总体而言，DNA 去甲基化会对哺乳动物细胞体生长发育、分化、生命代谢活动等多方面起到调控作用。

3　疾病中的甲基化与去甲基化

DNA 胞嘧啶异常甲基化包括基因组整体低甲基化和基因特定区域高甲基化，在各种形式的癌症中都很常见，与肿瘤的发生和发展密切相关。而 DNA 去甲基化异常也会对机体正常代谢产生不利影响。因此，DNA 甲基化/去甲基化与疾病的关系、甲基化/去甲基化作为疾病标记物、干涉甲基化/去甲基化过程治疗疾病的研究受到广泛关注。目前已有相关实验或流行病学调查发现与 DNA 甲基化与去甲基化异常有直接关联的疾病有恶性肿瘤（癌症）、阿尔茨海默病、心血管疾病（如冠心病等）、肺纤维病变和进食障碍等。

（1）基于 DNA 5mC 去甲基化中间产物的癌症诊断

肿瘤发生过程中，一些关键基因的胞嘧啶甲基化状态发生改变，因此机体 DNA 甲基化模式和水平变化的分析对肿瘤的早期诊断及预后评估是尤为重要的。其中，DNA 去甲基化的中间产物 5hmC 也与肿瘤细胞的发展密切相关。因此，5hmC 水平的变化可以预示某些肿瘤的发生，在临床中可以作为可靠的肿瘤诊断标记物。例如，5hmC 和 5fC 在肝癌组织中均显著下降，5fC 水平可区分肝癌的发展阶段，肝癌基因组 5hmC 和 5fC 整体水平下降与肝癌患者预后不良有关；5hmC 水平的降低对于诊断结肠癌也有重要的参考意义，并可基于此进行癌症的诊断。在 Circulating tumor DNA（ctDNA）中，同样可基于 5hmC 水平变化进行临床癌症诊断及使用 5hmC 作为预后标记。在不同的癌症和癌症不同的分期阶段，ctDNA 中 5hmC 水平会呈现显著差别。因此，可根据不同患者特定组织细胞内 DNA 甲基化水平的特点，对其患癌的可能性及类型进行合理预判和分析，甚至存在用血液样本分析癌症的可能性。

（2）阿尔茨海默病

阿尔茨海默病（Alzheimer's Disease，AD）是一种以认知、记忆和语言功能等渐进性减弱或产生障碍为主要症状的神经退化性疾病，该疾病由遗传因素与非遗传因素共同作用，其中约 70% 发病风险为遗传性因素导致。对小鼠的 AD 模型研究发现，小鼠模型的大脑皮质基因组 5mC 含量在不同阶段分别产生了不同波动，提示 DNA 甲基化与去甲基化在 AD 形成过程中可能起到了直接作用。针对 AD 患者死后大脑中 APOE 基因 DNA 甲基化分析的研究表明，AD 患者脑中的非神经元细胞主要由神经胶质组成，AD 患者脑中 APOE 基因 DNA 甲基化程度显著降低，说明 APOE 的异常去甲基化可能是影响 AD 风险的主要因素。在健康人和 AD 患者脑组织中，HSPA8 和 HSPA9 的启动子 DNA 甲基

化水平差异明显,表明相关基因及其甲基化修饰是 AD 发病机制的一部分。另外,DNA
去甲基化过程的中间产物如 5hmC 及 miRNA 诱导的沉默复合体等标志物,对维持动物
体神经细胞正常运行具有重要作用。理解与 DNA 去甲基化有关的表观遗传因素与非遗
传因素的相互作用,有助于对 AD 发病机制的理解,有望用于研究新型诊断性生物标志物
或药物并投入使用。

(3) 心血管疾病

心血管疾病(Cardiovascular Diseases,CVD)是全球负担最重的慢性疾病之一。2016
年全球疾病负担显示,CVD 所造成的居民死亡人数已超越癌症,成为全球居民死亡的首
要因素。冠心病是由多基因遗传和环境诱发等因素共同作用产生的疾病,目前心血管领
域研究的热点在于对表观遗传修饰的研究,即环境与基因之间的相关作用可以通过表观
遗传学中某些机理进行解释,冠心病类疾病的产生与恶化与相关 DNA 的异常甲基化关
系密切。研究发现,相关基因中 5hmC 水平与低氧环境下血管生成密切相关,5hmC 作为
DNA 去甲基化中间产物,根据其水平可不同程度地活化凋亡基因和被抑制基因,基因
5hmC 水平的下降则会导致相关基因缺乏保护,从而导致心脑血管疾病的发生。相信随
着检测技术的改进与相关研究的深入,5hmC 有可能成为人类心血管疾病早期诊断与预
后诊断的新的表观遗传标志。

4 组蛋白修饰

基因组 DNA 在真核细胞核中以染色质形式存在,组蛋白是与 DNA 结合的碱性蛋白
质,是构成染色质的主要蛋白质。真核生物组蛋白主要包括 H1、H2A、H2B、H3 和 H4 及
其他组蛋白的变体。4 种核心组蛋白 H2A、H2B、H3 和 H4 分别以二聚体形式结合构成
八聚体(核小体核心)供 DNA 缠绕,而组蛋白 H1 连接 DNA 构成染色质的基本结构核小
体。大多数组蛋白由一个球状区和突出于核小体外的组蛋白尾组成的碱性氨基酸构成。
组蛋白 H1 的 N 端富含疏水氨基酸(如缬氨酸、异亮氨酸),C 端富含碱性氨基酸(如精氨
酸、赖氨酸),而 H2A、H2B、H3 和 H4 4 种组蛋白 N 端富含碱性氨基酸,C 端富含疏水氨
基酸。C 端结构域与组蛋白分子间交互作用,参与 DNA 的缠绕。N 端结构域富含赖氨
酸,是高度精细的可变区域。表观修饰位点主要位于组蛋白尾部,往往多个组蛋白尾的不
同共价修饰组合形成一个连续修饰的过程,起协同或拮抗作用。组蛋白密码主要依据组
蛋白中被修饰氨基酸的种类、位置和修饰类型构成。在基因表达调控、DNA 修复、有丝分
裂及减数分裂等生物过程中,组蛋白修饰发挥着不可替代的作用。

(1) 组蛋白甲基化修饰

组蛋白甲基化修饰是组蛋白修饰的主要组成部分,在基因表达调控中发挥着重要作
用。组蛋白甲基化修饰依赖组蛋白甲基化转移酶(histone methyltransferases,HMTs)完
成,包括赖氨酸甲基化转移酶(histonelysine methyltransferase,KMT)和精氨酸甲基化转
移酶(protein arginine methyltransferase,PRMT)。已知甲基化位点包括赖氨酸残基
(H3 中的 K4、K9、K23、K27、K36、K56、K79,H4 中的 K20,H1 中的 K26)和精氨酸残基
(H3 中的 R2、R8、R17、R26,H4 中的 R3,H2A 中的 R11 和 R29),其中 H3K4、H3K36 和
H3K79 位点的甲基化与基因转录的激活有关,H3K9、H3K27 和 H4K20 位点的甲基化与

基因转录的抑制有关。组蛋白脱甲基化酶(histone demethylases，HDMs)的发现证明组蛋白甲基化是一可逆的过程，甲基化与去甲基化的动态变化发挥着不同的生物学作用。

（2）组蛋白乙酰化修饰

目前对组蛋白修饰研究最多的是组蛋白乙酰化修饰，它常发生于组蛋白 H3、H4 亚基末端的氨基酸残基上，具有转录激活及促进基因表达的作用。组蛋白乙酰转移酶(histone acetyl-transferases，HATs)和组蛋白去乙酰化酶(histone deacety-lases，HDACs)是调控机体组蛋白乙酰化水平主要的两类酶。HATs 广泛分布于各组织器官，通过升高组蛋白乙酰化水平激活基因、促进转录。而 HDACs 通过降低组蛋白乙酰化水平，凝聚染色质，继而抑制启动子与转录调控元件之间的结合，抑制基因转录。HDACs 主要分 4 类：Ⅰ类为 HDAC1-3 和 8，Ⅱ类包括Ⅱa(HDAC4、5、7 和 9)和Ⅱb(HDAC6 和 10)，Ⅲ类包括 SIRT1-7 和 Sir2，Ⅳ类为 HDAC 11。Ⅰ/Ⅱ/Ⅳ类 HDACs 是锌依赖性的，而Ⅲ类是烟酰胺腺嘌呤二核苷酸(nicotinamide-adenine dinucleotide，NAD)依赖。组蛋白去乙酰化酶抑制剂(histone deacetylase inhibitor，HDACi)通过与 HDACs 内的 Zn^{2+} 螯合，抑制 HDACs 活性，降低组蛋白去乙酰化水平，维持机体组蛋白乙酰化水平在正常范围内。

（3）组蛋白修饰与疾病发展的关联

① 肿瘤

HKMT 表达异常可导致多个位点的组蛋白赖氨酸甲基化水平改变，与肿瘤的发生和发展相关。如 H3K4 甲基化主要由 MLL 基因维持，MLL 基因如果在血液细胞中发生易位，会与其他蛋白基因生成融合而导致 H3K4 高度甲基化，并因此改变基因的正常表达，诱导促癌基因表达，使得血液细胞分化异常，造成血液系统肿瘤的发生。又如多梳抑制复合物介导的组蛋白异常的甲基化可引起细胞癌变。多梳抑制复合物的核心组成蛋白包括 EZH2/EZH1、EED、SUZ12、RBAP48 和 AEBP2。EZH2/EZH1 与 EED、SUZ12 结合后具有对 H3K27 的甲基化活性。研究表明，许多肿瘤细胞中 EZH2 过表达。此外，EZH2 催化活性中心的氨基酸突变可引起 H3K27 甲基化水平上升和受多梳抑制复合物调控的下游基因沉默，导致淋巴瘤细胞增殖。已有研究发现，PRMT 在多种肿瘤细胞中过度表达，但其对疾病发生的机制研究仍处于相对早期阶段。如乳腺癌细胞中 PRMT1 过表达使肿瘤细胞更易于生存和侵入。PRMT1 和 MLL1 形成复合物并在一定程度上导致了白血病的发生。这些研究表明，组蛋白甲基化水平和甲基化酶的活性受肿瘤代谢的影响，又反过来对肿瘤细胞生理代谢具有不可忽视的作用，提示其作为相关药物靶点的价值。与甲基转移酶相对应，去甲基化转移酶在肿瘤发生中也具有重要作用。组蛋白赖氨酸的去甲基化由组蛋白赖氨酸去甲基化酶介导，包含 α 酮戊二酸依赖性 JmjC 结构域蛋白家族和黄素腺嘌呤二核苷酸依赖性 LSD。JmjC 结构域蛋白家族去甲基化酶的调控与 TET 类似，可以被 α 酮戊二酸激活，并被 2-羟基戊二酸酯、琥珀酸和延胡索酸抑制，能够介导三甲基化赖氨酸甲基化消除。LSD 是另一类去甲基化酶，与单胺氧化酶同源，由于催化化学机制的限制，只能催化单甲基化和二甲基化赖氨酸的甲基消除。其中 LSD1 是一个被广泛研究的去甲基化酶，它能够与许多蛋白质直接发生相互作用，参与复合物的调节功能。如 LSD1 是 MLL1 复合物的一个亚基，可对 H3K4me2 和 H3K9me2 进行动态可逆催化，相关位点甲基化水平的变化可影响血液细胞的分化和血液肿瘤的生长。

　　组蛋白乙酰化主要发生在组蛋白尾部的赖氨酸残基上。组蛋白乙酰基转移酶和组蛋白去乙酰化酶共同调控了乙酰化修饰的建立与去除,两者的功能异常与疾病的发生密切相关。一般而言,组蛋白的乙酰化可改变局部染色质的电荷性质及微环境,使得染色质结构开放,利于转录因子结合,促进基因转录,而去乙酰化则抑制转录。相关研究表明,肿瘤细胞内的组蛋白乙酰化水平往往较高,这与其旺盛的转录活动相适应。组蛋白乙酰化水平主要受乙酰辅酶 A 含量的调控。ACL 可以将柠檬酸转化为乙酰辅酶 A,在肿瘤细胞中旺盛的糖酵解增强了底物柠檬酸的供给,同时 ACL 的表达和活性均上调,这使得乙酰辅酶 A 合成增加,组蛋白乙酰化水平升高。C－MYC 也可以通过上调组蛋白乙酰基转移酶正调控组蛋白乙酰化。研究发现,在实体瘤和血液系统疾病患者的细胞中,组蛋白乙酰基转移酶的基因有遗传突变,如 p300/CBP 基因失活、突变等。但肿瘤的发生是否直接来源于组蛋白乙酰基转移酶突变从而导致细胞内异常的乙酰化水平还莫衷一是。动物实验结果表明,突变的乙酰基转移酶基因会导致白血病发生,但这一观点仍需要更多的证据支持。最近的研究结果揭示,组蛋白乙酰基转移酶还能够乙酰化 C－MYC、P53、PTEN 等非组蛋白等,说明组蛋白乙酰基转移酶发挥活性的分子机制对肿瘤有直接的影响。人体中共有两大类组蛋白去乙酰化酶,其中锌离子依赖的 HDAC 表达在不同的肿瘤细胞中被检测到的差异很大,HDAC1 在前列腺癌和胃癌中高表达,HDAC2 在结肠癌、宫颈癌和胃癌中高表达。尽管不同亚型的 HDAC 在不同肿瘤中发挥的功能不尽相同,但这些蛋白的异常表达都可能在某种程度上促进肿瘤细胞的增殖和生存。在某种意义上,HDAC 也可作为相关药物的靶点。Sirtuins 成员构成另一类组蛋白或非组蛋白(尤其是线粒体蛋白)去乙酰化酶家族,其酶活性的发挥依赖于代谢产物 NAD^+。它们参与抗衰老途径并与许多疾病尤其是肿瘤的发生有关。如 SIRT6 可以直接与 $HIF－1\alpha$ 和 C－MYC 相互作用,并通过组蛋白去乙酰化作用抑制其转录,在结肠癌、胰腺癌和肝癌中均检测到了 SIRT6 缺失;SIRT7 对 H3K18Ac 去甲基化作用具有选择性催化活性,也可以直接抑制 C－MYC;与 SIRT6/7 相反,SIRT2 通过间接稳定 C－MYC 参与肿瘤代谢调控,其对 H4K16Ac 去甲基化作用有催化活性,导致泛素蛋白连接酶 NEDD4 表达受到抑制,NEDD4 可以通过泛素化途径负调控 C－MYC,而 SIRT2 本身在肿瘤细胞系中被 MYC 上调,构成一个正反馈循环,通过 MYC 依赖性转录正调控糖酵解和谷氨酰胺代谢,促进肿瘤发生。

　　② 心血管疾病

　　心脏缺血预处理(ischemic preconditioning,IPC)指短暂的、非致死性的缺血和再灌注反复发作,可保护心脏免受长时间的缺血性损伤和再灌注损伤,减小梗死面积并改善心脏功能。O. GIDL 等对接受 IPC 的小鼠进行心脏活检并定量甲基化组蛋白(H3K9me2、H3K27me3 和 H3K4me3)的水平,结果显示 H3K9me2 水平增加,并通过甲基转移酶 G9a 抑制转录,即 G9a 在调节心脏自噬和 IPC 的心脏保护作用中具有重要作用。M. DAS 等通过建立野生型和 caveolin－1 基因敲除小鼠模型,对心脏进行预处理和再灌注,发现 caveolin－1 敲除似乎通过抑制组蛋白乙酰化、刺激组蛋白甲基化,消除或降低了 IPC 诱导的心脏保护作用,即 caveolin－1 通过表观遗传调控诱导心脏保护作用。

　　研究表明缺血性心脏病与 HDACs 诱导的组蛋白去乙酰化水平有关,在心肌再灌注时使用 HDACi 具有强大的心脏保护作用。T. C. ZHAO 等采用小鼠离体心脏灌注模型研究发现 Ⅰ 型和 Ⅱ 型 HDACs 抑制剂曲古抑菌素 A(trichostatin A，TSA)通过激活 p38 和 Akt1 抑制 HDACs 活性，从而减少心肌梗死面积、防止梗死心肌重塑进行心肌保护。L. ZHANG 等首次证明 HDACi 减弱了活化的 HDAC4 对 I/R 损伤的有害作用，即活化的 HDAC4 是心肌 IRI 的关键调节剂。心肌 IPC 能够激活内在的信号传导通路，保护心肌免受 IRI 的影响，主要涉及 IPC 时激活 Ⅲ 类 HDACs 成员 SIRT1 活性。T. YAMAMOTO 等利用 SIRT1 抑制剂利福霉素抑制 SIRT1 介导的去乙酰化作用，证明 SIRT1 介导的 IPC 心肌保护作用。Ⅰ、Ⅱ 类 HDACs 对心脏功能有害，而 Ⅲ 类 HDACs 被认为对心脏保护有益，因此发明抑制 Ⅰ 类和 Ⅱ 类 HDACs 或激活 Ⅲ 类 HDACs 的新型分子将会为治疗心脏 IRI 带来希望。

5　表观转录组学进展

以 DNA 和组蛋白化学修饰等为对象的表观遗传学研究，迄今已经取得了许多突破性的进展。近年来，随着 mRNA 上化学修饰的发现与鉴定，RNA 修饰日益成为新的研究热点，并促成了一个新的研究领域——"表观转录组学"。事实上，在 RNA 上已经发现百余种转录后修饰，这些修饰大多分布在转运 RNA(transfer RNA，tRNA)、核糖体 RNA(ribosome RNA，rRNA)、小核 RNA(small nuclear RNA，snRNA)等高丰度的非编码 RNA 中(noncodingRNA，ncRNA)，并参与了 ncRNA 的生成、代谢与调控等多种过程。与这些稳定的、高丰度 RNA 相比，信使 RNA(messenger RNA，mRNA)上的化学修饰则相对较少。尽管 mRNA 上的化学修饰早在 20 世纪 70 年代就已经被发现，但是受 mRNA 低丰度和检测技术的限制，mRNA 上的化学修饰研究相对较少。随着近几年一系列检测技术的出现，越来越多的新颖修饰种类被鉴定出，mRNA 上化学修饰的相关研究正在呈现井喷式的发展态势。目前 mRNA 上已经鉴定到的修饰主要包括端帽结构处的 7-甲基鸟嘌呤(7-methylguanosine m7G)、N6，$2'$-O-二甲基腺嘌呤(N6，$2'$-O-dimethyladenosine，m6Am)、2-氧甲基化($2'$-O-methylation，Nm)，还包括内部的 N6-甲基腺嘌呤(N6-methyladenosine，m6A)、N1-甲基腺嘌呤(N1-methyladenosine，m1A)、5-甲基胞嘧啶(5-methylcytidine，m5C)、假尿嘧啶(pseudouridine，Ψ)、次黄嘌呤(inosine，I)等。

在这些修饰中，丰度最高且研究最多的是 m6A。大部分 m6A 定位于 $3'$UTR 中并靠近 mRNA 内的终止密码子，可能与 mRNA 的稳定性、可变剪切、聚腺苷酸化以及翻译等多个过程密切相关。m6A 修饰是一个可逆的动态变化过程，其形成与功能行使受多种蛋白调控。研究发现甲基转移酶 3、14(METTL3、14)在 Wilms 肿瘤结合蛋白(WTAP)和 KIAA1429 蛋白的帮助下催化形成 m6A；哺乳动物 AlkB 家族蛋白，如脂肪量和肥胖相关蛋白(FTO)和 ALKBH5 可作为去甲基化酶去除 RNA 中的 m6A；YTH 结构域家族蛋白(YTHDF)作为 m6A 的"阅读"蛋白，可与 m6A 修饰结合，调控 RNA 稳定性、代谢和加工，从而影响下游蛋白表达。m6A 在体内水平的变化参与调控多种细胞过程。2017—2019 年，*Nature*、*Science* 等国际顶级刊物已报道多篇 m6A 功能的研究，主要涉及其在甲基转移酶/去甲基化酶调控下，或通过联合阅读蛋白对果蝇性别决定、调节斑马鱼母源 mRNA 清除、抗病毒天然免疫、促进肿瘤转移和成瘤等方面的重要作用。

第二节　测序技术在表观遗传修饰中的应用

在中心法则中,DNA(和/或 RNA)对生命体的遗传信息进行编码和转录。DNA(或RNA)的测序工作是指通过技术手段对特定 DNA(或 RNA)或者非特定 DNA(或 RNA)片段中的碱基序列进行分析,最终确定碱基序列的排序。DNA 的测序技术起源较早,在沃森等科学家发现 DNA 双螺旋结构后不久,Whitfeld 等于 1954 年首次报道了核酸测序的方法,后经不断完善,于 20 世纪 70 年代,Fiers 等报道了完整的基因序列测序方法,并利用该方法对噬菌体的基因组进行了完整的测序。同时,基于不同原理的另外几种基因测序方法也在同时期相继报道,其中最有里程碑意义的是 1977 年 Sanger 等发明的末端终止法,该方法具有更高的效率和更小的毒性,所以很快被广泛应用。

人类基因组计划的实施耗费了大量的人力和物力,使得科学家对高通量测序的需求大大提升,开始致力于发展成本更低、速度更快的高通量测序技术。同时,对基因组的研究也由宏观的测序研究转为系统性的差异研究,功能基因组学和个体化测序的理念开始流行。在这些需求的引导下,新兴的高通量测序技术得到迅猛发展。根据技术原理和开发潜能,这些测序技术被分为第二代测序技术和第三代测序技术。目前较为公认的第二代测序技术为运用冲洗和扫描技术确定 DNA 单分子克隆共识序列。冲洗和扫描技术具体是指每合成一个碱基或新增一个检测信号后,将 DNA 聚合酶与其他试剂冲去进行扫描。第三代测序技术定义为可连续读取碱基的由直接检测单分子的直接测序的技术。

1　二代测序技术的应用

DNA 甲基化测序方法按原理可以分成三大类:重亚硫酸盐测序,基于限制性内切酶的测序,靶向富集甲基化位点测序。具体方法主要有:

(1)重亚硫酸盐测序

该方法可以从单个碱基水平分析基因组中甲基化的胞嘧啶。其利用重亚硫酸盐对基因组 DNA 进行处理,将未发生甲基化的胞嘧啶脱氨基变成尿嘧啶,而发生了甲基化的胞嘧啶未发生脱氨基,因而可以基于此将经重亚硫酸盐处理和未处理的测序样本进行比较来发现甲基化的位点。

(2)限制性内切酶-重亚硫酸盐靶向测序(RRBS)

该技术是对基因组上 CpG 岛或 CpG 甲基化较密集的区域进行靶向测序。样本首先经几种限制酶的消化处理,然后经重亚硫酸盐处理,最后再测序。这种方法可以发现单个核苷酸水平的甲基化。

(3)TET 辅助的重亚硫酸盐测序(TAB-Seq)

TAB-seq 采用葡萄糖亚胺与 5′羟甲基胞嘧啶(5-hmC)作用来保护免受 TET 蛋白的氧化。5′甲基胞嘧啶和未甲基化的胞嘧啶被脱氨基成尿嘧啶,进而可以从单个碱基水平鉴定 5′羟甲基胞嘧啶。

(4)甲基化敏感性的限制酶测序(MRE-Seq)

MRE-Seq 将甲基化作用的敏感性和限制酶的特异性结合起来进而鉴定 CpG 岛的甲基化状态。

（5）甲基化 DNA 免疫共沉淀测序（MeDIP）

MeDIP 是一种采用抗体或甲基化 DNA 结合蛋白来捕获富集甲基化 DNA 的技术，这种技术可以发现基因组中高度甲基化的区域，如 CpG 岛，但不能进行单个碱基水平的分析。

2　三代测序技术的应用

为了进一步发展测序技术，同时打破 Illumina 在第二代测序领域的垄断，第三代测序技术也在如火如荼地发展。与第二代测序技术相比，第三代测序技术的特点是可以实现单分子测序，这种方式的优势是可以对基因全长进行直接检测，以及直接获得基因修饰情况。目前开发的第三代测序技术包括 Helicos 公司的 Heliscope 测序技术、Pacific Biosciences 公司的 SMRT 测序技术、Oxford Nanopore Technologies 公司的纳米孔单分子测序技术。下面分别对这几种技术进行简单介绍：

（1）Heliscope 测序技术

Helicos 公司的 Heliscope 单分子测序仪基于边合成边测序的思路，其测序模板的制备吸纳了第二代测序技术的方法，将待测 DNA 片段随机打断成小片段并在 3′端加上 poly(A)，用末端转移酶在接头末端加上 Cy3 荧光标记，然后将小片段与带有寡聚 poly(T) 的平板杂交，从而将测序模板固定在平板上。测序时，加入 DNA 聚合酶与 Cy5 荧光标记的 dNTP 进行 DNA 合成反应，每一轮增加一种 dNTP，将未参与合成的 dNTP 和 DNA 聚合酶洗脱。检测每一步延伸反应是否有荧光信号，如果有则说明该位置上结合了所加入的这种 dNTP。然后，用化学试剂去掉荧光标记，以便进行下一轮反应。经过不断重复合成、洗脱、成像、猝灭过程完成测序。

（2）SMRT 测序技术

Pacific Biosciences 公司的 SMRT 技术也是基于这个思路，以 SMRT 芯片为测序载体进行测序反应。SMRT 芯片是一种带有很多 ZMW 孔，厚度为 $100~\mu m$ 的金属片，将 DNA 聚合酶、待测序列和不同荧光标记的 dNTP 放在 ZMW 孔的底部，进行合成反应。与其他技术不同的是，荧光标记位置是磷酸基团而不是碱基，当一个带标记的 dNTP 被添加到合成链上的同时，它会进入 ZMW 孔的荧光信号检测区并在激光束的激发下发出荧光，根据荧光种类即可判定 dNTP 种类。其他未参与合成的 dNTP 由于没进入荧光信号检测区而不会发出荧光，同时，这个 dNTP 的磷酸基团会被氟聚合物切割释放。这种技术测序速度很快，可以达到每秒 10 个碱基。

（3）纳米孔单分子测序技术

Oxford Nanopore Technologies 公司的纳米孔单分子测序技术是基于一种电信号测序技术，该技术以 a-溶血素作为材料制作纳米孔，在孔内共价结合有分子接头的环糊精，用核酸外切酶切割单链 DNA 时，被切下来的单个碱基会落入纳米孔，并和纳米孔内的环糊精相互作用，短暂地影响流过纳米孔的电流强度，这种电流变化幅度即展示出每个碱基的特征。

3　第三代测序在核酸修饰方面的研究

甲基化研究

SMRT 技术采用的是对 DNA 聚合酶的工作状态进行实时监测的方法,聚合酶合成每一个碱基,都有一个时间段,而当模板碱基带有修饰时,聚合酶的合成会慢下来,使带有修饰的碱基两个相邻的脉冲峰之间的距离和参考序列的距离之间的比值结果大于 1,由此就可以推断这个位置有修饰。甲基化研究中关于 5-mC 和 5-hmC(5-mC 的羟基化形式)是甲基化研究中的热点。但现有的测序方法无法区分 5-mC 和 5-hmC。美国芝加哥大学利用 SMRT 测序技术和 5-hmC 的选择性化学标记方法来高通量检测 5-hmC。通过聚合酶动力学提供的信息,可直接检测到 DNA 甲基化,包括 N6-甲基腺嘌呤、5-mC 和 5-hmC,为表观遗传学研究打开了一条通路。

第三节　蛋白质组学在表现遗传修饰中的应用

蛋白质在行使生物学功能的时候,会在翻译中或者翻译后在氨基酸侧链上共价结合各种非肽类基团,形成翻译后修饰。常见的翻译后修饰主要有:磷酸化、糖基化和泛素化等。其中,功能研究最为广泛的是蛋白质的磷酸化。据统计,哺乳动物细胞内约有三分之一的蛋白质可以被磷酸化,基因组中有 2% 的基因编码蛋白磷酸酶。蛋白质磷酸化参与调节细胞多种生命活动进程,包括细胞增殖、发育和分化,细胞骨架调控,细胞凋亡、代谢和肿瘤发生等。因此,对磷酸化蛋白及其位点的鉴定对更好地理解机体内一些受磷酸化影响的信号通路机制是十分必要的。而生物体内磷酸化与去磷酸化是一个可逆的动态变化过程,当细胞中磷酸化蛋白表达失调以及蛋白质磷酸化功能异常时,会引发一系列的疾病。因而分析蛋白质磷酸化修饰在不同生理病理状态下的变化,可以进一步发掘与疾病发生、发展相关的重要标志物,为揭示其分子机理奠定基础。

定量蛋白质组学分析的方法和技术原则上适用于磷酸化蛋白质的定量分析,但由于磷酸化蛋白质自身的一些特点,使得磷酸化蛋白质组定量分析遇到一些困难。主要有:磷酸化蛋白质的含量仅占总蛋白质的 1%,在质谱中磷酸化的肽段很容易被淹没在大量非磷酸化肽段中;磷酸肽的磷酸基团很容易断裂,使得磷酸化蛋白质的样本处理的要求更高,所以在磷酸化蛋白质组应用时,需要加入额外的样本处理方法保证磷酸化基团的鉴定。

在磷酸化蛋白质被质谱检测之前,需要对胰蛋白酶酶解的磷酸化多肽进行规模化富集。富集方法主要有:固相亲和色谱(immobilized metal affinity chromatography,IMAC)和强阳离子交换色谱富集法。前一种方法是一项较为成熟的磷酸化多肽富集分离技术。它利用磷酸基团与固相化的 Fe^{3+}、Ga^{3+} 和 Cu^{2+} 等金属离子有较高的亲和力来富集磷酸肽。目前发展的高通量磷酸化蛋白质组分析主要采用 IMAC-高效液相色谱-串联质谱的方法。另外,2004 年 Pinkse 等将二氧化钛(TiO_2)技术引入磷酸化多肽富集领域,利用 TiO_2 与磷酸肽上的磷酸基团亲和能力强实现了磷酸化多肽的富集。该技术在富集磷酸肽的时候选择性和灵敏度都优于 IMAC 技术,非特异性肽段的富集大大减少。后来科学家又利用纳米材料比表面积大的优点，对 TiO_2 进行纳米材料的开发研究，进一步增强了该技术对磷酸化肽段富集的能力。强阳离子交换色谱富集法是基于磷酸化肽段与非磷酸化肽段在酸性溶液中所带电荷的不同达到分离目的。在溶液 pH 为 2.7 时，胰蛋白酶的酶切产物肽段大部分带＋2 电荷，而磷酸化多肽由于含有磷酸化基团，带一个负电荷，所以磷酸化肽段在酸性溶液中带＋1 电荷。这样在强阳离子交换色谱中，单电荷肽段比多电荷肽段流出时间早，因此磷酸化肽段便能从多电荷复杂的非磷酸肽中分离富集。但是，该方法也存在一定局限性，诸如该方法只适合胰蛋白酶酶解的磷酸肽产物，需要的样品量大，且需要对分馏出的每个馏分进行分析。

蛋白质糖基化具有重要的生物学功能，不仅影响蛋白质的空间构象、生物活性、运输和定位，而且在分子识别、细胞通信、信号传导等特定生物过程中发生重要作用。特别是在免疫系统中几乎所有的关键分子都是糖蛋白，不论固有免疫系统还是获得性免疫系统，特定的糖型对免疫蛋白分子折叠，免疫蛋白间识别、通讯，免疫细胞活化、抗原传递等方面都发挥重要作用。

糖基化修饰在疾病中，特别是肿瘤的发生、发展、转移和侵袭过程中具有极其重要的意义。目前多种癌症被证实与糖基化的异常变化有关，比如 B-I,3-N-乙酰葡糖氨基转移酶-8(B3GnT8)通过调节糖蛋白 CDl47 上 Bl,6-多乳糖胺可调节大肠癌细胞侵袭的能力。小整联蛋白配体 N—糖蛋白家族是由 OPN、BSP、DMPl、DSPP 和 MEPE 这 5 种糖蛋白组成，在正常状态下，这 5 种蛋白可通过激酶级联反应或转录因子调节与细胞表面结合素或者 CD44 结合发挥正常功能，而癌变的细胞通过细胞表面 CD44 的变体与这些蛋白结合，实现和外界的通讯，从而导致癌细胞的侵袭和转移。此外在其他的病理过程中，比如糖尿病、自身免疫疾病、病毒性疾病等，均与蛋白质的糖基化有着密切的关系。根据糖链结构组成不同以及糖基化修饰的位点不同，蛋白质的糖基化修饰主要分为以下几种类型：

(1) N-连接糖基化。N-糖基化修饰主要是糖蛋白的 N-连接聚糖与天冬酰胺侧链的酰胺氮连接。N—糖基化蛋白具有固定的特征序列 Asn - Xxx - Ser/Thr/Cys。N-糖链都含有一个共同的核心结构(core struture)，核心结构由两个 N-乙酰葡糖胺(N-acetylglucosamine，GlcNAc)和三个甘露糖(mannose，Man)组成。由这一核心结构延伸的精细末端结构(terminal elaboration)有所不同。N-糖基化修饰主要发生在内质网和高尔基体中，首先在糙面内质网上进行脂连前体的合成、寡糖的定向蛋白转移和寡糖的初始剪切产生新生糖蛋白，随后新生糖蛋白在高尔基体迁移过程中进行加工产生成熟糖蛋白，这一过程通过一系列的糖基转移酶和糖苷酶精细调控产生。

(2) O-连接糖基化。主要是糖链与丝氨酸或苏氨酸相连。O-糖链比起 N-糖链更加复杂，糖基化位点没有保守的氨基酸序列，糖链组成没有核心结构，组成从一个单糖到巨大的磺酸化的多糖不等。O-糖基化修饰主要发生在高尔基体中，也是通过一系列糖基转移酶将不同类型的单糖连接在蛋白质特定位点上。

(3) O-GlcNAc 修饰。这是一类比较特殊的糖基化修饰。其糖基化位点上只连有一个 N-乙酰葡糖胺，有人将其单独归为一类糖基化修饰类型；因其修饰位点也发生在丝氨酸或苏氨酸上，也有人将其归于 O-糖基化修饰。这类修饰常常发生在胞质和细胞核内，只受 O-GlcNAc 转移酶(OGT)和 O-GlcNAc 水解酶(OGA)两种酶调控。OGT 以

UDP-GlcNAc 为底物，将 GlcNAc 转移至蛋白质的丝氨酸或苏氨酸的羟基上；OGA 将 GlcNAc 从蛋白质上水解下来，二者共同调控蛋白质的 O-GlcNAc 水平。

糖蛋白质组学/糖组学与传统单个蛋白质糖基化的研究相比研究策略有所不同。糖蛋白质组学/糖组学基于蛋白质组学，大规模、高通量、系统性地对蛋白质的糖基化进行研究。由于生理和病理过程往往涉及不止一个糖蛋白，且糖基化修饰表现多样，因此在整体水平上大规模对蛋白质的糖基化进行研究具有重要的意义。由于蛋白质糖基化的复杂性，目前采用组学的方法对蛋白质糖基化的研究主要停留在前两个层次，即定性分析和定量分析。定性分析主要是对糖蛋白、糖基化位点的鉴定，对糖链以及糖肽的解析；定量分析主要是对糖蛋白、糖链或糖肽进行定量的研究。

生物质谱对于酶解后的蛋白质可以直接进行大规模的鉴定，然而对于复杂样本中糖基化蛋白的鉴定却存在很大的困难，这是因为糖肽在总肽中丰度很低，仅约 2%～5%，从而导致在质谱分析时糖肽段的信号往往被非糖肽所掩盖或抑制。因此，在质谱鉴定前对糖蛋白/糖肽的分离和富集至关重要。目前，针对糖蛋白的不同性质，发展了很多方法，主要包括凝集素亲和法、共价结合法、色谱分离和固相法、多种方法联合富集法，以及针对 O-GlcNAc 的富集方法。凝集素是一类可以特异性识别糖蛋白上不同糖链结构的蛋白，其与特异糖型或糖链结构通过氢键相连。不同类别的凝集素对不同糖型和糖苷键的特异性不同，如糖蛋白质组学中常用的刀豆蛋白 A(concanavalin A，Con A)能够特异性识别高甘露糖型的 N-糖蛋白；麦胚凝集素(wheat germ agglutinin，WGA)能够特异性识别含有乙酰葡糖胺和唾液酸的杂合型 N-糖蛋白；怀槐凝集素(Maackia amurensis II，MAL II)能够特异性识别含有 a-2,3 连接唾液酸的糖蛋白；西泽接骨木凝集素(Sambucus nigra，SNA)则能够特异性识别含有 Q-2,6 连接唾液酸的糖蛋白；榴莲凝素(Jacalin)能够特异性识别 O-糖基化蛋白。凝集素亲和富集法因适用性广，目前在糖蛋白/糖肽富集中使用非常广泛。

不同于凝集素亲和富集法，还有以共价相互作用为基础的糖蛋白/糖肽富集方法，主要有肼化学法和硼酸富集法。肼化学法是 2003 年由 Zhang 等人发展的一类基于肼腙反应的固相富集方法，该方法主要利用糖蛋白或糖肽上糖环的顺式二元醇氧化后与酰肼进行反应实现特异性富集。首先用高碘酸盐将糖环上的邻二醇氧化成醛，然后使醛基与酰肼树脂上的肼反应从而共价连接到固相的树脂上，最后通过酶切释放糖肽。理论上所有的 N/O-糖蛋白/糖肽都能够被该方法富集到，然而由于缺乏释放 O-糖蛋白/糖肽的酶，目前该方法只适用于 N-糖基化的分析。肼化学法因其具有很高的特异性，在 N-糖基化的位点鉴定中使用广泛；但由于该方法释放糖肽时需要去掉糖链，因而不能获得完整的糖肽，因此不适用于完整糖肽的鉴定。

糖基化位点的鉴定在糖蛋白解析中至关重要，目前 N-糖基化位点鉴定主要是利用糖苷酶去除糖链后，糖基化位点产生的质量差异作为标签，通过串联质谱分析以及数据库检索鉴定。PNGase F 作用在氨基酸与五糖核心中第一个 GlcNAc 之间，酶切后使得糖基化位点的天冬酰胺(Asn N，114.043 Da)转变为天冬氨酸(Asp D，115.027 Da)，造成相对分子量增加 0.984 Da，从而使糖基化位点质量标签的作用被质谱检测到。

（本章编委：郭梦喆　张芳）

第十一章 系统生物学与进化理论

生物系统的形成来自生物进化的过程,对生物系统的认识自然也就离不开对生物进化规律的认识和研究,本章对生物进化理论进行简要介绍。生物进化作为一个历史过程存在有大量的化石证据和其他证据,已经被普遍接受,因此本章不再讨论。生物物种或个体是一个复杂的系统,在生物进化过程中,既有物种的长期稳定存在,也有物种复杂性的提升。那么对于生物系统复杂性的提升该如何研究?如何在 DNA 分子水平上检测生物系统复杂性的提升? 这些问题长期以来一直是生物进化研究中的难题。

第一节 进化理论简要历史

生物进化理论的目的是对自然进化现象做出一个简单合理的、能够被检验的规律性解释,是一个随着时间不断深入、不断完善的理论,至今已经有了 200 多年的历史。开始是来自生物表型多样性的启发,后来又引入了孟德尔遗传学,近 60 年中蛋白序列和 DNA 序列的认知导致了分子进化理论的提出和完善。本节简要介绍这期间提出的几个主要进化理论。

1 用进废退理论

早期的进化思想基本来自博物学研究者。最早系统提出生物进化论的是法国学者拉马克(J. B. Lamarck),在 1809 年,他发表了《动物哲学》(*Philosophie Zoologique*),首次系统提出生物进化论。他认为生物是进化的,有用进废退现象,环境对生物的影响可以反映在下一代,也就是所谓的获得性遗传。拉马克理论中最著名的例子就是长颈鹿必须伸长脖子才可以获得高处的树叶,因此它们的脖子不断变长。长脖子是可遗传的,经过一代代的积累,它们的脖子就变得越来越长。这一过程可以发生在任何长颈鹿身上,而物种是由生命中发生了这种改变的个体组成的,所以长颈鹿整个物种的脖子变长了。他的理论引入了两个原理,一个是自然界有促进复杂性进步的力量(complexifying force),导致物种从简单到复杂方向进化;另一个是适应环境的力量(adaptive force),可以导致物种的小进步和多样性或维持原状(图 11-1)。获得性遗传的理念一直被遗传学者认为是伪科学,但近年来随着表观遗传学的飞速进展,有限的获得性遗传已经有不少实验数据的支持。自然界存在促进复杂性进步的力量,也被近 20 年的新研究所证实(见下文中遗传等距离现象和遗传多样性上限理论)。

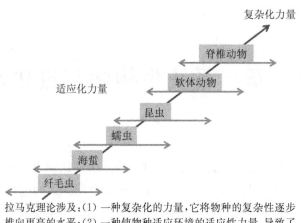

拉马克理论涉及：(1) 一种复杂化的力量，它将物种的复杂性逐步推向更高的水平；(2) 一种使物种适应环境的适应性力量，导致了物种的多样性。

图 11-1　拉马克的双因素理论

2　自然选择理论

　　用进废退理论提出之后，有五位英国博物研究爱好者，包括：达尔文（Charles Darwin）、华莱士（Alfred Wallace）、布里斯（Edward Blyth）、威尔士（William Charles Wells）和马太（Patrick Matthew），在几十年跨度内各自想到了自然选择（natural selection）的适者生存思想（1813—1859 年），同一国家不同的五人都想到了同一个理念，反映的是这个思想的时代必然性。而当时的英国正处在第一次工业革命后的殖民扩张高峰期，弱肉强食的种族歧视理念非常盛行。这五人中，布里斯认为自然选择作用非常有限，只是维持了物种基本现状，淘汰了不适应或不健康的个体，而维持了物种长期稳定的存在；华莱士认为自然选择不适用于人的意识的出现；达尔文认为自然选择几乎无所不能，他的巨著《物种起源》发表于 1859 年，系统和全面地描述了支持自然选择理念的例证。

　　达尔文关于进化机制的自然选择理论在发表之后的几十年里，一直争议巨大，没有被普遍接受，也没有使进化研究突飞猛进。进入 20 世纪后，孟德尔（Gregor Mendel）的遗传学规律在 40 年后被重新发现，摩尔根（Thomas Hunt Morgan）等学者引导了遗传学的迅猛发展，遗传学家们整合了遗传学和达尔文自然选择理论，创立了综合进化论（evolutionary synthesis）或新达尔文主义（neo-Darwinism）。摩尔根的一位学生兼同事，美籍苏联人杜布赞斯基（Theodosius Dobzhansky）为创立综合进化论做出了重要贡献，他于 1937 年发表了《遗传学和物种起源》（*Genetics and the Origin of Species*）。其他对综合进化论做出主要贡献的科学家，有进一步建立了群体遗传学的数学理论的三位学者——英国的费希尔（Ronald A. Fisher）、霍尔丹（John B. S. Haldane）以及美国的赖特（Sewall Wright）；还有，著有《分类学与物种起源》（*Systematics and the Origin of Species*，1942）的美国动物学家迈尔（Ernst Mayr）；著有《植物的变异和进化》（*Variation and Evolution in Plants*，1950）的美国植物学家史旦宾斯（G. Ledyard Stebbins）；著有《物种水平上的进化》（*Evolution Above the Species Level*，1959）的德国鸟类学家 Bernhard Rensch；以及著有《进化的速度和模式》（*Tempo and Mode in Evolution*，1944）和后续著作《进化的主要特征》（*The Major Features of Evolution*，1953）的美国古生物学家辛普森（George Gaylord

Simpson)。这些学者认为种群内部的突变和自然选择过程(一般称为小进化,microevo-
lution)导致了新种的起源以及主要特征的长期进化(称为大进化,macroevolution)。小进
化与大进化的机制被假定是相同的,两者之间只有时间上的不同。关于小进化有大量的
研究,而对大进化的研究则非常有限,以至于这个假定一直没有得到证实。辛普森认为,
如果这两种进化有本质不同,即使有无数现有的小进化研究,对于理解大进化也是微不足
道的。目前有重要影响力的主流进化理论就是综合进化论。近年来的分子进化理论和实
验研究发现大进化与小进化完全不同(见遗传多样性上限理论)。

3　中性理论

20 世纪 60 年代初期,蛋白测序技术的发展,使蛋白序列比对成为可能,进化研究随
即进入了分子时代,并突显了达尔文自然选择理论或综合进化论的局限性。1962 年,美
国生物化学家祖卡坎德尔(Emile Zuckerkandl)和鲍林(Linus Pauling)通过对不同物种的
血红蛋白进行序列比对,首次非正式提出分子钟的概念。1963 年,美国生物化学家马戈
利来希(Emanuel Margoliash)同时对多个物种的细胞色素 C 序列进行序列比对,首次发
现了令人震惊的遗传等距离现象,并首次明确表述了分子钟假说,认为所有物种的分子进
化速率基本相同。

分子钟假设的提出,为分子进化理论——中性理论(neutral theory)的提出提供了理
论依据。中性理论认为在分子水平上,自然选择不起主要作用。这个理论发表于 1968
年,其主要提出者和倡导者是日本群体遗传学家木村资生。木村认为中性理论较好地解
释了分子钟假设,尽管这个解释并不完善。随后的几十年,一直到如今,分子钟和中性理
论一直是群体遗传和分子进化研究的理论基础,指导了大量的分子进化学、分子分类学和
群体遗传学的研究工作,指导了大量分子进化树的构建,还为检验自然选择提供了非常有
用的零假设。但必须强调的是,中性理论对自然现象的解读并不完善,其仍然没有揭开遗
传多样性和遗传等距离现象之谜题。

4　遗传多样性上限理论

2008 年,美国加州 Burnham 研究所的分子遗传学者黄石(Shi Huang)认为:分子钟
假说对遗传等距离现象的解读是错误的。分子钟是把处于上限饱和态的遗传距离解读成
是线性态(与时间成正比递增)。他创立了遗传多样性上限理论(maximum genetic diver-
sity theory),也就是 MGD 理论,认为遗传多样性或遗传距离大部分是处在上限饱和平衡
态,不再随时间继续递增,他还发现了判断上限饱和态遗传距离的一个指标,即重叠突变
位点的富集(一个氨基酸位点在不同物种发生了突变,并变成了各物种中互不相同的氨基
酸,称为重叠突变位点)。遗传多样性上限理论首次把表观遗传编程的改变引入进化论,
并重新定义了小进化和大进化。把因为表观遗传改变而带来的物种复杂性的提升认定为
是大进化,种内的遗传变异以及种间的微小改变或改变不大的新物种形成小进化。小进
化没有方向性,可以称之为演化,但大进化有着从简单到复杂的方向性,可以称之为进化。
这类似重新发现和肯定了拉马克的主要思想——获得性遗传或表观遗传,以及布里斯关
于自然选择主要是维持原状的思想。遗传多样性上限理论吸收了所有自然选择理论或综

合进化论和中性理论的合理内容,去除了其中的主观臆想成分,是一个更加完善的进化理论,对分子进化和分子分类研究具有重要意义,改写了很多进化树的构建,包括人类起源的分子模型;同时对复杂性状和复杂疾病的遗传研究也具有重要意义,首次对遗传多样性进行了较完善的解读,揭示了上限饱和平衡态其实是遗传多样性的常态。

过去 100 多年里,也出现了许多各种各样的非主流进化理论,比如一个国际资深进化学者教授联盟——第三进化之道(Third way of Evolution),就包含了几十种不同的进化论,其共同点都认为主流的综合进化论是不完善的,最多是个小进化机制,他们认为对进化的理解除了宗教上帝和无神的自然选择论两条认识路线,还应该有第三条路线。其他还有所谓的智能设计论(Intelligent Design)。中国也不乏提出新进化论的学者,比如陈世骧提出又变又不变的理念。但在今天的基因组分子大数据时代,一个理论若不能对分子进化的主要现象(比如遗传等距离现象)做出合理解读,则这个理论必然是无用的或不能指导分子进化研究,也就不太可能是正确的或完善的。因此,在这里我们只是选择了对全面理解进化包括分子进化有意义的三个进化理论来进行介绍,即自然选择综合进化论、中性理论和遗传多样性上限理论。需要注意的是,对于进化理论的各种争议,都是集中在关于复杂性提升的大进化,没有人反对自然选择理论对于物种的稳定性和微小变异适应导致新的类似物种——也就是小进化的解读。

第二节　自然选择理论或综合进化论

达尔文的自然选择进化理论认为,所有生命都来自某个或某些原始祖先,通过自然选择,经过相当长的时间后,获得了千差万别的不同特征。这一过程完全是自然的,是产生生命多样性的物质基础,因而可以通过科学的探索而认知物种变化,把探索"人是从哪里来"的哲学或宗教问题变成了一个科学问题。

1　达尔文自然选择理论

自然选择理论所依据的一个普遍现实是,一些可遗传的性状差异影响着生存与繁殖。如果存在可遗传的差异,那么自然界中那些成功的个体同样也会把它们的基因(通常具有优良的特质)传递给下一代,而下一代就相应具备了适应性的特质,例如动物奔跑的速度,只有那些未被捕食者吃掉的跑得快的个体才能繁殖下一代。达尔文意识到了这个过程能够解释生物对自然条件的适应。适应性通常指的是生存与繁殖的总能力,不需要详述某些具体性状。大部分情况下,研究人员也不知道新物种的出现是因为哪些具体性状被选择而导致的。自然选择是在生存竞争中实现的,它通过对微小的有利变异的积累而达到新物种的形成(图 11-2)。这里所需要的时间是漫长的,研究者们通常只能看到选择的结果,而察觉不到具体的过程以及具体是哪些性状的积累导致了新物种的进化。

到 19 世纪 70 年代,大多数科学家都接受了主要来自考古发现所显示的进化这一历史事实,即生物传承自共同祖先并发生了变化。这一理论尤其被德国动物学家海克尔(Ernst Haeckel)所推崇。19 世纪末和 20 世纪初是古生物学、比较形态学和比较胚胎学的发达时期,期间累积了有关进化的化石记录和生物类群间关系的大量资料。但是,就达尔文理论中关于进化的原因,即自然选择,并没有达成一致。在《物种起源》出版大约 60 年后,出现了众多其他的进化理论,这些理论包括新拉马克主义、定向进化和突变理论等。

新拉马克主义(neo-Lamarckism)是基于过去个体生命中的改变可以遗传的观点,这种改变可能是由于环境对个体发育具有直接影响。虽然早期大量的研究都没有找到证据,支持环境条件可以诱导出对生物有利的特定遗传变化,但近 20 年的表观遗传研究中,有证据显示,某些环境条件诱导的特定性状改变可以稳定地遗传至少几十代。

定向进化(orthogenesis)理论,或称进步进化(progressive evolution)理论认为,变异的产生朝向一个固定的目标,因此物种向一个预定的方向进化,并不需要自然选择的辅助。注意自然选择是没有方向的,定向进化的提出者并没有阐明其发生的机制。但近十几年的理论研究显示,只有认识到物种存在着从低级到高级的进化,才能完整地解读进化现象,特别是分子进化的最惊人现象,即遗传等距离现象(见遗传多样性上限理论)。

突变理论是由一些遗传学家提出的,观察到突变过程可以产生间断而不同的新表型,并认为这种突变体构成了新的物种,因而无需用自然选择来解释物种的起源。突变理论的想法是由 1900 年重新"发现"孟德尔理论的科学家之一狄·弗里斯(Hugo de Vries)和果蝇遗传学的奠基人摩尔根提出的。还有一位著名的突变论学者是戈尔德施密特(Richard Goldschmidt),他认为物种内的演化变化完全不同于新物种以及更高分类群的起源,物种和高阶元分类群起源于突发的、剧烈的变化,这些变化造成了整个基因组的重组,虽然大多数这类重组是有害的,但一些"有希望的怪物"(hopeful monster)将成为新类群的祖先。突变论长期以来被认为是错误的,但近十几年的理论研究显示,只有认识到种内演化与进化的不同机制,才能完整地解读进化现象,小进化可以来自微效突变的积累,大进化则可能是来自表观遗传编程的突发改变(见遗传多样性上限理论)。

20 世纪 30 到 40 年代,一批遗传学家、分类学家和古生物学家对上述反达尔文主义的思想进行了驳斥,将达尔文的理论与遗传学的事实整合起来,其整合的理论被称为综合进化论(evolutionary synthesis),该理论主要原则就是适应性进化是通过自然选择作用于孟德尔式的颗粒遗传变异引起的,通常被称为新达尔文主义(neo-Darwinism)。主要贡献者,包括费希尔(Ronald A. Fisher)、霍尔丹(John B. S. Haldane)、赖特(Sewall Wright)、杜布赞斯基(Theodosius Dobzhansky)、迈尔(Ernst Mayr)、仁施(Bernhard Rensch)、史旦宾斯(G. Ledyard Stebbins)以及辛普森(George Gaylord Simpson)。

2 综合进化论

(1) 综合进化论要点

引入了遗传学之后,人们对自然选择理论有了一些新的认识。自然选择可以简单地定义为不同遗传变异体的差别繁殖。自然选择的作用,集中体现在对种群基因频率的影响。一个个体的表型与基因型是不同的,个体间的表型差异部分来自遗传变异,部分受环境的直接影响。环境对个体表型产生的影响并不改变传递给后代的基因,也就是说,获得的性状是不能遗传的(注意,近 20 年的表观遗传研究支持有限的获得性遗传)。可遗传的变异以颗粒物(基因)为基础,在世代传递过程中保持其"颗粒"的特性,不会与其他基因相

在加拉帕戈斯群岛,因地理隔离和不同地点的食物种子颗粒大小不同,导致了不同地区达尔
文雀的鸟嘴大小不同,图示为四种不同大小的鸟嘴。

图 11-2　达尔文雀的鸟嘴多样性

混合。遗传变异起因于随机突变和重组。基因突变发生的频率通常很低,当基因突变成另一种稳定形式时,称为等位基因(allele)。突变所产生的变异可以因不同基因座间等位基因的重组而变得更大。演化过程发生在种群中,种群中具有不同基因型的个体的相对频率发生变化,在世代更替过程中一种基因型可以逐渐取代另一种基因型。基因型频率的变化可以是随机的也可以是非随机的。而突变的发生率太低,故其本身不能将种群从一种基因型转变成另一种基因型。种群中基因型频率的变化可以经由两个主要过程发生:随机波动,即遗传漂变(genetic drift)和受环境影响或自然选择导致的变化,后者的发生是由于某些基因型与其他基因型相比在生存或繁殖上具有优势(即自然选择)。自然选择和随机遗传漂变可以同时起作用。自然选择既可以解释物种之间的细微差别,也可以解释物种间的巨大差别。随着时间的推移,自然选择被假定为可以导致显著的进化改变(注意,没有直接证据证明大进化是来自自然选择)。种群可以累积相当多的遗传变异,突变也会在自然种群中积累,因此许多种群包含了足够多的遗传变异以快速应对环境条件的改变,而无须等待新的有利突变的发生。物种是可相互交配或潜在交配可育的一群个体,它们与其他物种的个体不能交换基因。所有生物似乎都来自一个远古的共同祖先,它们构成了一棵巨大的生命进化树,即系统发生(phylogeny),由共同祖先不断分支进化出不同支系的新物种而形成。

(2) 哈代-温伯格平衡

自然选择的作用,集中表现在对种群基因频率的影响。群体中的基因频率能否保持稳定? 在什么情况下才能保持稳定? 对此,英国数学家哈代(G. H. Hardy)和德国医生温伯格(W. Weinberg)分别于 1908 年和 1909 年提出了一致结论,即如果有一个群体符合下列条件:① 群体是极大的;② 群体个体间的交配是随机的;③ 没有突变产生;④ 没有种群间个体的迁移或基因交流;⑤ 没有自然选择,那么这个群体中各基因频率和基因型频率就可世代相传、保持不变,这样的群体称为遗传平衡群体。这个理论称哈代-温伯格平衡,也称遗传平衡定律(law of genetic equilibrium)。

　　哈代-温伯格平衡可用一对等位基因来说明。一个杂合的群体中,在许多基因座上有两个或两个以上的等位基因。但只要这个群体符合上述 5 个条件,那么其中杂合基因的基因频率和基因型频率都应该保持遗传平衡。设一对等位基因为 A 与 a,亲代为 AA 与 aa 两种基因型,其频率分别为 p 与 q(p+q=1)。自由交配后,按孟德尔遗传法则确定 F₁ 代具有 AA、Aa、aa 三种基因型,其频率为:

$$p^2 + 2pq + q^2 = 1$$

　　假定三种基因型提供等量的配子输送给群体(基因库),其中纯合子 AA 与 aa 只产生一种配子(A 或 a),杂合子 Aa 产生两种配子(A 与 a),那么 F₂ 代的 A 与 a 两种配子的频率为:

$$A: p^2 + \frac{1}{2} \times 2pq = p^2 + pq = p(p+q) = p$$

$$a: q^2 + \frac{1}{2} \times 2pq = q^2 + pq = q(p+q) = q$$

　　结果配子的基因频率与亲代完全相同,3 种基因型的频率也不变。以此类推,其后代的情况同样如此,群体保持遗传组成的稳定平衡。

　　哈代-温伯格平衡说明了在一定条件下种群可以保持遗传平衡,大部分群体遗传学和分子人类学研究中涉及的常用统计方法,都假定了子代基因型频率的期待值等同于父代的基因型频率,即都假定了一个 martingale 模型(统计学术语,指一系列随机变量,在特定时间,无论所有先前值如何,对序列中下一个值的条件期望均等于当前值)。但在事实上,这些条件基本上是不存在的。后面会论述,现实中常见的遗传多样性的平衡态是由自然选择来维持的。

　　(3) 适合度与选择系数

　　适合度(fitness)是指某一个基因型个体与其他基因型个体相比时能够存活并留下后代的能力,一般用 f 表示。通常把适合度的最高值定为 1。假定在一个基因座上有三种基因型,纯合型 AA 平均生一个子代,杂合型 Aa 也平均生一个子代,而纯合型 aa 只生 0.8 个子代,那么三种基因型的适合度分别为 1、1 和 0.8。

　　选择系数(selective coefficient)是指环境条件对不同基因型的选择强度,也称淘汰系数。它是与适合度相对应的表示相对选择强度的数值,一般以 s 表示,s=1-f。选择系数高就意味着对个体不利。

　　有了不同基因型的相对适合度和选择系数,按照哈代-温伯格平衡原理,就可推算出自然选择下基因频率改变的情况。假定等位基因 A 相对于 a 是显性,设 A 的适合度为 1,由于选择是作用于表型而不是基因型,所以 Aa 的适合度应与 AA 相同,也为 1。aa 是隐性纯合子,设其适合度较低,有一个选择系数 s,它的适合度小于 1,等于 1-s。选择前的频率已在哈代-温伯格平衡节中提到,则选择后:

$$AA \text{ 的频率为 } p^2 \times f_{AA} = p^2 \times 1 = p^2$$

$$Aa \text{ 的频率为 } 2pq \times f_{Aa} = 2pq \times 1 = 2pq$$

$$aa \text{ 的频率为 } q^2 \times f_{aa} = q^2 \times (1-s)$$

因此，AA 和 Aa 的频率不受影响，而 aa 则以 1－s 的程度减少。

（4）自然选择与人工选择的比较

达尔文的《物种起源》用了人工选择（artificial selection）的例子来解释自然选择。显然，自然选择与人工选择有相似的地方，但也有本质的不同。人工选择是有意识的参与，具有目的性和方向性，但不是随机的，从选择者的出现到选择的过程再到选择后出现的产物，都不是随机的。但是，自然选择是没有意识的参与，没有目的性和方向性，其选择产物的出现是完全随机的。对于自然选择理论有一个常见的客观评价——一个随机错误制造物种或秩序的理论。为了对抗这一负面评价，部分学者强调虽然突变是随机的，但自然选择不是随机的。但这观点其实是经不住推敲的语言游戏，比如偶然出现的旱灾导致抗旱物种的繁衍，显然是偶然随机的，这里的选择者（旱灾）的出现是偶然的，导致的抗旱物种的出现也自然是偶然的。自然选择的过程确实不是随机的，致病基因突变出现后导致的一系列致病致死的生化活动或过程都是不随机的，但从选择者到选择产物的这一完整链条中，不管这其中的过程是否随机，只要选择者的出现是随机发生的，则必然意味着选择产物的出现也是随机的。刻意强调自然选择作为过程的不随机是无意义的，只会起到混淆是非的作用。自然选择能做到的，人工选择理论上都能做到（需要给予足够时间）；但人工选择能做到的，自然选择不一定能做到。比如在一个四季明显的自然环境里，人们可以通过人工定向的逐步提升温室环境的温度来培育抗高温的物种，但是自然环境的四季周期性循环变化是不可能选择出抗高温物种的。

（5）综合进化论的局限性

综合进化论或自然选择理论也存在一定的不足或片面性，还不能完整地解释一些主要进化现象，特别是不能解释自 20 世纪 60 年代后不断涌现的分子进化现象。在很多情况下，自然选择理论对最适者的定义属于循环定义，活下去的就是最适的，最适的就是活下去的。在多数情况下，研究者并不知道一个新物种的出现到底是因为对于哪些自然环境的适应来完成的。自然选择理论认为小进化机制同样可以解释大进化，但这仅仅是猜想，还没有直接证据证明。对于模式生物，如果蝇、酵母和大肠杆菌等，进行大量多世代培养和诱变实验都没有能够成功进化出新的物种。伴随着实验诱发的新性状的产生，通常是对野生型生化通路的有害性改变。证明自然选择理论的证据基本都是来自小进化本身，例如：抗生素的应用导致的细菌抗药性以及工业黑化现象。后者是由于工业污染导致的树皮黑化，使得黑色翅膀的蛾类不易被捕食者发现，蛾类群体中黑蛾的比例大大提高。自然选择理论与经验观察也有一定的矛盾，前者不认为进化存在方向，这就不能解释观察到的生物存在着从简单到复杂的进化历史（比如单细胞生物先于多细胞生物的出现）。小进化理论可以较完美地解释物种的长期稳定存在，比如某些活化石鱼类 5 亿年都未有明显改变（活化石指的是今天存在的物种与上古的化石物种在形态表型特征上无显著区别），但通常不能解释有较大改变的物种的出现或进化。自然选择理论可以较好地解释类似物种之间的转变，比如由某种猴子演化出多种不同种类的猴子，这里没有复杂性的改变或提升。但在同样时间段内（3 000 万年），猴子也进化出了类人猿类和人类，这里就有了明显的复杂性的提升。能够解释没有复杂性提升以及物种长期稳定性的自然选择理论，也能够同样解释复杂性的提升吗？这是一个非常值得质疑的关键点。若这两者有本质不同,则大量的小进化实验和研究,都不能帮助我们认识复杂性提升是如何实现的。而进化中最有意义的问题就是物种是如何从低级进化到高级的。西方从亚里士多德开始,就不断有思想者认识到并坚持物种进化存在低级到高级的方向并认为人是最高级的。东方古代圣贤则普遍把人看得更高,即所谓天人合一,人是万物之灵。

第三节　分子钟和中性进化理论

20世纪60年代初期,蛋白序列被首次认知,美国生物化学家祖卡坎德尔(Emile Zuckerkandl)和鲍林(Linus Pauling)通过对不同物种的血红蛋白进行序列比对,首次非正式提出分子钟的概念。1963年,美国生物化学家马戈利来希(Emanuel Margoliash)首次发现了令人震惊的遗传等距离现象,并首次明确表述了分子钟假说。序列比对现象以及分子钟假说的提出,对综合进化论是个巨大的挑战,直接激发了一个与达尔文理论对立的分子进化的理论——中性理论(neutral theory),中性理论认为在分子水平自然选择不起主要作用。这个理论发表于1968年,其主要提出者和倡导者是日本群体遗传学家木村资生。

1　遗传距离

遗传距离是衡量生物物种间遗传差异的指标,这里的遗传距离特指DNA分子序列或蛋白质分子序列的差异而不是血缘距离。在分子进化领域可以用序列相似性的高低来表示遗传距离或分子距离,即两个物种的同源蛋白或DNA序列之间有差别的氨基酸残基或DNA碱基数目占该蛋白或DNA序列的氨基酸残基或DNA碱基总数的百分比。

2　遗传等距离现象

遗传等距离现象(genetic equidistance)也被称为分子等距离现象(molecular equidistance)。对任意三个或更多的、复杂性不同的物种的某个同源基因,可以做两种不同序列比对。第一种用某一复杂物种如人,与各种低级物种比较序列差异,比如与青蛙和鱼,发现人与青蛙近、与鱼远(图11-3(A))。第二种比对与第一种反过来,用某一低级物种去跟各种高级物种比较,会看到低级物种如鱼,与比它高级的物种比序列差异,如人和青蛙的距离是大致一样的,这一结果就是无人能预料到的,不管他是否了解自然选择理论或综合进化论。这个比对结果即遗传等距离现象(图11-3(B))。根据这两种结果中的任一种,并假定遗传距离一直都与时间成正比,通过进行简单数学换算,就会得出各个不同物种的突变速度是一样的,这就是分子钟。因为鱼类是所有陆生脊椎动物的共同祖先,与所有这些陆生脊椎动物的亲缘关系或分离时间是等同的,因此,序列差异的相等就直接被换算成了不同陆生脊椎动物的突变速率或置换速率是等同的。这里需要指出的是,能否进行这种简单数学换算? 进行这个换算隐含了序列差异没有饱和上限的预设假定,隐含了序列差异永远与时间成比例递增的线性关系的预设假定,这些假定是否是真实的呢?

3　分子钟的提出

20世纪五十年代末期,随着蛋白测序技术的发展,蛋白序列比对成为可能。1962年,

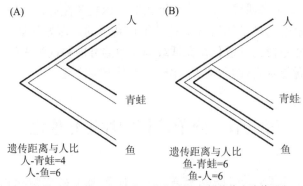

图中时间分支长度与遗传距离相等,细黑线表示分离时间,粗黑线代表遗传距离。(A)与人比对,(B)与鱼比对。分子钟可同时解释(A)和(B)但是自然选择理论只能解释(A)。因为(A)通常被介绍为支持自然选择理论的分子证据,几乎所有人都能正确预测(A)但不能预测(B)。4和6代表的遗传距离值是假想的数值。

图 11-3　分子钟对序列比对的解读

通过对不同物种的血红蛋白进行上述的第一种比对,祖卡坎德尔(Emile Zuckerkandl)和鲍林(Linus Pauling)首次提出分子钟。1963年马戈利来希(Emanuel Margoliash)对七个物种的细胞色素 c 序列同时进行了以上所提的两种比对后,首次发现了遗传等距离现象(图 11-4),并首次明确正式表述了分子钟假说,认为不同物种置换速率大致相同。马戈利来希在论文中写道:"任何两个物种的细胞色素 c 之间残基差异的数量主要是受导致这两个物种的进化系最初分化后所经过的时间的影响。如果这是正确的,那么所有哺乳动物的细胞色素 c 应该与所有鸟类的细胞色素 c 相同。由于鱼类比哺乳动物或鸟类更早地从脊椎动物进化的主干中分离,因此哺乳动物和鸟类的细胞色素 c 应该与鱼类的细胞色素 c 相同。同样,所有脊椎动物细胞色素 c 都应与酵母蛋白的相同。"马戈利来希这段话描述了遗传等距离现象,同时也注意到了距离与时间的相关,只要是某两个物种与某一第三个物种的分离时间是相等的,则它们与第三个物种的遗传分子差异就是相等的。但是他忽略了距离与物种复杂性的相关性,也即这里看到的等距离都是某低等物种与各个高等物种相比的距离。

4　中性理论的提出

木村资生在 1968 年的一篇文章中提出了中性理论(neutral theory)。King 和 Jukes 也同时独立提出了类似理论。木村资生文章的摘要只有简单一句话:"计算得到的进化中碱基置换速度过高,以至于很多置换必须是中性的。"但这个计算有两点是没有经过任何讨论就隐含为事实的假设。第一,认为观测到的距离不是极限距离,而是继续随时间增加的线性距离,不管进化时间有多长,即使 2 个物种分离了 10 亿年,它们之间的某个同源蛋白的遗传距离或分子差异也还可以继续随时间增加;第二,整个基因组的所有碱基都被当作是可容忍置换的,不存在一突变就致死的不可变位点。很明显,分子钟的高速度直接给了木村资生灵感,让他提出大进化中的中性理论,认为绝大多数物种间的序列差异是由中性突变加上随机漂移造成的,进而推出分子进化速率以世代时间为单位是恒定的(注意,分子钟速率是以年为单位,不是世代时间,因此中性理论并没有真正解释分子钟),所以反

TABLE 1

EVOLUTION OF CYTOCHROME *c*

Species comparison		Number of variant residues	Divergence of lines in millions of years
Horse	— Man	12	130
Horse	— Pig	3	33
Horse	— Chicken	12	
Pig	— Chicken	10	108–150
Rabbit	— Chicken	11	
Man	— Chicken	14	
Horse	— Tuna	19	
Pig	— Tuna	17	
Rabbit	— Tuna	19	184–228
Man	— Tuna	21	
Chicken	— Tuna	18	
Horse	— Yeast	44	
Pig	— Yeast	43	
Rabbit	— Yeast	45	465–520
Man	— Yeast	43	
Chicken	— Yeast	43	
Tuna	— Yeast	48	

显示不同物种间细胞色素 c 的氨基酸差异数目。可以看到,不同多细胞物种与酵母(yeast)的差异数目差不多,45 左右。不同的陆上动物与金枪鱼(tuna)的差异数目都差不多,20 左右。不同的哺乳动物与鸡(chicken)的差异数目大致相同,12 左右。

图 11-4　遗传等距离现象

过来解释分子钟是中性理论最好的证据,这显然是循环逻辑。

1966 年,Lewontin 和 Hubby 发现很大比例的酶编码位点都具有多态性。他们对比了两种解释,自然选择和中性变异,但认为都不能完美解释大量遗传多样性的存在。遗传多样性的决定因素一直以来都是业内的未解之谜,中性理论并没有很好地解释遗传多样性或遗传距离的现实,该中性理论认为,DNA 和蛋白质序列的一小部分突变是有利的并被自然选择所固定,也有很多突变是不利的并被自然选择所淘汰,但就适合度而言,绝大多数被固定的突变实际上是中性的,是通过遗传漂变而固定的。根据这一理论,大部分观察到的遗传变异在选择上是中性的,没有适应意义。

需要注意的是,中性理论并不认为生物的形态、生理和行为特征是通过随机遗传漂变进化的,而是主要通过自然选择而进化。根据中性论者的观点,自然选择所涉及的碱基对替换只是 DNA 序列变化中的很小一部分,因此,中性理论并不否认自然选择在某些碱基或氨基酸差异上的作用。然而,中性理论确实主张我们在分子水平观测到的大多数变异,无论在种内还是种间,对适合度的影响都极小。个体之间的 DNA 差异叫作单核苷酸多态(single nucleotide polymorphisms, SNPs),遗传多态性(polymorphism, "poly" 指 "多", "morph" 指 "形态")是指一个种群内存在两种或多种变异体(等位基因或单倍型)。SNPs 所表现的多态性只涉及单个碱基的变异,这种变异可由单个碱基的转换(transition)或颠换(transversion)所引起,也可由碱基的插入或缺失所致。但通常所说的 SNPs 并不包括后两种情况。理论上讲,SNPs 既可能是二等位多态性,也可能是三个或四个等位多态性,但实际上后两者非常少见,几乎可以忽略。因此,通常所说的 SNPs 都是二等位多态性的,群体里部分个体携带其中一个,余下的个体则携带另一个。平均每两人的基因组差异是 300 万个 SNPs,中性理论把这些 SNPs 大部分看成是中性,就很难解释不同个体之间的性状差异的遗传基础,本来可以用 300 万个 SNPs 变异来解释不同个体之间的表型差异,但被中性理论减少到只有 10 万个左右,而近年来的研究显示,一个单一性状就常常受成千上万个 SNPs 的影响,比如身高或精神分裂症等。中性理论也把不同物种间的序列差异看成是中性,这就很难解释不同物种之间的性状差异的分子遗传基础。

5 中性理论的基本原理

中性理论最重要的一个结果或推论是,置换速率以世代为单位衡量(注意分子钟说的是置换速率以年为单位衡量),不同物种的世代时间不同,有的是每天一个世代,有的是每 25 年一个世代,对进化有意义的突变是每个世代发生一次。让我们假设突变以一个恒定的每配子每代速率 u_T 在一个基因中发生,每个突变都会形成一个新的 DNA 序列(或等位基因,或单倍型)。在所有这些突变中,一部分(适合度, f_0)实际上是中性的,因此中性突变速率 $u_0 = f_0 u_T$ 只是总突变速率 u_T 的一部分。这里指的"实际上中性"是指突变型等位基因对生存和生殖的影响(即适合度)与其他等位基因是如此接近,以至于其频率的变化完全受制于遗传漂变而与自然选择无关。因而,突变可能对适合度有轻微的影响。假如自然选择和遗传漂变同时起作用,而遗传漂变在小种群中的作用要强于大种群,如果种群足够小,突变型等位基因的频率变化将几乎完全受遗传漂变所制约,因此,在小种群中一个特定等位基因相对于其他等位基因来说实际上是中性的;但是在大种群中情况就不同了。种群的大小效应对自然选择的影响,主要是来自太田朋子的近中性理论。

在一个位点上由突变产生实际上中性的等位基因的速率取决于基因的功能。如果在一个基因所编码的蛋白质中有很多氨基酸一旦改变就会严重影响蛋白质的重要功能,那么该基因上的大部分突变将会是有害的而不是中性的,并且 u_0 将会比总突变速率 u_T 低很多,这样的位点被认为受到许多功能制约(functional constraint)。相反,如果不考虑氨基酸的变化,蛋白质都能够很好地执行功能(即限制很少), u_0 将会升高。在 DNA 的蛋白质编码区内,可以预见在密码子第三个碱基位中性突变率最高,第二个碱基位中性突变率最低,因为这些碱基位分别含有最多和最少的冗余信息。对于不被转录或者没有已知功能的 DNA 序列,能够受到的约束最少甚至不存在,中性突变(替代)的比例最大,例如很多假基因,可能还有很多内含子。但其实实验生物学家所发现的出乎意料的证据表明,很多非编码 DNA,包括某些内含子和假基因的部分序列,实际上或许是有功能的。DNA 元素百科全书项目(ENCODE)发现至少 80% 的人基因组都被转录成 RNA,并得出结论认为所谓中性 DNA 或垃圾(junk)DNA 其实是很少的,并不是如中性理论所认为那样占基因组 90%。

6 分子钟的理论基础

现在考虑一个有效大小为 Ne 的种群,其位点每配子每代的中性突变速率是 u_0。由于可能发生突变的基因拷贝数是 $2N_e$,新的突变数平均为 $u_0 \times 2Ne$。根据遗传漂变理论,我们知道一个突变被遗传漂变固定的概率等于它的频率 P,对于新发生的突变而言, $p = l/(2Ne)$。因此,任何一代产生的中性突变在将来被固定下来的数目为:

$$u_0 \times 2Ne[1/(2Ne)] = u_0$$

因为已假定 u_0 在所有世代中保持不变,所以每个世代所固定的中性突变的数目大致相同。平均来讲,这样的突变大约需要 $4Ne$ 代才能在种群中固定。因此,突变的固定速率在理论上保持恒定,并等于中性突变速率,这里的速率是物种每传代一次的突变数目。这一原理是分子钟的(近似)理论基础,中性理论推出的以代为单位恒定的置换速率可以解释类似物种有相同的以年为单位的分子钟,但很难解释世代年数差异较大的物种也同样有以年为单位的分子钟。值得注意的是,从长时间尺度上看,替代的速率不依赖于种群的大小:如果种群很大,每个突变漂向固定的速率比较慢,但是较低的固定速率被更多的新突变所弥补。

如果两个物种在"t"代以前由共同祖先分化而来,而且每个物种每代经历了 u_0 个替代(相对于其共同祖先的等位基因),那么这两个物种间碱基或氨基酸差异的数量应该是 $D=2u_0t$,因为两个谱系各自都累积了 $1u_0t$ 个替代。因此,假如估计出了种群经历的世代数,中性突变速率就可以按以下公式估计:

$$u_0 = D/2t$$

然而,这一公式是有条件的:这里我们假设共同祖先的序列是单态的,同时假定两个物种中固定下来的所有突变都发生于共同祖先分化为两个生殖隔离的种群之后。而且极为重要的是,经过足够长的一段时间,某些位点反复发生了碱基或氨基酸替代,比如,某一特定位点可能经过了由 A 到 G、继而由 G 到 C 甚至最终回到 A 的替代,因此,观察到的种间差异数目会低于实际发生的替代数目。随着分歧时间的加大,观察到的差异数目会达到饱和,因此,快速到达饱和上限的快变序列不能被用于计算不同物种的分化时间。注意,如果一个谱系的 u_0 已经被准确估算出来,根据关系式 $t = D/2u_0$,可以估算相关物种从其共同祖先分歧的时间,也可以估算基因树上基因谱系的分歧时间。但这里必须要强调的是,这个关系式只能适用于用慢变序列(未到达饱和上限态)观测的遗传距离 D。过去几十年的分子进化树构建几乎都没有考虑快变序列的饱和上限问题,虽然有时候是认识到了部分饱和问题并进行了数学修正,但从未意识到上限问题以及上限距离是不可能被任何算法来修正的(上限到达后,突变在同一位点可以继续发生多次,但都不影响距离数值)。

7　无限多位点假说

木村资生于 1969 年提出了无限多位点模型(the infinite site model),假定基因组具有无限多可以突变的位点,每个新突变都发生在新位点上(没有重复突变或回复突变),没有重组发生,进化历史里任何一个位点最多只发生过一次突变,因此,不同个体共享的相同的等位基因都是来自共同祖先。这个假说显然是与现实脱节的,但是却被广泛用于各种分子进化树和种群迁徙混杂模型的构建,大部分相关统计方法依赖于这个假说。

8　遗传漂变

在群体遗传学中,赖特(Sewall Wright)把由于小群体引起的基因频率随机增减甚至丢失的现象称为遗传漂变。凡在大种群中,后代容易保持原有的遗传结构不发生大的偏离,种群愈小,则愈可能发生显著的漂变。奠基者效应(founder effect)是遗传漂变的一种极端的情况。假如从一个大的种群里分出少数个体,迁移到另一个生物地理区,并与原来的种群相隔离,在这种情况下,不管它们在选择上是否有利,后来的基因型就取决于这些个体的基因型;如果后代大量繁殖,就会形成不连续的隔离种群,这种现象被称为奠基者效应;原来被分出的少数个体就是后来新种群的奠基者,这种遗传漂变会带来种群遗传多样性的大幅下降。

9　近中性理论

日本遗传学家太田朋子(Tomoko Ohta)是木村的学生兼同事,她在 1973 年提出了分子进化的近乎中性理论(nearly neutral theory),它是对分子进化的中性理论的修正,反映了一个事实,即存在轻微有害的近乎中性的突变,在小群体中因为选择压力小,这些突变的有害性可以忽略不计,也就是与中性无异;只是当有效群体数量很大时,这些轻微有害突变才被选择淘汰。在大的种群中,遗传漂移不能压倒选择,从而导致更少的突变固定事件并因此减慢了分子进化。这个理论试图解释分子钟为何是以年为单位恒定的,并非中性理论所推导的进化速率以代为单位恒定。高级物种每代的时间比简单物种要长,但有效群体数量一般要小,因此高级物种虽然经历的代数相对较少,但因为群体小会有较快速率的分子进化,所以不同物种以年为单位的分子进化速率基本相同。

10　遗传多样性的数值衡量

通常遗传多样性可以用种群内每两个个体的平均核苷酸差异数值来代表,也可以用某一个个体的基因组的杂合子数量来衡量。若某物种的某一个代表性个体的杂合子数目高,则意味着这个物种群体的遗传多样性水平也高。遗传多样性与遗传距离是等价概念,都是代表不同个体或物种的基因序列的差异值。

11　有效群体数量

有效群体数量的概念由美国遗传学家赖特在 1931 年引入种群遗传学领域。使理想化群体中的某些特定特征的数值(比如遗传多样性水平)与实际群体中的该特征的数值相同所需的理想化群体的个体数量就是有效群体数量。理想化的群体是不切实际而便于简化假定,例如随机交配、每个新世代同时出生、人口规模不变以及每个父母的子女数相等。在某些简单情况下,有效种群规模是种群中育种个体的数量。然而,对于大多数有意义的种群和大多数实际种群而言,实际种群普查个体规模 N 通常大于有效群体规模 Ne。对于很多有意义的特征(包括不同的基因座),一个种群可能具有多个不同的有效种群数量。

12　中性理论的应用

对于处在未到饱和进化阶段的真正的中性变异,中性理论是成立的,分子钟也是成立的,这些变异随时间的积累,可以用来计算物种分化的时间和种系发生的关系。另外,中性理论虽然没有成为一个完善的解释自然生物进化的理论,但普遍被当成是零假设(null hypothesis),用来描述中性变异的期待模式,可以用来检验经过自然选择的变异的存在。

13　中性理论的证据

木村认为分子钟是中性理论最有力的证据。但中性理论只是解释了以世代为单位恒定的有限的分子钟现象，并不能解释以年为单位的"普遍分子钟"（universal molecular clock）。所谓普遍分子钟是指，各类不同物种不论表型和世代时间相差多大，都具备同样的以年为单位的置换速率，比如所有多细胞真核生物都具备同样的分子突变速率，不论是线虫还是黑猩猩。木村的中性理论的重要预测：如果能够从生物学上确信 DNA 序列上的变化不会影响生物的适合度，那么这些 DNA 序列或核苷酸基点上的进化速率会比较高；相反，如果这些变化预计会影响生物的适合度——因为其效果极为可能是有害的而不是有利的，那么其进化速率则会比较低。因此，一个业内长期流行的教条就是非保守序列被认为是中性无功能的。所谓的无功能的序列确实保守性低，但研究者并不能确定非保守性的序列真的没有功能。为中性理论提供广泛支持的是同义替换比非同义替换的速率要高。可以预期，非同义突变引起的氨基酸替代通常是有害的，并且会被"纯化性的"自然选择所剔除，而同义突变则被认为不太可能影响适合度（不过，在某些物种的某些基因中也检测到过针对某些同义突变的纯化选择）。研究者发现替代率最高的是"四倍简并"基点（该类基点上所有的第三碱基位替代都是同义的）和通常被认为没有功能的假基因。而近期研究发现，非保守的序列其实是有重要功能的。非保守蛋白里出现的氨基酸变异相比慢变保守蛋白富集了更多的功能性改变。

14　中性理论的局限

中性理论从开始提出就受到普遍质疑。首先，根据实验数据和计算得到的分子进化速率是以年为单位恒定的，并非中性理论所推导的进化速率以世代为单位恒定。虽然近中性理论能够解释部分物种的以年为单位的速率恒定，但例外很多。另外，观察到的分子钟的误差范围也比中性理论按分子钟是帕松过程的假设所推出的要宽。最主要的是，观察到的大部分遗传变异是否为中性还是一个有待实验证明的问题，越来越多的证据显示，只有一小部分的变异是中性的。中性理论也认为，保守的序列或进化速率慢的序列功能更加重要，非保守序列功能较弱或是无功能。但这一流行了几十年的教条最近已经被实验证伪，非保守序列变异快，其实是起到了适应快速环境变化的功能作用。再者，很多序列认为是中性的结论是来自把非保守序列假定成是中性序列推理得到的，这显然是不正确的。比如通过把重复序列病毒转座子序列当成是中性的，就推理出与这些序列有类似特征的序列也是中性的，进而推导出大于 90% 的人基因组是中性。而近期许多研究显示，病毒重复序列并非是无功能的。

把遗传变异大部分看成是中性，仅仅是中性理论的一个假设，而不是一个实证后的结论，这个理论最初是来自少数几个序列比对的数据。今天是海量基因组时代，中性理论能经得住时间和数据的考验吗？过去 60 年的分子生物学功能研究已经发现大量被认为是中性的序列其实具备生物功能性，未来 10 年或 20 年的基因组学功能研究，完全能够用实验数据来证伪中性理论的核心假定。因此必须注意，依赖中性理论和分子钟构建的进化树以及其他分子进化结论，通常都是把有可能是有功能的序列变异假定为是中性，因此这些结论大部分都是不确定的或有可能是错的。

中性理论虽然认为自然选择在分子进化中不起显著作用，但并不否认自然选择在表型进化中的关键作用，这两个理论是共生关系，它们互相弥补，能被自然选择解释的现象就用综合进化论,不能的就用中性理论。它们的共同点是都认为随机突变的积累是进化的基础,不论是否受到了自然选择;都认为基因组有大量的中性 DNA 或垃圾 DNA(junk DNA);都认为进化是个渐进过程,没有快速突然的大跃进激变(saltational change);都认为小进化与大进化是同一个机制;都认为进化没有方向性;拒绝承认物种复杂性的差别,缺乏对物种复杂性进步的认知。普遍把由自然选择的综合进化论与中性理论统称为现代进化论(modern evolutionary theory)。

第四节　遗传多样性上限理论

遗传多样性上限理论(maximum genetic diversity theory),也就是 MGD 理论,认为遗传多样性或遗传距离大部分是处在上限饱和平衡态,不再随时间继续递增。如同分子钟一样,它也是受到遗传等距离现象的激发,在 2008 年由美国加州 Burnham 研究所的分子遗传学者黄石所提出。该理论首次把表观遗传编程的改变引入进化论,并重新定义了小进化和大进化,吸收了所有自然选择理论或综合进化论和中性理论的合理内容,是一个更加完善的进化理论,首次对遗传多样性进行了较完善的解读,揭示了上限饱和平衡态其实是遗传多样性的常态。

1　遗传多样性或遗传分子距离有没有上限

先验逻辑常识推理认为遗传距离或遗传多样性必须有上限;若没有,则不同物种的同源基因的相似性会随时间下降到没有任何相似性,这也就意味着一个基因的功能可以被两个及以上乃至无限多个不相干的序列来编码,而这是完全不现实不合理的。那么若有上限,1 万年时间可能不能让遗传距离达到这个上限,那么多长时间能达到呢? 5 亿年?细菌与人分离了至少是 10 亿年,它们有很多共享的同源蛋白,这些蛋白的相似性也较高,那么这种人与细菌的有限的序列差异是否达到了上限? 再过 10 亿年,这些今天看到的差异值是否会显著下降呢? 若有上限,是什么限制了遗传距离或遗传多样性的无限递增?若没有上限,也就不必考虑是什么限制了遗传分子距离的递增。的确,长期以来业内一直没有讨论这个问题,业内的理论基础(中性理论和综合进化论)也不包含这方面的内容,这其实也就隐含了遗传距离没有上限的假定。

在 2005 年,各类物种的大规模测序结果逐渐得到完成和公开,美国加州 Burnham 研究所的分子遗传学者黄石针对某个肿瘤基因 RIZ1/PRDM2 进行了多物种的比较,包括人、青蛙和鱼,从而偶然、独立、重复地发现了遗传等距离现象,即鱼与青蛙的遗传距离和鱼与人的遗传距离或分子距离是大致相等的,而非如预判的那样:鱼类与青蛙的遗传分子距离近而与人远。黄石很快意识到分子钟对遗传等距离的解释是荒谬的。经过深入研究,黄石于 2008 年发表了遗传多样性上限理论(最大遗传变异理论,maximum genetic diversity theory, MGD),对遗传等距离及其他主要进化现象重新解读,并随后发现了遗传等距离现象所隐含的一个从未被任何理论解释的重要特征,即重叠位点特征或巧合重复突变富集特征。这一特征意味着极限距离,即突变在同一位点的重复积累发生不再导致遗传距离的增加。重复发生的突变可能是受到了自然选择,具有适应环境的功能,这一特征的序列不满足中性理论对中性变异的定义,而这类突变占了基因组的绝大部分。

2 物种复杂性

生物复杂性差异的存在是显而易见的,要研究生物进化就必须对生物的复杂性有一个较明确的界定。然而复杂性是一个历来争议较大的概念,还没有一个普遍被认同的或被实验证实的定义。过去的生物进化研究对物种复杂性的差异基本上采取视而不见的态度,在无丝毫证据的情况下,假设它不存在。研究者也试图探讨过决定复杂性的因素或试图发现复杂性与哪些因素相关,但都未能取得成功,比如基因组大小或基因数目就与复杂性无关。

生物可被遗传的表型是由 DNA 序列以及表观遗传编程所决定的,每种细胞都代表一种独特的表观遗传程序。可以想象 DNA 是建材,表观遗传编程是建筑图纸,图纸决定了建材如何被利用或如何表达,在何处表达,在何时表达等。表观遗传编程不仅可以通过有丝分裂传递也可以通过减数分裂从母代个体传到子代,并能稳定遗传相当多的代数。因此,生物体的复杂性可以定义为它的表观遗传编程的复杂性。具体来说,复杂性可通过参与表观遗传编程的基因数目和细胞种类数来估算。对于神经细胞来说,一个单个的神经细胞就代表一个独特的细胞种类,具有独特的基因表达图谱和独特的突触链接方式(一个神经细胞有 3 000 个左右的突触,用来建构与其他细胞的网络链接)。因此,在很多情况下生物复杂性是通过大脑神经系统来反映的,人是最高级的物种之一究其原因是人类脑细胞的种类可能是最多的。

复杂性定义基本上符合复杂性研究开拓者之一钱学森提出的复杂系统应具备的特征,即系统不仅规模巨大(属巨系统范畴),而且元素或子系统种类繁多,相互关系复杂多变。进一步假设提出,大部分情况下,可以通过直觉来判断细胞种类数目的大致差异,如人比猴子复杂是一个目前无法定量证明的事实,但却是一个目前无反证的假设,这是主观的,而科学所依赖的直觉公理假设都是主观的(比如数学里面的公理),都是只对人才有意义的。而不承认复杂性差异,不承认低级到高级这一显而易见的进化主流现象,同样是主观、非理性或违反常理的。

遗传多样性上限理论包含三点主要内容:①任何特定物种都具有一定的表观遗传复杂性。表观遗传复杂性的大小限制了它可以容忍的基因突变的范围,即可容忍突变区域占基因组的比例;而基因突变范围的大小反过来也限制了可以发生的表观遗传复杂性改变的范围,可容忍突变范围过宽,不可能构建复杂物种。②由于复杂物种的表观遗传复杂性大于简单物种,复杂物种受到的对 DNA 变异的限制也越大,因此复杂物种能容忍的突变范围或密度就越少,它的可容忍的遗传多样性上限也越小。③虽然大进化与小进化都涉及基因突变及表观遗传复杂性的微小改变,但是从简单物种到复杂物种的大进化,是表观遗传复杂性台阶式的突然提高及相应的遗传多样性上限的降低;而在小进化中,表观遗传复杂性没有大的改变,其线性阶段基本上可以被自然选择理论和中性理论正确描述(图 11-5,图 11-6)。

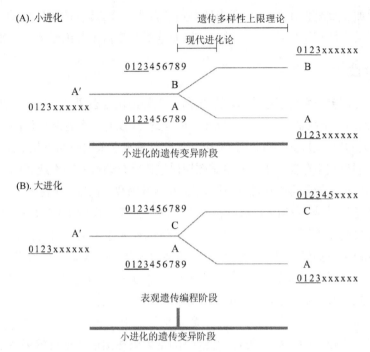

图中为一段有 10 个氨基酸残基的肽链,氨基酸用数字表示;画线部分为不可变位点;X 代表任意一种氨基酸残基。(A) 小进化。祖先物种 A′产生了一对直系同源基因的姐妹个体 A 和 B。A 和 B 之间的遗传距离逐渐增加,直到达到稳定水平或遗传距离上限,显示如在末端附近变平的分支线以及大量重叠的巧合替换(显示了 6 个此类重叠位点 X)。相对于遗传多样性上限理论,现代进化论是一个不完整的理论,没有涵盖进化到平衡态之后的阶段。(B) 大进化。在大进化中,祖先物种 A′在某时间生成了 A 和 C 两个姐妹,刚分离时序列相同,但物种 C 发生了表观遗传编程改变,复杂性增加,可容忍的遗传多样性上限因而受到压缩,可变位点减少,由原来的 6 个减至 4 个。两物种间的遗传距离在刚分离时随时间几乎线性增加,直到极限后而停止。达到上限平衡后的 A 和 C 之间的遗传距离是 6,这个距离与高级物种 C 的 4 个变异点无关,只与低级物种 A 的 6 个可容忍变异有关。

图 11-5　遗传多样性上限理论对进化过程的描述图示

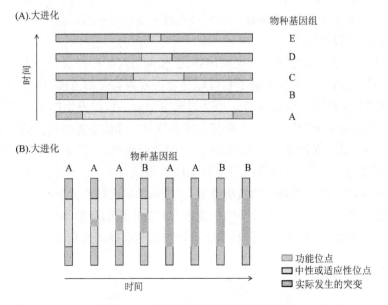

图 11-6　遗传多样性上限理论图示

3　遗传多样性上限理论

　　黄石等对遗传等距离现象进行了重新解读:对于进化分离时间较长的物种或快变序列而言,遗传多样性上限理论给出只与极限距离相关的遗传等距离现象的抽象定义,姑且称之为极限遗传等距离:各种不同物种或姐妹物种(sister species)与另一复杂程度较低或同样复杂性的组外物种(outgroup species)之间的遗传距离大致相等,且不随时间增加或降低(图 11-7(A)(B))。马戈利来希发现的等距离现象就是极限等距离。这是指比低等物种高级的不同物种,可以包含 2 种姐妹物种,也可以是成千上万种不同物种,而且这些物种也有复杂性的差别,但其共同点是都比这里所指的低等物种要高级。比如所有真核生物都比细菌高级,在任何某同源保守蛋白的序列比对中,都具有与细菌等距离的差异。对于进化分离时间较短的物种或慢变序列而言,距离与时间呈成线性关系,与此同时给出

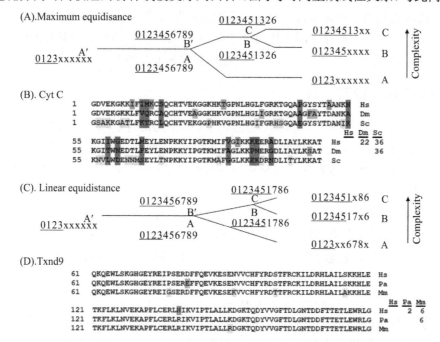

图中为一段有 10 个氨基酸残基的肽链,氨基酸用数字表示;画线部分为不可变位点;X 代表任意一种氨基酸残基。在大进化中,物种 A'在某时间生成了 A 和 B'两个姐妹,刚分离时序列相同,但物种 B'发生了表观遗传编程改变,复杂性增加,最大遗传变异因而受到限制,可变位点减少。两物种间的遗传距离在刚分离时随时间几乎线性增加,直到极限后而停止。物种 B'随后在某时间生成了 B 和 C 两个姐妹,物种 C 发生了表观遗传编程改变,复杂性增加。(A) 极限遗传等距离现象示意图。如果一个蛋白为快变基因,则观测距离都是极限距离,其特征是具有较多的重叠位点,图示有 4 个重叠位点位于肽链的后 4 个位置。C-A 距离与 B-A 距离相等,均为 60%,即 Margoliash 的极限遗传等距离结果。同时,C-B 距离为 40%,小于 C-A 距离 60%,即 Zuckerkandl 和 Pauling 的序列比对结果。(B) 极限遗传等距离实例。人(Hs)、果蝇(Dm)和酵母(Sc)细胞色素 C 序列比对(102 氨基酸),人和果蝇差异 22 氨基酸,与酵母等距离 36 氨基酸差异,共 12 个重叠位点,重叠比例为 12/22=55%。(C) 线性遗传等距离现象示意图。如果这个蛋白为慢变基因,则观测距离都是与时间呈线性关系的距离,如图示没有出现一个重叠位点。如分子钟成立,则 C-B 距离与 B-A 距离相等,均为 50%,即线性等距离,同时,C-B 距离为 20%,小于 C-A 距离50%。(D)线性遗传等距离实例。人(Hs)、红猩猩(Pa)和小鼠(Mm)TXND9 基因序列比对(120 氨基酸),人与红猩猩差异 2 氨基酸,人与小鼠等距离 6 氨基酸差异,重叠比例为 0/2=0。

图 11-7　遗传多样性上限理论解释遗传等距离现象

由于分子钟真实存在，而导致的只与线性距离有关的遗传等距离现象的定义，称之为线性遗传等距离，即当两亲缘关系较近的姐妹物种有类似突变速度时，它们与另一复杂性较低或同样复杂性的组外物种的距离相等，且继续随时间增加（图11-7(C)(D)）。比如两个亲缘关系较近的姐妹物种猴子与一个组外物种猴子，其某慢变蛋白的序列差异是相等的。这里的姐妹物种可以有复杂性的差别，也可以没有。

在这两个定义里，都强调了等距离是跟一复杂性较低或同样复杂性的物种相比而成立的。如果是跟一复杂性较高的物种比不成立，则把它称为遗传不等距离，其定义为：对于进化分离时间较长的物种或快变序列而言，当有两个以上的复杂性均不相同的物种与某一复杂性高的组外物种相比时，则出现不等距离结果，即其中复杂性最低的物种与最高的物种的距离会大于其他复杂性较高物种与最高物种的距离。例如，章鱼和鸟蛤与人比时，鸟蛤与人的距离大于章鱼与人的距离，而章鱼是最聪明的复杂的非脊椎动物。这一遗传不等距离现象是为了验证遗传多样性上限理论而发现的，它是对该理论的有力支持，同时也是对分子钟的有力反证。因为按照分子钟和中性理论，遗传距离只是与时间有关系，与复杂性无关，因此会得出人与章鱼和鸟蛤在序列差异上是相等的结论（Huang，2012）。

4 重叠突变位点特征

在两个组内姐妹物种与一个简单的组外物种的序列比对中，我们不仅看到遗传等距离现象，也发现在某些位点三个物种的残基都不相同，证明至少有两个物种在这些位点发生了突变，这样的现象被称为遗传等距离中的重叠特征（overlap feature），也可以被叫作饱和现象，或巧合置换现象[图11-7(A)(B)，图11-8]。

蛋白质编码和非编码DNA之间进化速度是不同的，快变序列由于其较快的突变速度，在长期的进化过程中很容易达到遗传饱和，序列达到饱和会导致多次独立突变发生在同一位点，同时回复突变也时常发生。饱和可以消除时间与序列发散之间的线性关系，因此饱和快变的序列在系统发育研究中会使祖先状态的推断不切实际，经常会得到错误的进化关系。现实中有两种形式的突变饱和情况，长分支吸引（long branch attraction，LBA）和高重叠率（high overlap ratio，HOR）。在LBA中，饱和意味着在多个不同类群中发生了导致相同的氨基酸残基或核苷酸的趋同突变（图11-8，快速进化的蛋白P1和P2的时间点5）。尽管它们是独立衍生的，但由于是相同变异，这些共享的等位基因在系统发育分析中会被误解为是来自共同祖先所导致的共享。在HOR中，不同分类单元中同一位点的独立突变通常会导致不同分类单元具有不同的氨基酸，而不是相同的氨基酸（对于快速进化的蛋白质，图11-8，时间点3和4），因为独立突变为相同氨基酸的概率比突变为不同氨基酸，概率低得多，约为1∶20（假设突变为这20个氨基酸中的任意一个的概率没有差异）。目前，LBA饱和现象已经被普遍认识，但HOR饱和现象尚未得到广泛的认可，尽管HOR理应比LBA更加普遍或常见。HOR饱和现象在2010年被首次报道。由于单个突变足以导致任何两个分类单元之间的错配，因此同一位点上导致不同氨基酸的多个独立突变不会增加错配的数量，并且如果仅比对两个不同分类单元的序列，就不会引起人们的注意（图11-8，P2和P3之间的不匹配数在饱和前的时间点2为1，而在饱和后的时间点4为1）。仅当将三个不同分类单元的序列进行比对时（图11-8，快速进化的蛋白质的时间点 3 和 4），这一点才变得明显。饱和遗传距离就是不随突变次数线性递增的遗传距离，上限遗传距离就是不随突变次数增加而增加的遗传距离。

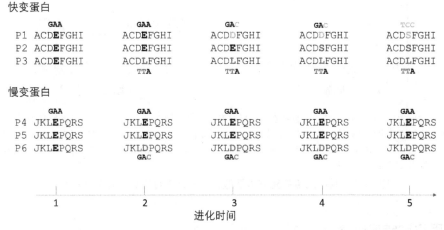

图中显示了来自三个不同分类单元的三个直系同源蛋白质，它们分别是快进化的蛋白质（称为 P1、P2 和 P3）和慢进化的蛋白质（P4、P5 和 P6）；还显示了残基 E 的核苷酸密码子及其在 P1、P3 和 P6 中的突变密码子。在时间点 2，在 P3 的非保守取代中发现了双碱基（doublet）突变，而在 P6 的保守取代中仅发现了单个突变。快速进化的蛋白质的饱和阶段包括时间点 3 至 5。重叠突变饱和类型在时间点 3 和 4 处显示，而在"长分支吸引"（long branch attraction）中看到的饱和类型在时间点 5 处显示。对于快速进化的蛋白 P1 在时间点 4 具有新的等位基因 D 或在时间点 5 具有 S 等位基因在很大程度上是自然选择的结果。

图 11-8　快变蛋白突变饱和时的重叠突变位点图示

如果两物种分离后，各自按中性理论假设以类似速度随机积累突变置换位点，则某一位点碰巧同时在这两物种均发生突变的概率符合概率论的计算。可以判断，这一概率与可变位点总数目成反比，与突变速度成正比。而且，如果按照中性理论的无限多位点假定，每个位点历史上仅发生过一次突变，则这样的重叠突变的位点就应该是不存在的。

如果分别根据中性理论和遗传多样性上限理论来预测重叠位点数，就会发现由于遗传多样性上限理论估计的可变位点数较小，且复杂物种的可变位点与简单物种有重叠，因此预测的重叠位点数比中性理论的按概率理论的预测数要多。对实际观察到的极限遗传等距离现象，重叠位点的数目总是接近遗传多样性上限理论的预测数，远多于中性理论的预测。但是对于小进化线性遗传等距离现象，两种理论对重叠位点数目的预测都接近于实际，这是因为遗传多样性上限理论认为小进化没有发生复杂性的明显改变，因此也没有可变位点数的不同，跟中性理论是一致的。虽然两者对可变位点数目多少的估计不同，但也不足够引起对最终重叠位点预测数目的显著差异。重叠位点富集现象的发现是区别大小两种进化和区别极限阶段与线性阶段两种进化的最有力证据，也自然构成对综合进化论否认这些区别的最有力的反证。

在复杂物种中可容忍突变的位点，在简单物种里一般也是，但反之不然。根据遗传多样性上限理论，各物种与一简单物种的极限遗传距离大部分是由该简单物种的遗传多样性上限决定的，所以必然导致极限或上限等距离现象（图 11-9）。极限与线性等距离的区别方法就是计算重叠位点数目，而极限距离的代表性特征就是重叠位点的富集。

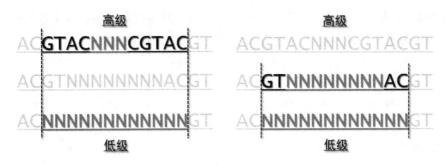

图中三个物种的复杂性不同,高级在上低级在下。可容忍变异位点用 N 表示,高级物种 N 的数目少,高级与低级的饱和遗传距离由低级物种的可容忍变异位点 N 的数目来决定。在复杂物种中可容忍突变的位点,在简单物种里一般也是,但反之不然。因此,两个不同高级物种与一个低级物种的饱和态遗传距离是相等的,等于低级物种的可容忍变异范围的数目。

图 11-9 极限遗传等距离由低级物种的最大可容忍变异范围决定

5 基因组容错度概念

容错度就是物种内不同个体遗传距离的最大值。在进化中,遗传多样性或遗传距离只要是在可容忍极限范围内,应该是越多越好,因为它能够增强物种的适应能力,获得正选择,进而加速到达遗传多样性或遗传距离的最大可容忍极限。不同基因或基因组不同区域的突变率的最大差别可能超过一万倍,而基因组的大部分是属于突变率较快的。因此,目前观测到的遗传距离对大部分序列来说都是极限距离,对于大部分经历过长期进化的物种来说,其基因组大部分都处在变异极限平衡点,只有极少部分慢变序列例外。

另外,遗传多样性上限理论预测,只有在组外物种比组内或姐妹物种简单的情况下才会有等距离现象。因为较复杂的组外物种与简单的组内物种的遗传距离是由各个组内物种的遗传多样性上限来决定的,遗传距离也就不一定相等。比如,章鱼与鸟蛤是组内物种,同属无脊椎动物,而人就是组外物种。人与章鱼的极限距离是由章鱼基因的容错度来决定,人与鸟蛤的极限距离是由鸟蛤的容错度来决定,而因为章鱼的容错度小于鸟蛤的,因此人与章鱼的距离就近些。

6 分子钟的真正含义

现在我们可以看出,分子钟既有正确的一面,也有错误的一面。对于线性阶段的由真正中性突变导致的线性距离现象,分子钟是成立的,可以解释线性遗传等距离现象。但分子钟对于极限阶段的饱和距离现象同样可以解读,就是很荒谬的。极限遗传等距离反映的真正现实是:复杂性随时间逐渐发生的非线性进步,虽然是非线性进步,但在大的时间跨度内大致会呈现出类似线性(图 11-10)。比如,当 3 个物种的遗传多样性上限为 A>B>C 时,通过化石证据、形态学和细胞种类等佐证,我们得出 A、B、C 三个物种的复杂性为 A<B<C,在进化树上的分支时间或化石时间为 A 早于 B,B 早于 C。因此,会发现序列极限遗传距离和时间呈正比关系且大致恒定,显然这一关系实际上代表的是复杂性程度与时间的反比关系,反映的是复杂性随时间阶梯式递增的关系,也就是物种容错度随时间阶梯式递减的关系,与物种突变速度无丝毫关系,但这却被分子钟和中性理论用恒定突变

速率错误解读了近半个世纪,认为遗传距离与时间永远保持线性关系,将极限距离误读为线性距离,并用极限距离来计算突变速度。但必须强调的是,遗传多样性上限理论并没有完全否定分子钟和中性理论,只是大大缩小了它们的适用范畴,并将它们的正确内容吸纳整合为自己的一部分。

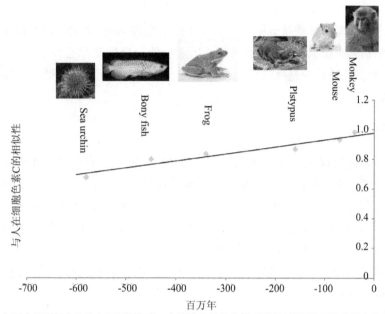

将人与图中所列每个物种之间细胞色素 c 中相同残基的比例(相同氨基酸数目除以蛋白长度)相对于人与所列每个物种之间的分离时间作图。越晚出现的物种越复杂。数据来自使用人细胞色素 c 对 Genbank 的蛋白质数据库进行 BLASTP 分析获得的比对结果(Luo and Huang, 2016)。物种间的序列差异与物种间的分离时间的比值就是每年的差异数,也就是以年为单位的氨基酸置换率,图中线的斜率。分子钟就是指的这个置换率在所有物种中都是大致相同的。但这其实反映的是各个物种的 MGD 或遗传多样性上限随时间缩小的恒定速率,或者说是物种复杂性随时间增加的恒定速率。

图 11-10　进化中几乎恒定速率的复杂度增加

这种由非线性阶梯式过程产生类似线性出现的现象在数学中就有体现,比如素数的出现就是非连续非线性的,但素数数目随自然数增加而增加的速率几乎是恒定的,数学里最难最重要的未被证明的猜想,即黎曼猜想,就是关于这个素数增加时几乎恒定的速率。

7　生命形成与大进化

从无机物到有机物生命的形成是一个从无到有的飞跃,是无法被综合进化论或中性理论解释的,因为这些理论都是关于生命出现后如何演化的,都需要以 DNA 和 DNA 变异为前提,而 DNA 的出现是伴随着第一个生命起源。遗传多样性上限理论虽然也不是关于生命起源的理论,但它涉及的一个关键原理对于解开生命起源的谜团是有启发性的,即促进复杂性增加的原理。按照这个原理,生命的形成与后续的每一次大进化都有一个共性,它们都是来自对分子熵的压缩,都来自一个促进复杂性增加的力量,即压缩随机无序的力量。无机物分子在自然环境中所处的状态,相比有机物分子在细胞内的状态,显然是自由度或随机性更高,即熵高。因此,促进生命从无到有形成的力量,也是导致每一次大进化的力量。遗传多样性上限理论首次把生命形成与后续进化的过程,用一个一以贯之的原理统一起来。

第五节　分子进化树原理

　　分子进化树的理论基础是分子钟和中性理论的合理部分,必须选择中性变异来构建,因为只有中性变异的积累才与时间成正比,受到自然选择的变异必须被筛选去除。一般原理是,序列相似性被认为是反映了血缘关系或分化时间,序列越近则血缘关系越近、分化时间也越短。

1　慢变序列

　　构建分子进化树时,必须把达到了上限饱和的快变序列筛选去除,而用慢变序列(图11-11)。慢变序列里发生的能稳定存在的氨基酸变异才是中性的,而快变序列里发生的能稳定存在的氨基酸变异有更多的功能性改变或更多的非中性改变(Wang et al.,2020)。实际上大部分能较稳定存在的变异是非中性的,反映的是生理构造选择和自然选择,这些变异的相似性反映的不一定是血缘关系,而是类似的生理特征或类似的生存环境。当然,血缘关系近,一般生理特征也类似。因此,用非中性变异构建的进化树有时候也会反映真实的血缘关系。

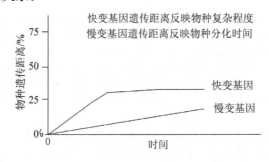

图 11-11　快变基因与慢变基因图示

2　分子建树方法

　　目前建树方法有多种,基本可以分为两类,距离法(基于相似距离,如 UPGMA 法、NJ 法和 ME 法)和特征法(基于特征变化,如 ML 法、MP 法和 Bayes 法)。建树的前提是必须用中性变异,遗传多样性上限理论虽然不认可中性理论所假定的大部分观察到的变异是中性,但不否认有少部分变异是中性的。如果是真正用了慢变序列的线性距离,避免了重复突变,而且慢变序列里面的变异也更可能是中性的或符合中性理论要求的(Wang et al.,2020),则距离法比较可靠。如果各分支的进化速率是一致的,则非加权配对法(UPGMA 法)是比较适宜的。非加权配对法是根据不同物种同源序列各位点上的核苷酸或氨基酸的相似程度,分别计算出不同序列的相似系数,然后将最相似的两个序列先归为一支,用一个序列来代表,这样就使得原始序列数目少了一个,再循环下去,就可以得出一个分类图,这种进化树也适合按照分子钟原理计算分化时间。序列的比对和距离计算通常是通过电脑程序处理和输出,比如 BLAST 和 ClustalW2。

树根的确定有三种方法:其一是按照分子钟把分化时间最长的定为根部;其二是根据与组外物种的距离,也就是与一个已知关系较远的物种进行比对,与其较近的物种为树根位置;其三是根据祖先型,相对于较后出现的其他衍生型,是目前最普遍存在的原理。

如不同物种存在复杂性差别,则按照遗传多样性上限理论,它们的可容忍变异范围就会有不同。最简单物种的可容忍范围宽,比如人、黑猩猩、大猩猩和猩猩 4 个物种,猩猩的变异范围最宽,而人最窄。按照遗传距离建树时,就应该用最宽变异范围的物种去计算相似系数,这样就可以避免遇到饱和距离的问题。结果发现黑猩猩与猩猩的距离小于人与猩猩的距离,显示黑猩猩与猩猩属于同组同类或类人猿类,而人是组外物种或另外一支。

对于突变速率很快几乎没有中性变异的某些 DNA 类型,比如线粒体和 Y 染色体,共享变异可能更多意味着共享生理特征或自然选择,这里的重复突变或回复突变情况也很普遍,这种情况下构建的进化树属于按特征分类,不适合按照分子钟原理计算分化时间,特别是进化时间较长的分支,这里也不适合按照分子钟和组外物种方法来确定树根,这时候具体树根的确定需要参考其他数据,比如古 DNA、群体表型特征以及群体数目。新分化出来的分支群体相比祖先群体理应有较少的个体数目。

3　分子钟计算分离时间

若分子钟存在,且序列距离来自慢变基因,则

$$D=2rt$$

其中 D 是两个序列间差异占对比序列长度的比例,r 是每年每个碱基或氨基酸发生突变的速率,t 是距离共同祖先的时间(以年为单位),而系数 2 则表示那两个分离的谱系。那么,两个序列开始发生分离的时间就是 $t=D/2r$ 年前。

在计算物种分支时间时,中性理论作为分子钟理论的衍生物,其结果往往与现实数据不吻合。为什么中性理论以极限距离替代实际进化距离,却得出了不现实的分支时间呢?这是由于分子钟将“极限距离”草率地等同于“遗传距离”或线性距离,即与时间成正比。为什么二者不可等同呢?因为用这些含有重叠位点的序列去推算遗传距离,就会遇到遗传距离“缩水”的后果。即原本两个或两个以上的突变事件,若持续发生在同一位置,那么它仍旧只能代表一个单位的遗传距离。中性学说在计算遗传距离时,忽略了重叠位点的出现规律,偏颇地将极限距离等同于遗传距离,从而错误地估算了物种进化树分支时间。虽然在计算时,中性理论会按照进化突变过程为泊松过程的假定对遗传距离进行一定的修正来克服重叠突变的影响,但对于事实上已经是极限距离的遗传距离来说,这种修正意义不大,也是不可能接近现实的。在推演分支时间时,遗传多样性上限理论就将这些突变位点的重复出现规律与中性理论所参照的概率理论做出区别。该重复出现的突变位点占所有突变位点的比例随着物种复杂性的升高或突变速度的增加而上升。故在具体计算遗传距离时,遗传多样性上限理论要求使用重叠率非常低的慢变基因,且用复杂性低的物种作为参照物来计算它与不同物种的距离,从而判断它们之间关系的远近。

第六节　人类起源与进化

人类起源问题一直是学术界最热门的课题之一，与人最近的物种是哪种？人最早是在世界哪个地区起源的？对这些问题的研究涉及多个不同学科，包括古人类学、考古学和分子生物学。人类起源的分子模型来自对 DNA 序列的分析和解读，需要分子进化理论作为前提。长期以来，这些模型都是来自分子钟和中性理论的推导。近年来，遗传多样性上限理论的提出导致了对这些模型的重新认识以及新模型的提出，本节对这些分子模型进行简单介绍。

1　人与类人猿的关系

在分子进化研究出现之前，形态分类学家和古人类学家通常是把类人猿类归为一组（Pongid），包括猩猩（orangutan）、大猩猩（gorilla）和黑猩猩（chimpanzee），而人是另外一组，人与类人猿分支时间大约是在 1 800 万年前。但在 20 世纪 60 年代，以分子钟和中性理论为基础的分子分类方法，误把上限饱和距离当成线性距离来处理，得出了黑猩猩是人类最近物种的结论，认为人与黑猩猩分支时间仅是 450 万年前（Wilson and Sarich，1969）。这个时间被后来所发现的 700 多万年前的人类化石所证伪（Graecopithecus freybergi 和 Sahelanthropus tchadensis），因此业内现在普遍接受的人与黑猩猩分支的时间主要是由化石发现来决定的，这也就凸显了中性理论或分子钟方法的片面。

后来的全基因组测序发现，其实只有 70% 的基因组是黑猩猩与人类最近，而有 30% 的基因组是大猩猩与人最近，另外有 1% 的基因组是猩猩与人最近，这些现象可能来自序列的趋同进化，而不是什么所谓的种群不完全谱系分选（incomplete lineage sorting）。不完全谱系分选应与序列突变速度无关，但事实是快变的非编码序列更多地被发现有这种所谓的不完全谱系分选。另外，重组率高的基因组区域也被发现有更多的所谓不完全谱系分选，而重组率高的区域通常碱基突变率也高。黑猩猩与人在快变序列上确实是相似性最高，但这并不意味着黑猩猩与人类有最近的血缘关系，而是反映了更多类似的生理特征，比如智力。用慢变序列重新分析人猿关系，发现黑猩猩和大猩猩与猩猩的序列相似性高于人与猩猩的相似性，显示人与类人猿类分开后，类人猿才分化出了黑猩猩、大猩猩和猩猩。分子钟计算显示人与类人猿类分支的时间是 1760 万年前，与化石发现基本一致。

2　现代人起源

关于现代人起源，各界学者探讨多年，并最终提出了两个较为完善的对立的模型，即多地区起源说以及出非洲说。

（1）多地区起源说

该学说认为，近代的人群演化现象是由早中期非洲的直立人分布情况造成的。因此，地区环境的差异最终导致了生活在各个地区的人群最终各自演化成如今生活在各洲的现代人。东亚人的连续进化特征比较显著，直立人的某些形态特征一直保留在目前的东亚人中，比如铲形门齿、鼻梁较低等。人类作为一个单独的物种最早可追溯到距今约230万至280万年以前，不同地区的人种之间没有生殖隔离。多地区起源说拥有较充足的化石和旧石器时期文化遗存等证据的支持，但长期以来，一直缺少足够的分子学的证据。

（2）现代人出非洲模型

非洲单源说则认为，最早在非洲进化出一批和现代人关系最近的祖先人群，并且已经表现出了全部或至少绝大部分现代人群携带的体质学特征。这个祖先人群大约于20万年前起源于非洲，开始时带有非洲的地域特性，随后从非洲向外扩散，并且最终构建出如今欧亚大陆各地区带有不同特征的人群。在此过程中，这些出生于非洲的祖先人群完全取代了欧亚大陆上生活的直立人，发生的基因交流非常少。从非洲出土了目前发现最早的带有部分现代人特征的化石支持这一假说。此外，分子钟假说和中性理论对于非洲人拥有最高的基因多态性这一客观现象的解读，直接为其提供了分子学支持。但是，目前发现的最古老的现代人化石位于中国南方道县，距今8万至12万年，而在非洲尚未发现2万年前的完全现代人化石。（然而道县遗址中的化石只有牙齿部分，无法确定其他部分是否含有现代人的特征。

这一分子模型的建立依赖于中性理论和分子钟。其基本逻辑是把树根定在遗传多样性最高的种群里或与组外物种序列最近的种群里，因为按照分子钟，遗传多样性或遗传距离与时间成正比，多样性最高的种群意味着进化时间最长或最先出现，与组外物种序列最近，意味着带有更多的祖先型等位基因，最接近祖先的状态离祖先最近，这里的祖先型等位基因指的是与黑猩猩相同的等位基因。非洲起源说是以无限多位点模型作为前提，假定突变在任一位点最多只发生一次，将组外物种黑猩猩的基因型作为祖先位点来确定人类的位点是否突变过。与黑猩猩相同的为祖先型（ancestralallele），不同的则为衍生型（derivedallele），树的分叉和定义都是用衍生型等位基因来决定。非洲南部的桑人（San）或布须曼人（Bushman）恰好是遗传多样性最高并且与组外物种如黑猩猩或尼安德特人序列最近，因此被认为是现代人的祖先族群（图11-12，图11-13）。

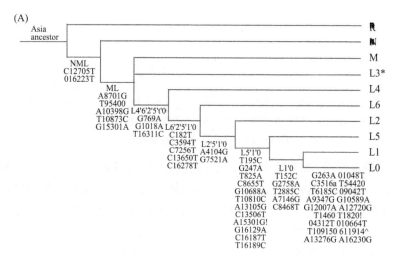

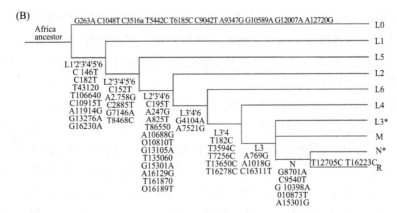

（A）现代人出东亚线粒体进化树；（B）现代人出非洲线粒体进化树。这两个模型的区别主要是在基底单倍型，而末端下游单倍型的划分在这两个模型里是没有区别的。

图 11-12　现代人线粒体进化树

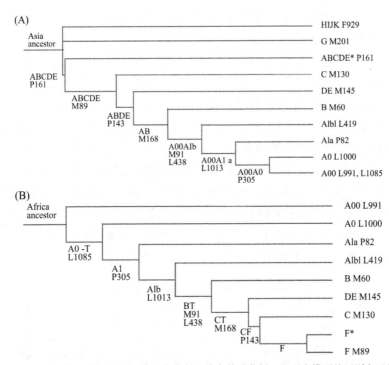

（A）现代人出东亚 Y 染色体进化树；（B）现代人出非洲 Y 染色体进化树。这两个模型的区别主要是在基底单倍型，而 G、H、I、J、和 K 等的欧亚大陆单倍型的划分在这两个模型里是没有区别的。

图 11-13　现代人 Y 染色体进化树

1987 年，Cann 等也利用 mtDNA 研究现代人的起源，他们采集了 147 个样本，包括 5 个种族人群：非洲人（用非裔美国人代表）、亚洲人、高加索人（来自欧洲、北非和中东）、澳大利亚和新几内亚的土著居民。在假定各种族人的 mtDNA 进化速率相等（每百万年为 2%～4%）的前提下，根据非洲人内部的遗传多样性（人群内部遗传距离）最高，得出现代人出非洲的结论。Cann 等认为亚洲地区的古人对现代人可能没有遗传贡献，而是被迁入亚洲的非洲古人完全取代了。由于在该假说中现代人只起源于非洲，所以出非洲说也叫单地起源说。根据出非洲说，所有现代人的 mtDNA 都来自一个约 20 万年前的老祖母，其很可能是个非洲人。因此,出非洲说也被称为"夏娃理论"。

（3）现代人出东亚模型

在 1983 年已经有学者利用线粒体构建了以亚洲人群为起源地的系统发育树模型。这些学者们研究了包括高加索人、亚洲人和非洲人在内的 200 个样本,构建线粒体进化树,并得出两种迥然不同的现代人起源结果,并提出了一种判断最古老人群的方法:事先并不假定各种族人群的进化速率是否相同,而是首先假定 mtDNA 的最古老型或中心型的确定,应是基于高频率、存在于多个不同种族或存在于其他灵长类动物中。结果发现,全部人群的 mtDNA 单倍型一共有 30 余种,其中只有 1 型不仅在欧洲人中,而且在亚洲人和非洲人中也有分布,因此认为普遍存在的 1 型为祖先单倍型,而在亚洲人中频率最高（亚洲人 69.6％；欧洲人 58％；非洲人 14.9％）,这说明亚洲人是最古老的,进而可以得出现代人出亚洲的结论。但也考虑了另外一种可能:假设分子钟成立,也就是说假设各种族人群的 mtDNA 进化速率相同,则所发现的非洲人的遗传多样性最高,就意味着非洲人经历的时间最长,是最古老的人群,进而可以得出现代人出非洲的结论。虽然作者并未在摘要中提及现代人出非洲说或现代人出亚洲说的字眼,但在正文中作者明确认为分子钟可能不成立。因此认为,线粒体进化树支持现代人出自亚洲。然而遗憾的是这个模型一直被人忽视,并最终被 4 年后提出的非洲起源说所取代。

非洲起源说是建立在分子钟和中性理论是正确的前提假定之上的。事实数据显示,饱和突变、重复突变和回复突变其实是非常普遍,并能被遗传多样性上限理论完美解读,因此,出非洲说所依赖的前提假定从现实到理论都是不成立的。在回复突变和自然选择是常态的现实下,用衍生型等位基因来建树的分叉和确定树根的方法是不可行的。桑人的遗传多样性最高其实意味着上限平衡态水平,与适应其原始的生存方式有关,桑人与组外物种的序列最近,反映的也是生存适应以及与古老人种的杂交混血。有新研究显示,大部分基因组序列（95％）是受到自然选择的,因此是不能被用来进行进化树分析的。

人类遗传多样性有一个广为人知的特征,即不同种族虽然有一定的种族特有的变异,但大部分的人类变异（大约 85％）是不同种族所共享的。这被中性理论解读为现代人起源的时间较短,不同种族有着大量的混血杂交。但根据遗传多样性上限理论进行的近期研究显示,不同种族的共享变异主要集中在快变序列,反映的应该是趋同进化和快变序列的遗传多样性的饱和平衡态,与混血杂交关系不大,因为杂交不会导致快变序列与慢变序列的显著差别。

吴新智关于东亚现代人来自本地连续进化的结论,近年来得到了以遗传多样性上限理论为基础的分子学分析的支持。根据遗传多样性上限理论,研究者选择了更偏中性的、更可能未达到饱和状态的"慢变"位点进行人群统计学分析,"慢变"的标准是饱和重叠突变位点比例较低以及有较少的种间序列差异,以及"慢变"变异的统计推论应该与快变变异的推论有显著不同。常染色体分析结果发现:现代人的起源更接近多地区起源说,人类主体群落第一次分歧发生在距今大约 190 万年前,然而和多地区起源说不同的是,Y 染色体和线粒体都是起源于同一个地区。现代人线粒体与一些古老人群有显著差异,比如Neanderthals、Denisovans 和 Heidelbergensis,显示现代人线粒体的出现不会显著早于现代人化石首次出现的时间。新模型将线粒体和 Y 染色体进化树根部都定位在了亚洲人群中，重新独立地证实了 1983 年提出的线粒体根源在亚洲的论述。新模型的树根确定来自常理的推导，认为原始的单倍型应该是现代人群中存在最多的，因为突变属于小概率事件，非常罕见，只会在祖先人群当中的个别人中发生，因此原始祖先型的判断可以从某单倍型的分布广的特点来得出，带有其频率最高的族群就应该是祖先族群，这个推理的合理性也可以从它被两组不同研究课题组独立做出得到验证。出东亚模型认为线粒体单倍群 R0 是所有线粒体单倍群的祖先型，这和非洲起源说提出的 R 单倍群位于 N 单倍群下游的说法相左（图 11-12）。通过研究千人基因组计划的数据，发现单倍群 R0 在现今中国南方最为普遍，这暗示了现代人线粒体起源地可能在中国南方。现代人出东亚的线粒体模型也得到了古 DNA 分析的支持。用同样原理推导的新 Y 染色体进化树也把树根定在了东亚地区，认为单倍型 F 是祖先，而 F 在中国南方的拉祜族最常见（图 11-13）。出东亚 Y 染色体进化树也同样得到了古 DNA 分析的支持。

对于单亲染色体任意某一个单倍型 X 来说，都有定义这个单倍型的一套 DNASNP 位点，每个位点都有两个等位基因（alleles），A 和 B。若 X 带有的是 A 等位基因，则所有其他非 X 单倍型就都是带有 B 等位基因，而且若 X 是来自第一个现代人个体基因组出现之后的第一次分化后出现的单倍型，则第一个现代人个体的单倍型所带有的等位基因就是 B。可以想象，只有是第一次分化出现的单倍型的定义位点，才能将所有现代人分成人数差别较小的两个群体，且这两个群体具有一定的表型的分化（比如欧亚人与非洲人的区分），其中一个群体里的等位基因代表的是第一次分出的单倍型，另一个则是第一个现代个体所代表的等位基因，且带有第一次分化出现的单倍型的人数应小于带有第一个现代个体所带单倍型的人数，因为分化来自新突变，而新突变是低概率事件，只在个别个体发生。哪个现代人里的 Y 染色体单倍型最符合这个条件而属于第一次分化出现的单倍型呢？只有 ABCDE 这个有非洲人特点的基底单倍型（basal haplotype）最符合这个条件。在定义 ABCDE 这个单倍型的位点里，第一个现代人个体所携带的等位基因都是今天人中非 ABCDE 的人所携带的，也就是 F 单倍型所携带的。现代人出东亚说就是把 F 单倍型定为第一个现代个体的单倍型。相反，出非洲说认为第一个现代个体在定义 ABCDE 的位点上携带的是 ABCDE 的等位基因。还有，出非洲说里的第一个现代个体或群体携带的是 A00 单倍型，一个目前只有数百人的极其小众的非洲单倍型，而第一次分化出现的单倍型是 A0-T，一个目前有 70 多亿人之众的单倍型。一个群体中通常只是个别人发生了突变成为新单倍型的祖先，因此一个新出现的单倍型的人数多于祖先群体人数千万倍是极不正常的，只有新突变受到正选择才有可能，但作为非洲说理论基础的中性理论，是否认具有自然选择的作用的。虽然遗传漂变也是一种可能性，但其概率极低，而且出非洲树里面的早期分支里有 7 个分支都需要新突变形成的单倍型群体的人数大大多于祖先群体的人数。若每一次中性遗传漂变的结果都是让带有新突变的个体的人数大大超过祖先群体，这显然是不合理、不现实的。

单亲染色体古 DNA 是区分这两种现代人进化模型的最有力证据。这两个模型的建立都是来自对现代人的 DNA 的变异的分析，是对过去历史事件的一个猜想推测；而古 DNA 才是真正见证了古代事件，才是最有发言权或说服力的。令人惊讶的是，业内一直未用古 DNA 来验证出非洲说。这是否因为出非洲模型过不了古 DNA 检验这一关呢？古 DNA 能被自洽地放置在某一个独特的出非洲说里的单倍型中吗？事实证明是不能的。近期研究发现,古 DNA 通常显示的是大部分位点认为其属于一个独特单倍型,但少数位点却认为其属于另一个完全不同的单倍型,而这种情况从未在现代人中看到过,也不能用测序错误来解释。这种不自洽只发生在出非洲说里,而在出东亚说里则完全没有这种情况,这就直接证伪了出非洲说,证明了出东亚说。

古代样本应只是突变了一个单倍型的全部位点中的一部分,不论是基底单倍型（即树根或树干位置的单倍型）,还是末端单倍型（terminal haplotype,即树叶位置的单倍型）。这就意味着末端单倍型的分化其实是发生在基底单倍型完全完成所有相关位点的突变之前,而不是中性理论预测的之后。这同时也意味着基底单倍型由部分突变到完全突变的过程与末端单倍型的完全形成是几乎同步的,且必须有趋同突变的参与,即不同末端单倍型的群体发生了在同一位点出现同样突变的情况。这类似一棵活的树的生长,树叶或树杈的生长与树干的生长是同步的。趋同突变在出非洲模型和其理论基础中性理论中是不被容许发生的,但在遗传多样性上限理论和出东亚模型里则是可以普遍发生的。因此,基底单倍型在古 DNA 中只是部分突变的情况,是对中性理论和出非洲说的否定,而是对遗传多样性上限理论以及出东亚说的肯定。另外,出非洲模型里面早期基底单倍型所含的突变,被认为是从现代人出现后逐步分化完成的。但在出东亚模型里,这些突变都是已经发生在第一个现代人的基因组里了。因此若出东亚模型正确,则这些出非洲模型的早期基底单倍型里面的所有位点,就会在古样本里呈现全部突变的状态。而若出非洲模型正确,则古样本就应该被发现在这些单倍型里是部分突变。分析结果发现,出非洲模型的基底单倍型在古样本里都是全部突变,而出东亚说的几乎所有基底单倍型都被发现是部分突变,这就意味着出东亚说里的基底单倍型是真实存在的。因此,古 DNA 分析证实了出东亚说及其理论基础遗传多样性上限理论,证伪了出非洲说及其理论基础中性理论。

下面用 4 000 年前的古非洲人样本 Mota 作为例子来展示古 DNA 是如何区分出非洲说和出东亚说这两个竞争模型的。Mota 属于 E1b1a1 – M291 末端单倍型,在定义这个单倍型的位点中只是部分发生了突变,178 个有意义位点中仅有 14 个突变,符合对古 DNA 的预判。但是 Mota 有两个 SNPs,rs73621775 和 rs1973664,可以将其分组到 F 单倍型,它们属于一套 155 个 SNPs 之中的两个,这 155 个 SNPs 可以将目前所有的单倍型分为 F（F 至 T）和 ABCDE（A 至 E）两个大类,这 155 个 SNPs 中的 122 个在 Mota 序列里可以找到。根据第一个现代男性属于这两个大类中的哪一个,就可以推理出出非洲说或出东亚说。在出非洲说中,第一个现代人男性应该携带这 155 个 SNPs 中所有与当今 ABCDE 样本共享的等位基因。在随后的分化新单倍型的过程中,这些定义 ABCDE 的等位基因突变形成 F 单倍群或成为定义 F 单倍型的等位基因。因此,显然,自从第一个现代人男性个体成为所有现代人的祖先以来,ABCDE 大组的所有样本,无论它们是古代的还是现代的,都应该在所有这 155 个 SNPs 中携带完整的定义 ABCDE 的等位基因。发现带有两个 F 等位基因的古代 E 单倍型（Mota）是完全出乎预料的,也证伪了出非洲模型以及它的第一个现代人男性在这 155 个 SNPs 中带有 ABCDE 等位基因的假设。Mota 带有两个 F 等位基因意味着它正在突变成为 F,这是很荒谬的。如果 Mota 的 E 谱系生存到了目前,就必须将这两个 SNPs 回复突变成为 ABCDE 等位基因。但是,出非洲说的构建假定了无限多位点模型(即没有回复突变),意味着回复突变不自洽。另外,研究中的所有 8 例属于 F 单倍型的古样本都是在这 155 个 SNPs 位点里携带有完整的 F 等位基因,也就是都未显示部分突变,这与 F 单倍型来自带有 ABCDE 等位基因的第一个 Y 的突变分化的假定是不符合的,因为若是那样的话,F 单倍型古样本就理应在定义 F 的这 155 个 SNPs 中显示部分突变而不是全部突变。Mota 序列里的这两个 F 等位基因,不能用测序错误或误读序列来解释,因为作为对照,在定义 L 至 T 单倍型的 5 588 个位点中,在 Mota 序列里没有发现(或读出)哪怕一个非预期的碱基(2/122 对 0/5588,P<0.000 1)。此外,Mota 只是属于 ABCDE(研究的 15 个中的 7 个)的许多古代样本中的一个例子,这些样本在这 155 个 SNPs 中有一部分具有 F 等位基因,包括 I10871_B2,SunghirIV_C1a2,Kostenski14_C1b,BallitoBay B_A1b,I9133_A1b 和 Vestonice 16_C1,这些情况都不能用误读序列来解释,因为对照(读出定义 L 至 T 单倍型的位点)的误读错误发生率明显较低。

相反,在出东亚说中,第一个现代男性应该携带这 155 个 SNPs 中所有与当前 F 样本共享的等位基因。在随后的单倍型多样化分化中,这些 F 等位基因突变以形成 ABCDE 巨型单倍型或成为 ABCDE 的等位基因。很明显,所有 F 样本无论它们是古代的还是现在的,都应在所有这 155 个 SNPs 中携带完整的 F 等位基因,因为出东亚说里的第一个现代男性已经拥有了所有这些 F 等位基因。的确发现所有古代 F(F 至 T)样本(研究的 8 个中的 8 个)在所有这 155 个 SNPs 中均携带有完整的 F 等位基因,这与上述观察到的形成鲜明对比的是,许多古代 ABCDE 样本在这 155 个 SNPs 中都未携带完整的 ABCDE 等位基因。这些从 A 到 E 的样本(包括 Mota)中有许多在这 155 个 SNPs 中都有部分突变,从而将大部分但并非全部 F 等位基因改变为 ABCDE 等位基因。如果 ABCDE 基底单倍型是真实的,且是由携带 F 单倍型等位基因的第一个 Y 突变形成的,则古代样本在 ABCDE 呈现部分突变现象就是理所当然的。因此,以上结果并连同针对出东亚模型特有的其他基底单倍型(AB,A0A1b 和 A00A1a)的类似观察结果,这些结果表明,古代的 Y 样本已经证伪了出非洲说,并确认了出东亚说。

(4) 多地区起源说与单亲染色体单地起源并无矛盾

出非洲说的线粒体和 Y 染色体的共祖时间大大小于通过常染色体或 X 染色体推出的共祖时间,而常染色体的共祖时间又接近多地区起源说的时间范畴。显然,多地区起源说或化石资料与由常染色体推出的人类出非洲说在时间上没有太大的矛盾,只是与线粒体和 Y 染色体推出的时间有矛盾。这就引来一个关键问题,如何化解常染色体以及多地区起源说与线粒体或 Y 染色体在共祖时间上的矛盾? 研究发现,现代人基因组中未发现尼安德特人的线粒体和 Y 染色体的序列,而有研究认为这一现象说明线粒体和 Y 染色体有取代现象,带有尼人线粒体和 Y 染色体的混血个体可能会被淘汰,现代的线粒体和 Y 染色体可能有竞争优势。可以进一步推论,线粒体和 Y 染色体的取代可能在人类进化过程中发生过不止一次,而常染色体因为重组的原因,不会发生完全取代的现象。这样一来,多地区起源说就与线粒体或 Y 染色体的单地起源说不存在根本矛盾,只要把多地区说修正为特指常染色体即可。由于性状主要是由常染色体决定,人群性状在百万年前就开始分化,完全可以主要由常染色体的分化来介导。现代的 Y 染色体或线粒体从某地区如亚洲扩散到各地区时,迁徙者的常染色体会逐渐通过杂交被当地人的常染色体稀释,导致各个地区人群的常染色体和性状能基本维持各个地区原有的状态。人类现代特征的关键性进步可能出自 Y 染色体和线粒体的进步,这至少是符合常理的预判,因为 Y 染色体和线粒体有不能重组的区域,因此若某些关键现代性状由这些不重组区域介导,就不会被重组破坏。同时 Y 染色体和线粒体与常染色体有共进化或协同进化现象,因而会将带来常染色体编码的性状协同进化到现代特征。

第七节 结语

本节简单总结并比较现有的进化理论。目前,生物学的研究处在分子大数据的时代,随着研究的深入,进化理论必将在分子层面上得到进一步完善。

1 现有进化理论的比较

综合进化论和中性理论都有各自的合理内容性和局限性,对于分子进化中最重大、最惊人的现象——遗传等距离现象,这两个理论都不能给出正确解读。遗传多样性上限理论吸纳了它们的合理内容,引入了遗传多样性大部分处在上限饱和态的新概念,是一个更加完善的进化理论(表 11-1)。首次在进化论里正面引入了复杂性的概念,肯定了拉马克提出的两种自然力量,即促进复杂性增加的自然力量(complexifying force)和维持原状的适应力量(adaptive force),并建立了复杂性与序列变异的关系(图 11-14),将复杂性与基因组可容忍突变范围进行了定量分析,使得对复杂性的研究有了现实可行性;并首次引入了表观遗传编程在进化理论中的关键作用;重新建立了自然选择在分子进化中的普遍作用,扩展了自然选择的作用方式(生理选择和多位点集合效应)。遗传多样性上限理论既有普遍抽象规律或公理,又能解释具体生物现象,因此该理论对解决现实生物医学难题具有广泛应用前景。

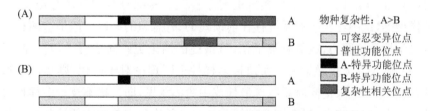

(A) 根据遗传多样性上限理论对一个在复杂物种 A 和简单物种 B 中保守的同源蛋白的功能区域进行划分;(B) 根据中性理论对功能区域进行划分。为简单起见区域内的氨基酸残基图示为本地聚集,但实际上可以分布在蛋白序列的不同部分。

图 11-14 中性理论及遗传多样性上限理论对序列的划分

表 11-1　主要进化理论的比较

	自然选择综合进化论	中性理论	遗传多样性上限理论
线性阶段小进化机制	自然选择理论	中性理论和自然选择理论	中性理论和自然选择理论
小进化与大进化区别	无	无	有
表观遗传编程参与	无	无	有
抑制 DNA 突变范围	无	无	有
中性区域大小	几乎无	大	小
趋同进化/重复突变	较少	无	普遍
遗传多样性上限	无	无	有
遗传变异处在平衡态	不是	不是	大部分是
遗传等距离现象	无解	误解	正解
公理	无	无	有
秩序与随机	任何秩序都是来自随机事件	任何秩序都是来自随机事件	秩序的有限变化来自随机,但大进步来自压缩随机
快变序列看到的变异	有功能	中性	有功能
慢变序列看到的变异	有功能	有功能	中性
现代人起源模型	无关	现代人最早出自非洲	现代人最早出自东亚

2　可否预见进化的未来?

目前对于进化未来的预测主要有两类:第一类来自中性学说和自然选择。认为进化是随机出现的,那么进化的终点可能也是随机的,甚至是不存在的,至少是不可预测的,这与对进化动力的认识有关;第二类是所谓的智慧进化论,进化是为了出现完美的智慧,而推动进化的动力也是智慧。比较流行的观点有智能设计假说(Intelligence design),简单来讲,它提出了两个名词——"不可简约的复杂性"和"特殊复杂性";还有盖亚理论,提出诸如雏菊模型等,试图证实生态系统存在前馈式的、有意识的调控。但是这两种思潮的论证不具备科学性和解释力,或具有被证伪,且最终的结论更倾向于哲学,对实际科学研究及现实问题的解决并无指导意义。而遗传多样性上限理论对于进化,则提出了遗传多样性上限的存在,这一上限也同时意味着最佳或中庸的意思,即过犹不及。多样性过低会降低原始性适应力,如免疫力,过高则会破坏系统自身的构建完美性或低熵状态。人类与所有其他动物的本质不同,是用智慧创造力来取代原始的、由突变带来的适应力。人类靠突变来适应环境的能力远远低于其他物种,特别是指细菌和病毒等。人类的生存离不开人类所独有的创造力,而创造力有可能来自大脑的高度复杂有序及其 DNA 组件(核苷酸等)的高度精密。遗传多样性的上限到达不意味着突变不再发生,而是意味着突变在可容忍位点的持续发生,这些突变的持续发生赋予物种原始的适应能力。人类的未来取决于创造力,其目标必然是智慧、和谐、秩序逐步取代愚昧、战争、无序,这也是宇宙进化历史中所显示的主流方向的延续,即朝着熵减方向的不断前进。创造力是无限的,人类文明的不断进步依赖人类的创造力,因而也是无限的。

结　论

　　中性理论和现代达尔文学说都解释了一部分的进化事实,但是却都存在着固有的局限性。中性理论是源于对遗传等距离现象理解的偏差,忽略了 DNA 进化的重叠特征和遗传等距离现象的真实含义;而达尔文进化理论对分子进化领域并不适用,其对分子现象的预判其实是与现实背道而驰(仅有达尔文思想的学者或大众都会预测遗传等距离现象的反面)。遗传多样性上限理论通过对遗传等距离现象的全面的理解,准确地指出了 DNA 序列等进化时的重叠特征,提出了遗传多样性上限的存在。而仍未达到多样性上限的保守基因被上限理论笼统称为"慢变"基因,通过"慢变"基因去计算物种分支时间与化石证据几乎完美吻合,这也是相较于中性理论的一大改良。同时,遗传多样性上限的提出对于理解复杂疾病和复杂性状的遗传机制也有着显著的指导作用。遗传多样性上限理论对实验现象和数据的思辨,认为现实是处在阴阳对立统一的平衡态,也是对国学整体思维和中庸平衡态理念的有力传承,彰显了中国传统哲学的思想和科学魅力。

(本章编委:黄石　朱作斌)

参考文献

[1] Barabási A L, Oltvai Z N. Network biology: Understanding the cell's functional organization[J]. Nature Reviews Genetics, 2004, 5(2): 101-113.

[2] von Mering C, Huynen M, Jaeggi D, et al. STRING: a database of predicted functional associations between proteins[J]. Nucleic Acids Research, 2003, 31(1): 258-261.

[3] Pavlopoulos G A, Kontou P I, Pavlopoulou A, et al. Bipartite graphs in systems biology and medicine: A survey of methods and applications[J]. Giga Science, 2018, 7(4): giy014.

[4] Yang P C, Mahmood T. Western blot: Technique, theory, and trouble shooting[J]. North American Journal of Medical Sciences, 2012, 4(9): 429.

[5] Nolan T, Hands R E, Bustin S A. Quantification of mRNA using real-time RT-PCR[J]. Nature Protocols, 2006, 1 (3): 1559-1582.

[6] Barrett T, Wilhite S E, Ledoux P, et al. NCBI GEO: Archive for functional genomics data sets: Update[J]. Nucleic Acids Research, 2013, 41(Database issue): D991-D995.

[7] Parkinson H. ArrayExpress: a public repository for microarray gene expression data at the EBI[J]. Nucleic Acids Research, 2004, 33(Database issue): D553-D555.

[8] Petryszak R, Burdett T, Fiorelli B, et al. Expression Atlas update: A database of gene and transcript expression from microarray-and sequencing-based functional genomics experiments[J]. Nucleic Acids Research, 2014, 42 (Database issue): D926-D932.

[9] Fang H, Harris S C, Su Z J, et al. ArrayTrack: an FDA and public genomic tool[M]//Methods in Molecular Biology. New York, NY: Springer New York, 2017: 333-353.

[10] Greene J M, Asaki E, Bian X, et al. The NCI/CIT MicroArray database (mAdb) system-bioinformatics for the management and analysis of affymetrix and spotted gene expression microarrays[J]. AMIA Annu Symp Proc, 2003:1066.

[11] Baldarelli R M, Smith C M, Finger J H, et al. The mouse Gene Expression Database (GXD): 2021 update[J]. Nucleic Acids Research, 2021, 49 (D1): D924-D931.

[12] Lamb J, Crawford E D, Peck D, et al. The Connectivity Map: Using gene-ex-

pression signatures to connect small molecules, genes, and disease[J]. Science, 2006, 313(5795): 1929-1935.

[13] Wen Z N, Wang Z J, Wang S, et al. Discovery of molecular mechanisms of traditional Chinese medicinal formula Si-wu-Tang using gene expression microarray and connectivity map[J]. PLoS One, 2011, 6(3): e18278.

[14] Yang W J, Soares J, Greninger P, et al. Genomics of Drug Sensitivity in Cancer (GDSC): A resource for therapeutic biomarker discovery in cancer cells[J]. Nucleic Acids Research, 2013, 41(Database issue): D955-D961.

[15] Rees M G, Seashore-Ludlow B, Cheah J H, et al. Correlating chemical sensitivity and basal gene expression reveals mechanism of action[J]. Nature Chemical Biology, 2016, 12(2): 109-116.

[16] Burley S K, Berman H M, Kleywegt G J, et al. Protein data bank (PDB): The single global macromolecular structure archive[M]//Methods in Molecular Biology. New York, NY: Springer New York, 2017: 627-641.

[17] Zhu F, Shi Z, Qin C, et al. Therapeutic target database update 2012: A resource for facilitating target-oriented drug discovery[J]. Nucleic Acids Research, 2012, 40(Database issue): D1128-D1136.

[18] Gaulton A, Hersey A, Nowotka M, et al. The ChEMBL database in 2017[J]. Nucleic Acids Research, 2017, 45(D1): D945-D954.

[19] Liu T Q, Lin Y, Wen X, et al. BindingDB: a web-accessible database of experimentally determined protein-ligand binding affinities[J]. Nucleic Acids Research, 2007, 35(Database): D198-D201.

[20] Wishart D S, Feunang Y D, Guo A C, et al. DrugBank 5.0: A major update to the DrugBank database for 2018[J]. Nucleic Acids Research, 2017, 46(D1): D1074-D1082.

[21] Alban A, David S O, Bjorkesten L, et al. A novel experimental design for comparative two-dimensional gel analysis: Two-dimensional difference gel electrophoresis incorporating a pooled internal standard[J]. Proteomics, 2003, 3(1): 36-44.

[22] Zhang N, Liu X J, Gao S X, et al. Parallel channels-multidimensional protein identification technology[J]. Journal of the American Society for Mass Spectrometry, 2020, 31(7): 1440-1447.

[23] Gan C S, Chong P K, Pham T K, et al. Technical, experimental, and biological variations in isobaric tags for relative and absolute quantitation (iTRAQ)[J]. Journal of Proteome Research, 2007, 6(2): 821-827.

[24] Tyers M, Mann M. From genomics to proteomics[J]. Nature, 2003, 422(6928): 193-197.

[25] UniProt Consortium T. UniProt: the universal proteinknowledgebase[J]. Nucleic Acids Research, 2018, 46(5): 2699.

［26］Lin J S, Lai E M. Protein － protein interactions：Co-immunoprecipitation ［M］//Methods in Molecular Biology. New York, NY：Springer New York, 2017：211-219.

［27］Cheng F X, Kovács I A, Barabási A L. Network-based prediction of drug combinations［J］. Nature Communications, 2019, 10(1)：1–11.

［28］Szklarczyk D, Gable A L, Nastou K C, et al. The STRING database in 2021：Customizable protein-protein networks, and functional characterization of user-uploaded gene/measurement sets［J］. Nucleic Acids Research, 2020, 49(D1)：D605−D612.

［29］Schuster S, Fell D A, Dandekar T. A general definition of metabolic pathways useful for systematic organization and analysis of complex metabolic networks［J］. Nature Biotechnology, 2000, 18(3)：326−332.

［30］Idle J R, Gonzalez F J. Metabolomics［J］. Cell Metabolism, 2007, 6(5)：348-351.

［31］Clarke B L. Stoichiometric networkanalysis［J］. Cell Biophysics, 1988, 12(1)：237-253.

［32］Kanehisa M, Furumichi M, Tanabe M, et al. KEGG：new perspectives on genomes, pathways, diseases and drugs［J］. Nucleic Acids Research, 2017, 45(D1)：D353−D361.

［33］Karp P D, Ouzounis C A, Moore-Kochlacs C, et al. Expansion of the BioCyc collection of pathway/genome databases to 160 genomes［J］. Nucleic Acids Research, 2005, 33(19)：6083−6089.

［34］Jassal B, Matthews L, Viteri G, et al. The reactome pathway knowledgebase ［J］. Nucleic Acids Research, 2019, 48(D1)：D498-D503.

［35］Wishart D S, Feunang Y D, Marcu A, et al. HMDB 4. 0：The human metabolome database for 2018［J］. Nucleic Acids Research, 2018, 46(D1)：D608-D617.

［36］Ramirez-Gaona M, Marcu A, Pon A, et al. YMDB 2. 0：A significantly expanded version of the yeast metabolome database［J］. Nucleic Acids Research, 2016, 45 (D1)：D440-D445.

［37］Guo A C, Jewison T, Wilson M, et al. ECMDB：the *E. coli* metabolome database［J］. Nucleic Acids Research, 2012, 41(D1)：D625-D630.

［38］Karjalainen R, Liu M, Kumar A, et al. Elevated expression of S100A8 and S100A9 correlates with resistance to the BCL-2 inhibitor venetoclax in AML［J］. Leukemia, 2019, 33(10)：2548-2553.

［39］Amberger J S, Hamosh A. Searching online Mendelian inheritance in man (OMIM)：A knowledgebase of human genes and genetic phenotypes［M］. Current Protocols in Bioinformatics. New York：John Wiley and Sons, 2002.

［40］Davis A P, Grondin C J, Johnson R J, et al. Comparative toxicogenomics database (CTD)：Update 2021［J］. Nucleic Acids Research, 2021, 49(D1)：D1138

-D1143.

[41] Piñero J, Ramírez-Anguita J M, Saüch-Pitarch J, et al. The DisGeNET knowledge platform for disease genomics: 2019 update[J]. Nucleic Acids Research, 2019, 48(D1): D845-D855.

[42] Stelzer G, Rosen N, Plaschkes I, et al. The GeneCards suite: From gene data mining to disease genome sequence analyses[J]. Current Protocols in Bioinformatics, 2016, 54(1): 1.30.1-1.30.33.

[43] Tomczak K, Czerwińska P, Wiznerowicz M. The Cancer Genome Atlas (TCGA): An immeasurable source of knowledge[J]. Contemporary Oncology (Poznan, Poland), 2015, 19(1A): A68-A77.

[44] Rhodes D R, Kalyana-Sundaram S, Mahavisno V, et al. Oncomine 3.0: Genes, pathways, and networks in a collection of 18,000 cancer gene expression profiles[J]. Neoplasia, 2007, 9(2): 166-180.

[45] Zhang J, Baran J, Cros A, et al. International Cancer Genome Consortium Data Portal: A one-stop shop for cancer genomics data [J]. Database, 2011, 2011: bar026.

[46] Gao J J, Aksoy B A, Dogrusoz U, et al. Integrative analysis of complex cancer genomics and clinical profiles using the cBioPortal[J]. Science Signaling, 2013, 6 (269): pl1.

[47] Kavallaris M, Marshall G M. Proteomics and disease: Opportunities and challenges[J]. Medical Journal of Australia, 2005, 182(11): 575-579.

[48] Kentsis A. Challenges and opportunities for discovery of disease biomarkers using urineproteomics[J]. Pediatrics International, 2011, 53(1): 1-6.

[49] Herbst R S, Fukuoka M, Baselga J. Gefitinib—a novel targeted approach to treating cancer[J]. Nature Reviews Cancer, 2004, 4(12): 956-965

[50] Kim H U, Ryu J Y, Lee J O, et al. A systems approach to traditional oriental medicine[J]. Nature Biotechnology, 2015, 33(3): 264-268.

[51] Gika H G, Theodoridis G A, Wilson I D. Metabolic profiling: status, challenges, and perspective[M]//Methods in Molecular Biology. New York: Springer New York, 2018: 3-13.

[52] He L Y, Tang J, Andersson E I, et al. Patient-customized drug combination prediction and testing for T-cell prolymphocytic leukemia patients[J]. Cancer Research, 2018, 78(9): 2407-2418.

[53] Hopkins A L. Network pharmacology: The next paradigm in drug discovery [J]. Nature Chemical Biology, 2008, 4(11): 682-690.

[54] Tanoli Z, Seemab U, Scherer A, et al. Exploration of databases and methods supporting drug repurposing: A comprehensive survey[J]. Briefings in Bioinformatics, 2020, 22(2): 1656-1678.

［55］Li S，Zhang B．Traditional Chinese medicine network pharmacology：Theory，methodology and application［J］．Chinese Journal of Natural Medicines，2014，11（2）：110-120．

［56］Zhang R Z，Zhu X，Bai H，et al．Network pharmacology databases for traditional Chinese medicine：Review and assessment［J］．Frontiers in Pharmacology，2019，10：123．

［57］Zhang Y，Bai M，Zhang B，et al．Uncovering pharmacological mechanisms of Wu-Tou Decoction acting on rheumatoid arthritis through systems approaches：Drug-target prediction，network analysis and experimental validation［J］．Scientific Reports，2015，5：9463．

［58］Isik Z，Baldow C，Cannistraci C V，et al．Drug target prioritization by perturbed gene expression and network information［J］．Scientific Reports，2015，5：17417．

［59］Guney E，Menche J，Vidal M，et al．Network-based in silico drug efficacy screening［J］．Nature Communications，2016，7：10331．

［60］Cheng F X，Lu W Q，Liu C，et al．A genome-wide positioning systems network algorithm for in silico drug repurposing［J］．Nature Communications，2019，10（1）：1-14．

［61］Cheng F，Desai R J，Handy D E，et al．Network-based approach to prediction and population-based validation of in silico drug repurposing［J］．Nature Communications，2018，9：2691．

［62］Kong J，Lee H，Kim D，et al．Network-based machine learning in colorectal and bladder organoid models predicts anti-cancer drug efficacy in patients［J］．Nature Communications，2020，11：5485．

［63］Fernández-Torras A，Duran-Frigola M，Aloy P．Encircling the regions of the pharmacogenomic landscape that determine drug response［J］．Genome Medicine，2019，11（1）：1-15．

［64］Voit E O．A First Course in Systems Biology［M］．2nd．New York and London：Gartanel Science，2017．

［65］Clegg C J．Biology for the IB Diploma［M］．2nd．London：Hodder Education，2015，

［66］Caputi F F，Candeletti S，Romualdi P．Epigenetic approaches in neuroblastoma disease pathogenesis［M］//Neuroblastoma-Current State and Recent Updates．London：InTech，2017．

［67］Li E，Zhang Y．DNA methylation in mammals［J］．Cold Spring Harbor Perspectives in Biology，2014，6（5）：a019133．

［68］Yu M，Hon G C，Szulwach K E，et al．Base-resolution analysis of 5-hydroxymethylcytosine in the mammalian genome［J］．Cell，2012，149（6）：1368-1380．

[69] Reik W, Dean W, Walter J. Epigenetic reprogramming in mammalian development[J]. Science, 2001, 293(5532): 1089-1093.

[70] Yin Q M, Yang X Q, Li L X, et al. The association between breast cancer and blood-based methylation of S100P and HYAL2 in the Chinese population[J]. Frontiers in Genetics, 2020, 11: 977.

[71] Esteller M. Cancer epigenomics: DNA methylomes and histone-modification maps[J]. Nature Reviews Genetics, 2007, 8(4): 286-298.

[72] Blomstergren A. Strategies for de novo DNA sequencing[J]. Bioteknologi, 2003

[73] Gauthier M G. Simulation of polymer translocation through small channels: A molecular dynamics study and a new Monte Carlo approach[D]. Ottawa, Ontario, Canada: University of Ottawa, 2008.

[74] Luke S, Shepelsky M. FISH: recent advances and diagnostic aspects[J]. Cell Vision: the Journal of Analytical Morphology, 1998, 5(1): 49-53.

[75] Wippold F J, Perry A. Neuropathology for the neuroradiologist: Fluorescence *in Situ* hybridization[J]. American Journal of Neuroradiology, 2007, 28(3): 406-410.

[76] Adams G. A beginner's guide to RT-PCR, qPCR and RT-qPCR[J]. The Biochemist, 2020, 42(3): 48-53.

[77] Cusabio. Technical Resources [M/OL]. https://www. cusabio. com/m-244. html.

[78] 解增言, 林俊华, 谭军, 等. DNA 测序技术的发展历史与最新进展[J]. 生物技术通报, 2010(8): 64-70.

[79] 杨焕明. 基因组学 2016[M]. 北京: 科学出版社, 2016.

[80] 刘岩, 吴秉铨. 第三代测序技术: 单分子即时测序[J]. 中华病理学杂志, 2011, 40(10): 718-720.

[81] Genetic A, District of Columbia Department of Health. Understanding Genetics: A District of Columbia Guide for Patients and Health Professionals [M]. Washington (DC): Genetic Alliance, 2010.

[82] Misra S. Human gene therapy: A brief overview of the genetic revolution[J]. The Journal of the Association of Physicians of India, 2013, 61(2): 127-133.

[83] Gonçalves G A R, de Melo Alves Paiva R. Gene therapy: Advances, challenges and perspectives[J]. Einstein (São Paulo), 2017, 15(3): 369-375.

[84] Dougan M, Luoma A M, Dougan S K, et al. Understanding and treating the inflammatory adverse events of cancer immunotherapy[J]. Cell, 2021, 184(6): 1575-1588.

[85] DeWitt M A, Magis W, Bray N L, et al. Selection-free genome editing of the sickle mutation in human adult hematopoietic stem/progenitor cells[J]. Science Translational Medicine, 2016, 8(360): 360-134.

[86] Moini J, Badolato C, Ahangari R. Gene therapy[M]//Epidemiology of Endo-

crine Tumors. Amsterdam：Elsevier，2020：505-516.

[87] 李霞,雷健波. 生物信息学[M]. 北京:人民卫生出版社,2015.

[88] 陈铭. 生物信息学[M]. 3 版. 北京：科学出版社，2018.

[89] 陈禹保，黄劲松. 高通量测序与高性能计算理论和实践[M]. 北京：北京科学技术出版社，2017.

[90] Rupaimoole R，Slack F J. microRNA therapeutics：Towards a new era for the management of cancer and other diseases[J]. Nature Reviews Drug Discovery，2017，16 (3)：203-222.

[91] Thomson D W，Dinger M E. Endogenous microRNA sponges：Evidence and controversy[J]. Nature Reviews Genetics，2016，17(5)：272-283.

[92] Ambros V，Bartel B，Bartel D P，et al. A uniform system for microRNA annotation[J]. RNA，2003，9(3)：277-279.

[93] Fromm B，Billipp T，Peck L E，et al. A uniform system for the annotation of vertebrate microRNA genes and the evolution of the human microRNAome[J]. Annual Review of Genetics，2015，49：213-242.

[94] Beermann J，Piccoli M T，Viereck J，et al. Non-coding RNAs in development and disease：Background，mechanisms，and therapeutic approaches[J]. Physiological Reviews，2016，96(4)：1297-1325.

[95] Tao E W，Cheng W Y，Li W L，et al. tiRNAs：A novel class of small noncoding RNAs that helps cells respond to stressors and plays roles in cancer progression [J]. Journal of Cellular Physiology，2020，235(2)：683-690.

[96] Quan P L，Sauzade M，Brouzes E. dPCR：A technology review[J]. Sensors (Basel，Switzerland)，2018，18(4)：1271.

[97] Zhao J，Ohsumi T K，Kung J T，et al. Genome-wide identification of polycomb-associated RNAs by RIP-seq[J]. Molecular Cell，2010，40(6)：939-953.

[98] Hassoun Soha，Jefferson Felicia，Shi Xinghua，et al. EpaminondasArtificial Intelligence for Biology[J]. Integr Comp Biol，2021.

[99] Oldiges M，Lütz S，Pflug S，et al. Metabolomics：current state and evolving methodologies and tools[J]. Applied Microbiology and Biotechnology，2007，76(3)：495-511.

[100] Putri S P，Nakayama Y，Matsuda F，et al. Current metabolomics：Practical applications[J]. Journal of Bioscience and Bioengineering，2013，115(6)：579-589.

[101] Theodoridis G，Gika H G，Wilson I D. LC-MS-based methodology for global metabolite profiling in metabonomics/metabolomics[J]. TrAC Trends in Analytical Chemistry，2008，27(3)：251-260.

[102] Lindon J C，Nicholson J K. Analytical technologies for metabonomics and metabolomics，and multi-omic information recovery[J]. TrAC Trends in Analytical Chemistry，2008，27(3)：194-204.

[103] Weckwerth W, Morgenthal K. Metabolomics: from pattern recognition to biological interpretation[J]. Drug Discovery Today, 2005, 10(22): 1551-1558.

[104] Saito K, Matsuda F. Metabolomics for functional genomics, systems biology, and biotechnology[J]. Annual Review of Plant Biology, 2010, 61: 463-489.

[105] Saito K. Phytochemical genomics—a new trend[J]. Current Opinion in Plant Biology, 2013, 16(3): 373-380.

[106] Town C. Functional Genomics[M]. Dordrecht: Springer, 2002.

[107] Tainsky M A. Tumor Biomarker Discovery: Methods and Protocols[M]. Totowa, NJ: Humana Press, 2009.

[108] Liu T T, Xue R Y, Dong L, et al. Rapid determination of serological cytokine biomarkers for hepatitis B virus-related hepatocellular carcinoma using antibody microarrays[J]. Acta Biochimica et Biophysica Sinica, 2010, 43(1): 45-51.

[109] Patterson A D, Maurhofer O, Beyoglu D, et al. Aberrant lipid metabolism in hepatocellular carcinoma revealed by plasma metabolomics and lipid profiling[J]. Cancer Research, 2011, 71(21): 6590-6600.

[110] Chen J, Wang W Z, Lv S, et al. Metabonomics study of liver cancer based on ultra performance liquid chromatography coupled to mass spectrometry with HILIC and RPLC separations[J]. Analytica Chimica Acta, 2009, 650(1): 3-9.

[111] Lee J H, Lee D G, Kim M J, et al. P117. H^+-myo-inositol transporter SLC2A13 as a potential marker for cancer stem cells in an oral squamous cell carcinoma [J]. Oral Oncology, 2011, 47: S111.

[112] Serkova N J, Gamito E J, Jones R H, et al. The metabolites citrate, myo-inositol, and spermine are potential age-independent markers of prostate cancer in human expressed prostatic secretions[J]. The Prostate, 2008, 68(6): 620-628.

[113] Spratlin J L, Serkova N J, Eckhardt S G. Clinical applications of metabolomics in oncology: A review[J]. Clinical Cancer Research, 2009, 15(2): 431-440.

[114] Butelli E, Titta L, Giorgio M, et al. Enrichment of tomato fruit with health-promoting anthocyanins by expression of select transcription factors [J]. Nature Biotechnology, 2008, 26(11): 1301-1308.

[115] Zurbriggen M D, Moor A, Weber W. Plant and bacterial systems biology as platform for plant synthetic bio(techno)logy[J]. Journal of Biotechnology, 2012, 160 (1/2): 80-90.

[116] Sticher O. Natural product isolation[J]. Natural Product Reports, 2008, 25 (3): 517.

[117] Yamada T, Matsuda F, Kasai K, et al. Mutation of a rice gene encoding a phenylalanine biosynthetic enzyme results in accumulation of phenylalanine and tryptophan[J]. The Plant Cell, 2008, 20(5): 1316-1329.

[118] Goh H H, Khairudin K, Sukiran N A, et al. Metabolite profiling reveals

temperature effects on the VOCs and flavonoids of different plant populations[J]. Plant Biology, 2015, 18: 130-139.

[119] Ahmad R, Baharum S, Bunawan H, et al. Volatile profiling of aromatic traditional medicinal plant, *Polygonum minus* in different tissues and its biological activities[J]. Molecules, 2014, 19(11): 19220-19242.

[120] Neves A R, Pool W A, Kok J, et al. Overview on sugar metabolism and its control in Lactococcus lactis—The input from in vivo NMR[J]. FEMS Microbiology Reviews, 2005, 29(3): 531-554.

[121] Taïbi A, Dabour N, Lamoureux M, et al. Comparative transcriptome analysis of Lactococcus lactis subsp. cremoris strains under conditions simulating Cheddar cheese manufacture[J]. International Journal of Food Microbiology, 2011, 146(3): 263-275.

[122] Apweiler R, Hermjakob H, Sharon N. On the frequency of protein glycosylation, as deduced from analysis of the SWISS-PROT database[J]. Biochimica et Biophysica Acta (BBA)-General Subjects, 1999, 1473(1): 4-8.

[123] Freeze H H. Congenital disorders of glycosylation: CDG-I, CDG-II, and beyond[J]. Current Molecular Medicine, 2007, 7(4): 389-396.

[124] Jaeken J, Matthijs G. Congenital disorders of glycosylation: A rapidly expanding disease family[J]. Annual Review of Genomics and Human Genetics, 2007, 8: 261-278.

[125] Varki A, Cummings RD, Esko JD, et al. Essentials of glycobiology [M]. Cold Spring Harbor Laboratory Press, 2008.

[126] Jafar-Nejad H, Leonardi J, Fernandez-Valdivia R. Role of glycans and glycosyltransferases in the regulation of Notch signaling[J]. Glycobiology, 2010, 20(8): 931-949.

[127] Ng A, Bursteinas B, Gao Q, et al. Resources for integrative systems biology: From data through databases to networks and dynamic system models[J]. Briefings in Bioinformatics, 2006, 7(4): 318-330.

[128] Hucka M, Finney A, and the rest of the SBML Forum, et al. The systems biology markup language (SBML): A medium for representation and exchange of biochemical network models[J]. Bioinformatics, 2003, 19(4): 524-531.

[129] Garny A, NickersonD P, Cooper J, et al. CellML and associated tools and techniques[J]. Philosophical Transactions of the Royal Society A: Mathematical, Physical and Engineering Sciences, 2008, 366(1878): 3017-3043.

[130] Liu G, Neelamegham S. In silico Biochemical Reaction Network Analysis (IBRENA): A package for simulation and analysis of reaction networks[J]. Bioinformatics, 2008, 24(8): 1109-1111.

[131] Chang A, Scheer M, Grote A, et al. BRENDA, AMENDA and FRENDA the enzyme information system: New content and tools in 2009[J]. Nucleic Acids Re-

search, 2008, 37(suppl_1): D588-D592.

[132] Brockhausen I. Mucin-type *O*-glycans in human colon and breast cancer: Glycodynamics and functions[J]. EMBO Reports, 2006, 7(6): 599-604.

[133] Brockhausen I, Schutzbach J, Kuhns W. Glycoproteins and their relationship to human disease[J]. Cells Tissues Organs, 1998, 161(1/2/3/4): 36-78.

[134] Hakomori S. Glycosylation defining cancer malignancy: New wine in an old bottle[J]. Proceedings of the National Academy of Sciences of the United States of America, 2002, 99(16): 10231-10233.

[135] Kim Y J, Varki A. Perspectives on the significance of altered glycosylation of glycoproteins in cancer[J]. Glycoconjugate Journal, 1997, 14(5): 569-576.

[136] BuskasT, Thompson P, Boons G J. Immunotherapy for cancer: Synthetic carbohydrate-based vaccines[J]. Chemical Communications, 2009(36): 5335.

[137] 李霞,雷健波. 生物信息学[M]. 北京:人民卫生出版社,2015.

[138] 陈铭. 生物信息学[M]. 3版. 北京:科学出版社, 2018.

[139] Consortium T U, Bateman A, Martin M J, et al. UniProt: the universal protein knowledgebase in 2021[J]. Nucleic Acids Research, 2020, 49(D1): D480-D489.

[140] Kim S, Chen J, Cheng T J, et al. PubChem in 2021: New data content and improved web interfaces[J]. Nucleic Acids Research, 2020, 49(D1): D1388-D1395.

[141] Irwin J J, Shoichet B K. ZINC - A free database of commercially available compounds for virtual screening[J]. Journal of Chemical Information and Modeling, 2005, 45(1): 177-182.

[142] Matys V, Kel-Margoulis O V, Fricke E, et al. TRANSFAC and its module TRANSCompel: Transcriptional gene regulation in eukaryotes[J]. Nucleic Acids Research, 2006, 34(Database issue): D108-D110.

[143] Kale N S, Haug K, Conesa P, et al. MetaboLights: an open-access database repository for metabolomics data[J]. Current Protocols in Bioinformatics, 2016, 53(1): 14.13.1-14.13.18.

[144] Gao Y, Shang S P, Guo S, et al. Lnc2 Cancer 3.0: An updated resource for experimentally supported lncRNA/circRNA cancer associations and web tools based on RNA-seq and scRNA-seq data[J]. Nucleic Acids Research, 2020, 49(D1): D1251-D1258.

[145] Bu D C, Yu K T, Sun S L, et al. NONCODE v3.0: Integrative annotation of long noncoding RNAs[J]. Nucleic Acids Research, 2012, 40(Database issue): D210-D215.

[146] Szklarczyk D, Gable A L, Lyon D, et al. STRING v11: Protein-protein association networks with increased coverage, supporting functional discovery in genome-wide experimental datasets[J]. Nucleic Acids Research, 2018, 47(D1): D607-D613.

[147] Oughtred R, Rust J, Chang C, et al. The BioGRID database: A comprehensive biomedical resource of curated protein, genetic, and chemical interactions[J]. Protein Science, 2021, 30(1): 187-200.

[148] del Toro N, Shrivastava A, Ragueneau E, et al. The IntAct database: Efficient access to fine-grained molecular interaction data[J]. Nucleic Acids Research, 2021, 50(D1): D648-D653.

[149] Li J H, Liu S, Zhou H, et al. starBase v2.0: Decoding miRNA-ceRNA, miRNA-ncRNA and protein-RNA interaction networks from large-scale CLIP-Seq data [J]. Nucleic Acids Research, 2014, 42(Database issue): D92-D97.

[150] Dweep H, Sticht C, Pandey P, et al. miRWalk-Database: Prediction of possible miRNA binding sites by "walking" the genes of three genomes[J]. Journal of Biomedical Informatics, 2011, 44(5): 839-847.

[151] Bao Z Y, Yang Z, Huang Z, et al. LncRNADisease 2.0: An updated database of long non-coding RNA-associated diseases[J]. Nucleic Acids Research, 2018, 47 (D1): D1034-D1037.

[152] Wishart D S, Feunang Y D, Guo A C, et al. DrugBank 5.0: A major update to the DrugBank database for 2018[J]. Nucleic Acids Research, 2017, 46(D1): D1074-D1082.

[153] Ru J L, Li P, Wang J N, et al. TCMSP: a database of systems pharmacology for drug discovery from herbal medicines[J]. Journal of Cheminformatics, 2014, 6(1): 1-6.

[154] Wang Y X, Zhang S, Li F C, et al. Therapeutic target database 2020: Enriched resource for facilitating research and early development of targeted therapeutics [J]. Nucleic Acids Research, 2019, 48(D1): D1031-D1041.

[155]Sanjukta M. Human gene therapy: A brief overview of the genetic revolution [J]. The Journal of the Association of Physicians of India, 2013, 61(2): 127-33.

[156] Du P F, Gu S W, Jiao Y S. PseAAC-general: Fast building various modes of general form of chou's pseudo-amino acid composition for large-scale protein datasets [J]. International Journal of Molecular Sciences, 2014, 15(3): 3495-3506.

[157] Liu B, Liu F L, Wang X L, et al. Pse-in-One: a web server for generating various modes of pseudo components of DNA, RNA, and protein sequences[J]. Nucleic Acids Research, 2015, 43(W1): W65-W71.

[158] Chen Z, Zhao P, Li F Y, et al. iFeature: a *Python* package and web server for features extraction and selection from protein and peptide sequences[J]. Bioinformatics, 2018, 34(14): 2499-2502.

[159] Zhang P, Tao L, Zeng X, et al. PROFEAT update: A protein features web server with added facility to compute network descriptors for studying omics-derived networks[J]. Journal of Molecular Biology, 2017, 429(3): 416-425.

[160] Cao D S, Xu Q S, Liang Y Z. Propy: a tool to generate various modes of

Chou's PseAAC[J]. Bioinformatics, 2013, 29(7): 960-962.

[161] Cao D S, Xiao N, Xu Q S, et al. Rcpi: R/Bioconductor package to generate various descriptors of proteins, compounds and their interactions[J]. Bioinformatics, 2014, 31(2): 279-281.

[162] Wang J W, Yang B J, Revote J, et al. POSSUM: a bioinformatics toolkit for generating numerical sequence feature descriptors based on PSSM profiles[J]. Bioinformatics, 2017, 33(17): 2756-2758.

[163] Zuo Y C, Li Y, Chen Y L, et al. PseKRAAC: a flexible web server for generating pseudo K-tuple reduced amino acids composition[J]. Bioinformatics, 2016, 33(1): 122-124.

[164] Sua J, Lim S Y, Yulius M H, et al. Incorporating convolutional neural networks and sequence graph transform for identifying multilabel protein Lysine PTM sites[J]. Chemometrics and Intelligent Laboratory Systems, 2020:206.

[165] Qiu W R, Xu A, Xu Z C, et al. Identifying acetylation protein by fusing its PseAAC and functional domain annotation[J]. Frontiers in Bioengineering and Biotechnology, 2019, 7: 311.

[166] Huang K Y, Hung F Y, Kao H J, et al. iDPGK: characterization and identification of lysine phosphoglycerylation sites based on sequence-based features[J]. BMC Bioinformatics, 2020, 21(1): 1-16.

[167] Wang L N, Shi S P, Xu H D, et al. Computational prediction of species-specific malonylation sites *via* enhanced characteristic strategy[J]. Bioinformatics, 2016, 33(10): 1457-1463.

[168] Dou L J, Li X L, Zhang L C, et al. iGlu_AdaBoost: identification of lysine glutarylation using the AdaBoost classifier[J]. Journal of Proteome Research, 2021, 20(1): 191-201.

[169] Yu B, Yu Z M, Chen C, et al. DNNAce: Prediction of prokaryote lysine acetylation sites through deep neural networks with multi-information fusion[J]. Chemometrics and Intelligent Laboratory Systems, 2020, 200: 103999.

[170] Liu Y N, Yu Z M, Chen C, et al. Prediction of protein crotonylation sites through LightGBM classifier based on SMOTE and elastic net[J]. Analytical Biochemistry, 2020, 609: 113903.

[171] Kim B, Elzinga S E, Henn R E, et al. The effects of insulin and insulin-like growth factor I on amyloid precursor protein phosphorylation in vitro and in vivo models of Alzheimer's disease[J]. Neurobiology of Disease, 2019, 132: 104541.

[172]赵卫东,董亮. 机器学习(慕课版) [M]. 北京: 人民邮电出版社,2018.

[173]周志华. 机器学习 [M]. 北京: 清华大学出版社,2016.

[174]刘健. 基于机器学习的肿瘤基因表达谱数据分析方法研究 [D]. 徐州: 中国矿业大学,2018.

［175］Sun Y. J，Todorovic S，Goodison S. Local-learning-based feature selection for high-dimensional data analysis[J]. IEEE Transactions on Pattern Analysis and Machine Intelligence，2010，32(9)：1610-1626.

［176］Sharma A，Imoto S，Miyano S. A top-r feature selection algorithm for microarray gene expression data[J]. IEEE/ACM Transactions on Computational Biology and Bioinformatics，2012，9(3)：754-764.

［177］Du D J，Li K，Deng J. An efficient two-stage gene selection method for microarray data［M］//Intelligent Computing for Sustainable Energy and Environment. Berlin，Heidelberg：Springer Berlin Heidelberg，2013：424-432.

［178］Liang Y，Liu C，Luan X Z，et al. Sparse logistic regression with a L1/2 penalty for gene selection in cancer classification[J]. BMC Bioinformatics，2013，14(1)：1-12.

［179］Hu Q H，Pan W，An S，et al. An efficient gene selection technique for cancer recognition based on neighborhood mutual information[J]. International Journal of Machine Learning and Cybernetics，2010，1(1/2/3/4)：63-74.

［180］刘志宇，曹安，蒋林树,等. 长链非编码 RNA(lncRNA)生物学功能及其调控机制[J]. 农业生物技术学报，2018，26(8)：1419-1430.

［181］李永民. 基于机器学习的长链非编码 RNA 识别研究 ［D］. 南京：南京邮电大学，2020.

［182］毕月. 基于机器学习的 RNA 相关功能位点研究 ［D］. 大连：大连海事大学，2020.

［183］陈宇晟，杨莹. RNA 修饰类型及调控蛋白[J]. 生命科学，2018，30(4)：391-406.

［184］Chen W，Tang H，Ye J，et al. iRNA-PseU：Identifying RNA pseudouridine sites[J]. Mol Ther Nucleic Acids，2016. 5：e332.

［185］He J J，Fang T，Zhang Z Z，et al. PseUI：Pseudouridine sites identification based on RNA sequence information[J]. BMC Bioinformatics，2018，19(1)：1-11.

［186］Tahir M，Tayara H，Chong K T. iPseU-CNN：Identifying RNA pseudouridine sites using convolutional neural networks[J]. Molecular Therapy-Nucleic Acids，2019，16：463-470.

［187］Rigoutsos I，Londin E，Kirino Y. Short RNA regulators：The past, the present, the future, and implications for precision medicine and health disparities[J]. Current Opinion in Biotechnology，2019，58：202-210.

［188］张美玲，陈思佳，钟照华. AGO 在非编码 RNA 功能中的作用[J]. 中国细胞生物学学报，2019，41(6)：1144-1149.

［189］刘雅君. piRNA 鉴定、数据仿真及与疾病的关联分析 ［D］. 西安：西安电子科技大学，2017.

［190］韦福泽. 基于深度学习的 piRNA 识别算法研究与实现 ［D］. 泰安：山东农业大学,2020.

［191］Zhang Y，Wang X H，Kang L. A k-mer scheme to predict piRNAs and char-acterize locust piRNAs[J]. Bioinformatics，2011，27(6)：771-776.

［192］Brayet J，Zehraoui F，Jeanson-Leh L，et al. Towards a PiRNA prediction u-sing multiple kernel fusion and support vector machine[J]. Bioinformatics，2014，30(17)：i364-i370.

［193］Liu J H，Chen G，Dang Y W，et al. Expression and prognostic significance of lncRNA MALAT1 in pancreatic cancer tissues[J]. Asian Pacific Journal of Cancer Prevention，2014，15(7)：2971-2977.

［194］王凯. 基于转座子互作信息的 piRNA 预测算法及二化螟 piRNA 分析 ［O］. 南京：南京农业大学，2014.

［195］Chen C C，Qian X N，Yoon B J. Effective computational detection of piR-NAs using n-gram models and support vector machine[J]. BMC Bioinformatics，2017，18(14)：103-109.

［196］罗龙强. 基于遗传算法的加权集成学习及其对 piRNA 的预测 ［D］. 武汉：武汉大学，2017.

［197］Chou P Y，Fasman G D. Conformational parameters for amino acids in heli-cal，β-sheet，and random coil regions calculated from proteins[J]. Biochemistry，1974，13(2)：211-222.

［198］Singh R，Jain N，Pal Kaur D. GOR method for protein structure prediction u-sing cluster analysis[J]. International Journal of Computer Applications，2013，73(1)：1-6.

［199］Kabsch W，Sander C. Dictionary of protein secondary structure：Pattern rec-ognition of hydrogen-bonded and geometrical features[J]. Biopolymers，1983，22(12)：2577-2637.

［200］Qian N，Sejnowski T J. Predicting the secondary structure of globular pro-teins using neural network models[J]. Journal of Molecular Biology，1988，202(4)：865-884.

［201］Pollastri G，Przybylski D，Rost B，et al. Improving the prediction of protein secondary structure in three and eight classes using recurrent neural networks and pro-files[J]. Proteins：Structure，Function，and Bioinformatics，2002，47(2)：228-235.

［202］Ma Y M，Liu Y H，Cheng J Y. Protein secondary structure prediction based on data partition and semi-random subspace method[J]. Scientific Reports，2018，8(1)：1-10.

［203］Jumper J，Evans R，Pritzel A，et al. Highly accurate protein structure pre-diction with AlphaFold[J]. Nature，2021，596(7873)：583-589.

［204］桂元苗. 面向蛋白互作预测的序列数据特征识别研究 ［D］. 北京：中国科学技术大学，2019.

［205］Jones S，Thornton J M. Analysis of protein-protein interaction sites using surface patches[J]. Journal of Molecular Biology, 1997, 272(1): 121-132.

[206] Talavera D, Robertson D L, Lovell S C. Characterization of protein-protein interaction interfaces from a single species[J]. PLoS One, 2011, 6(6): e21053.

[207]Šiki Ć M, Tomi Ć S, Vlahovi Ć ek K. Prediction of protein – protein interaction sites in sequences and 3D structures by random forests[J]. PLoS Computational Biology, 2009, 5(1): e1000278.

[208] Chung J L, Wang W, Bourne P E. Exploiting sequence and structure homologs to identify protein-protein binding sites[J]. Proteins: Structure, Function, and Bioinformatics, 2006, 62(3): 630-640.

[209] Bock J R, Gough D A. Predicting protein-protein interactions from primary structure[J]. Bioinformatics, 2001, 17(5): 455-460.

[210] Guo Y Z, Yu L Z, Wen Z N, et al. Using support vector machine combined with auto covariance to predict protein-protein interactions from protein sequences[J]. Nucleic Acids Research, 2008, 36(9): 3025-3030.

[211]倪青山, 正正志, 赵英杰, 等. 基于物理化学性质优化的蛋白质相互作用预测研究[J]. 生命科学研究, 2009. 13(3): 5.

[212] Wei L Y, Xing P W, Zeng J C, et al. Improved prediction of protein-protein interactions using novel negative samples, features, and an ensemble classifier[J]. Artificial Intelligence in Medicine, 2017, 83: 67-74.

[213] Göktepe Y E, Kodaz H. Prediction of protein-protein interactions using an effective sequence based combined method[J]. Neurocomputing, 2018, 303: 68-74.

[214]詹心可. 基于深度神经网络及集成学习的蛋白质相互作用预测研究 [D]. 西安: 西京学院, 2020.

[215] Zeng M, Zhang F H, Wu F X, et al. Protein-protein interaction site prediction through combining local and global features with deep neural networks[J]. Bioinformatics, 2019, 36(4): 1114-1120.

[216] Zhang H, Guan R C, Zhou F F, et al. Deep residual convolutional neural network for protein-protein interaction extraction[J]. IEEE Access, 2019, 7: 89354 -89365.

[217] Wang L, Wang H F, Liu S R, et al. Predicting protein-protein interactions from matrix-based protein sequence using convolution neural network and feature-selective rotation forest[J]. Scientific Reports, 2019, 9(1): 1-12.

[218] Lei H J, Wen Y T, You Z H, et al. Protein – protein interactions prediction via multimodal deep polynomial network and regularized extreme learning machine[J]. IEEE Journal of Biomedical and Health Informatics, 2019, 23(3): 1290-1303.

[219] Chen Y Q, Hong T T, Wang S R, et al. Epigenetic modification of nucleic acids: From basic studies to medical applications[J]. Chemical Society Reviews, 2017, 46(10): 2844-2872.

[220] Moore L D, Le T, Fan G P. DNA methylation and its basic function[J]. Neuropsychopharmacology, 2013, 38(1): 23-38.

[221] Audia J E, Campbell R M. Histone modifications and cancer[J]. Cold Spring Harbor Perspectives in Biology, 2016, 8(4): a019521.

[222] Kulis M, Esteller M. DNA methylation andcancer[M]//Epigenetics and Cancer, Part A. Amsterdam: Elsevier, 2010: 27-56.

[223] Hervouet E, ValletteF M, P-F C. Impact of the DNA methyltransferases expression on the methylation status of apoptosis-associated genes in glioblastoma multiforme[J]. Cell Death & Disease, 2010, 1(1): e8.

[224] Chai G L, Li L, Zhou W, et al. HDAC inhibitors act with 5-aza-2'-deoxycytidine to inhibit cell proliferation by suppressing removal of incorporated abases in lung cancer cells[J]. PLoS One, 2008, 3(6): e2445.

[225] Molaro A, Malik HS, Bourc'His D. Dynamic evolution of de novo DNA methyltransferases in rodent and primate genomes[J]. Molecular Biology and Evolution, 2020, 37(7): 1882-1892.

[226] Yang X W, Wong M P M, Ng R K. Aberrant DNA methylation in acute myeloid leukemia and its clinical implications[J]. International Journal of Molecular Sciences, 2019, 20(18): 4576.

[227] Hübel C, MarziS J, Breen G, et al. Epigenetics in eating disorders: A systematic review[J]. Molecular Psychiatry, 2019, 24(6): 901-915.

[228] Pan Y B, Liu G H, Zhou F L, et al. DNA methylation profiles in cancer diagnosis and therapeutics[J]. Clinical and Experimental Medicine, 2018, 18(1): 1-14.

[229] Parrilla-DoblasJ T, Roldán-Arjona T, Ariza R R, et al. Active DNA demethylation in plants [J]. International Journal of Molecular Sciences, 2019, 20(19): 4683.

[230] Li Y, Kumar S, Qian W Q. Active DNA demethylation: Mechanism and role in plant development[J]. Plant Cell Reports, 2018, 37(1): 77-85.

[231] Liu R E, Lang Z B. The mechanism and function of active DNA demethylation in plants[J]. Journal of Integrative Plant Biology, 2020, 62(1): 148-159.

[232]Caldwell B A, Liu M Y, Prasasya R D, et al. Functionally distinct roles for TET-oxidized 5-methylcytosine bases in somatic reprogramming to pluripotency[J]. Molecular Cell, 2021, 81(4): 859-869. e8.

[233] Brabson J P, Leesang T, Mohammad S, et al. Epigenetic regulation of genomic stability by vitamin C[J]. Frontiers in Genetics, 2021, 12: 675780.

[234] Pidugu L S, Dai Q, Malik S S, et al. Excision of 5-carboxylcytosine by thymine DNA glycosylase[J]. Journal of the American Chemical Society, 2019, 141(47): 18851-18861.

[235] Fu T R, Liu L P, Yang Q L, et al. Thymine DNA glycosylase recognizes the

geometry alteration of minor grooves induced by 5 - formylcytosine and 5 - carboxylcytosine[J]. Chemical Science, 2019, 10(31): 7407-7417.

[236]He Y F, Li B Z, Li Z, et al. Tet-mediated formation of 5-carboxylcytosine and its excision by TDG in mammalian DNA[J]. Science, 2011, 333(6047): 1303-1307.

[237] Traube F R, Carell T. The chemistries and consequences of DNA and RNA methylation and demethylation[J]. RNA Biology, 2017, 14(9): 1099-1107. .

[238] Greenberg M V C, Bourc'his D. The diverse roles of DNA methylation in mammalian development and disease[J]. Nature Reviews Molecular Cell Biology, 2019, 20(10): 590-607.

[239] Cao L L, Liu H Q, Yue Z H, et al. The clinical values of dysregulated DNA methylation and demethylation intermediates in acute lymphoblastic leukemia[J]. Hematology, 2019, 24(1): 567-576.

[240] Qazi T J, Quan Z Z, Mir A, et al. Epigenetics in Alzheimer's disease: Perspective of DNA methylation[J]. Molecular Neurobiology, 2018, 55(2): 1026-1044.

[241] Wei X L, Zhang L, Zeng Y. DNA methylation in Alzheimer's disease: In brain and peripheral blood [J]. Mechanisms of Ageing and Development, 2020, 191: 111319.

[242] Salameh Y, Bejaoui Y, El Hajj N. DNAmethylation biomarkers in aging and age-related diseases[J]. Frontiers in Genetics, 2020, 11: 171.

[243] Athanasopoulos D, Karagiannis G, Tsolaki M. Recentfindings in alzheimer disease and nutrition focusing on epigenetics[J]. Advances in Nutrition, 2016, 7(5): 917-927.

[244]Dong C, Chen J, Zheng J, et al. 5-Hydroxymethylcytosine signatures in circulating cell-free DNA as diagnostic and predictive biomarkers for coronary artery disease [J]. Clin Epigenetics. 2020,2(1):17.

[245] Ameer S S, Hossain M B, Knöll R. Epigenetics and heart failure[J]. International Journal of Molecular Sciences, 2020, 21(23): 9010.

[246] Morgan M A J, Shilatifard A. Reevaluating the roles of histone-modifying enzymes and their associated chromatin modifications in transcriptional regulation[J]. Nature Genetics, 2020, 52(12): 1271-1281.

[247]Fang D, Han J H. Histone Mutations and Cancer[M]. Singapore: Springer, 2021.

[248] Hashimoto H, Vertino P M, Cheng X D. Molecular coupling of DNA methylation and histone methylation[J]. Epigenomics, 2010, 2(5): 657-669.

[249] Guo P P, Chen W Q, Li H Y, et al. The histone acetylation modifications of breast cancer and their therapeutic implications[J]. Pathology & Oncology Research, 2018, 24(4): 807-813.

［250］Daskalaki M G，Tsatsanis C，Kampranis S C. Histone methylation and acetylation in macrophages as a mechanism for regulation of inflammatory responses[J]. Journal of Cellular Physiology，2018，233(9)：6495-6507.

［251］Esteller M. Cancer epigenomics：DNA methylomes and histone-modification-maps[J]. Nature Reviews Genetics，2007，8(4)：286-298.

［252］Audia J E，Campbell R M. Histone modifications and cancer[J]. Cold Spring Harbor Perspectives in Biology，2016，8(4)：a019521. .

［253］Cattelan A，Ceolotto G，Bova S,et al. NAD+-dependent SIRT1 deactivation has a key role on ischemia-reperfusion-induced apoptosis[J]. Vascular Pharmacology，2015，70：35-44.

［254］Cayir A，ByunH M，Barrow T M. Environmental epitranscriptomics[J]. Environmental Research，2020，189：109885.

［255］Gan H，Hong L，Yang F，et al. Progress in epigenetic modification of mRNA and the function of m6A modification [J]. Sheng Wu Gong Cheng Xue Bao，2019 ,35 (5)：775-783.

［256］Liu J Z，Yue Y N，Han D L，et al. A METTL3-METTL14 complex mediates mammalian nuclear RNA N^6-adenosine methylation[J]. Nature Chemical Biology，2014，10(2)：93-95.

［257］Ping X L，Sun B F，Wang L，et al. Mammalian WTAP is a regulatory subunit of the RNA N6-methyladenosine methyltransferase[J]. Cell Research，2014，24 (2)：177-189.

［258］Fedeles B I，Singh V，Delaney J C，et al. The AlkB family of Fe(II)/α-keto-glutarate-dependent dioxygenases：Repairing nucleic acid alkylation damage and beyond [J]. Journal of Biological Chemistry，2015，290(34)：20734-20742.

［259］Zaccara S，Jaffrey S R. A unified model for the function of YTHDF proteins in regulating m6A-modified mRNA[J]. Cell，2020，181(7)：1582-1595. e18.

［260］Alarcón C R，Lee H，Goodarzi H，et al. N^6-methyladenosine marks primary microRNAs for processing[J]. Nature，2015，519(7544)：482-485.

［261］Gieseler F，Ungefroren H，Settmacher U,et al. Proteinase-activated receptors (PARs)-focus on receptor-receptor-interactions and their physiological and patho-physiological impact[J]. Cell Communication and Signaling，2013，11(1)：1-26.

［262］Wen B，Zeng W F，Liao Y X，et al. Deep learning in proteomics[J]. PROTEOMICS，2020，20(21/22)：1900335.

［263］Shao W G，Lam H. Tandem mass spectral libraries of peptides and their roles in proteomics research[J]. Mass Spectrometry Reviews，2017，36(5)：634-648.

［264］McNulty D E，Annan R S. Hydrophilic interaction chromatography reduces the complexity of the phosphoproteome and improves global phosphopeptide isolation and detection[J]. Molecular & Cellular Proteomics，2008，7(5)：971-980.

［265］Lei D，Hong T，Li L X,et al. Isobaric tags for relative and absolute quantitation – based proteomics analysis of the effect of ginger oil on bisphenol A – induced breast cancer cell proliferation［J］. Oncology Letters，2020，21(2)：101.

［266］Ma C，Wang W W，Wang Y D，et al. TMT-labeled quantitative proteomic analyses on the longissimus dorsi to identify the proteins underlying intramuscular fat content in pigs［J］. Journal of Proteomics，2020，213：103630.

［267］Cheung C H Y，Juan H F. Quantitative proteomics in lung cancer［J］. Journal of Biomedical Science，2017，24(1)：1-11.

［268］Aslam B，Basit M，Nisar M A，et al. Proteomics：technologies and their applications［J］. Journal of Chromatographic Science，2017，55(2)：182-196.

［269］CzubaL C，Hillgren K M，Swaan P W. Post-translational modifications of transporters［J］. Pharmacology & Therapeutics，2018，192：88-99.

［270］Singh V，Ram M，Kumar R,et al. Phosphorylation：implications in cancer［J］. The Protein Journal，2017，36(1)：1-6.

［271］Wang Z G，Lv N，Bi W Z，et al. Development of the affinity materials for phosphorylated proteins/peptides enrichment in phosphoproteomics analysis［J］. ACS Applied Materials & Interfaces，2015，7(16)：8377-8392.

［272］Larsen M R，Thingholm T E，Jensen O N，et al. Highly selective enrichment of phosphorylated peptides from peptide mixtures using titanium dioxide microcolumns［J］. Molecular & Cellular Proteomics，2005，4(7)：873-886.

［273］Hennrich M L，van den Toorn H W P，Groenewold V，et al. Ultra acidic strong cation exchange enabling the efficient enrichment of basic phosphopeptides［J］. Analytical Chemistry，2012，84(4)：1804-1808.

［274］Schjoldager K T，Narimatsu Y，Joshi H J，et al. Global view of human protein glycosylation pathways and functions［J］. Nature Reviews Molecular Cell Biology，2020，21(12)：729-749.

［275］Stowell S R，Ju T Z，Cummings R D. Protein glycosylation in cancer［J］. Annual Review of Pathology：Mechanisms of Disease，2015，10：473-510.

［276］Eichler J. Proteinglycosylation［J］. Current Biology，2019，29(7)：R229-R231.

［277］Aebi M. N-linked protein glycosylation in the ER［J］. Biochimica et Biophysica Acta (BBA)-Molecular Cell Research，2013，1833(11)：2430-2437.

［278］Zhang L P，Ten Hagen K G. O-linked glycosylation in Drosophila melanogaster［J］. Current Opinion in Structural Biology，2019，56：139-145.

［279］Hwang H，Rhim H. Functional significance of O-GlcNAc modification in regulating neuronalproperties［J］. Pharmacological Research，2018，129：295-307.

［280］Rinschen M M，Ivanisevic J，Giera M，et al. Identification of bioactive metabolites using activity metabolomics［J］. Nature Reviews Molecular Cell Biology，2019，

20(6)：353-367.

[281] Anway M D, Cupp A S, Uzumcu M, et al. Epigenetic transgenerational actions of endocrine disruptors and male fertility[J]. Science, 2005, 308(5727)：1466-1469.

[282] Ayala F J. Molecular clock mirages[J]. BioEssays, 1999, 21(1)：71-75.

[283] Behe M. Darwindevolves：The new science about DNA that challenges evolution[M]. New York, NY：HarperOne, 2019

[284] Remy J J. Stable inheritance of an acquired behavior in Caenorhabditis elegans[J]. Current Biology, 2010, 20(20)：R877-R878.

[285] Cann R L, Stoneking M, Wilson A C. Mitochondrial DNA and human evolution[J]. Nature, 1987, 325(6099)：31-36.

[286] Chen H Y, Lei X Y, Yuan D J, et al. The relationship between the minor allele content and Alzheimer's disease[J]. Genomics, 2020, 112(3)：2426-2432.

[287]Chen H, Zhang Y, Huang S. Ancient Y chromosomes confirm origin of modern human paternal lineages in Asia rather than Africa [J]. bioRxiv, 2020.

[288] Denton M. Evolution：A theory in crisis[M]. Chevy Chase, MD：Adler & Adler, 1985.

[289]Denton M. Evolution：Still a theory in crisis [M]. Seattle, WA：Discovery Institute Press, 2016.

[290]Consortium T E P. An integrated encyclopedia of DNA elements in the human genome[J]. Nature, 2012, 489(7414)：57-74.

[291]Fisher R A. The genetical theory of natural selection [M]. Oxford, U. K. ：Oxford University Press, 1930.

[292]Futuyma D J. 生物进化 [M]. 3 版. 葛颂，等译. 北京：高等教育出版社，2016.

[293] Gibbs R A, Rogers J, Katze M G, et al. Evolutionary and biomedical insights from the rhesus macaque genome[J]. Science, 2007, 316(5822)：222-234.

[294] Gui Y, Lei X, Huang S. Collective effects of commonsingle nucleotide polymorphisms and genetic risk prediction in type 1 diabetes[J]. Clinical Genetics, 2018, 93(5)：1069-1074.

[295] Halabi N, Rivoire O, Leibler S, et al. Protein sectors：Evolutionary units of three-dimensional structure[J]. Cell, 2009, 138(4)：774-786.

[296] He P, Lei X Y, Yuan D J, et al. Accumulation of minor alleles and risk prediction in schizophrenia[J]. Scientific Reports, 2017, 7(1)：1-10.

[297] Hu T B, Long M P, Yuan D J, et al. The genetic equidistance result：Misreading by the molecular clock and neutral theory and reinterpretation nearly half of a century later[J]. Science China Life Sciences, 2013, 56(3)：254-261.

[298]胡涛波，龙孟平，袁德健，等. 遗传等距离现象：分子钟和中性理论的误读及

其近半世纪后的重新解谜[J]. 中国科学：生命科学，2013，43(4)：275-282.

[299] Huang S. Inverse relationship between genetic diversity and epigeneticcomplexity[J]. Nature Precedings, 2008：1.

[300]Shi H. Histone methylation and the initiation of cancer[M]//Cancer Epigenetics. New York：CRC Press, 2008：109-150.

[301]Shi H. The genetic equidistance result of molecular evolution is independent of mutation rates[J]. Journal of Computer Science & Systems Biology, 2008，1(1)：92-102.

[302] Huang S. The overlap feature of the genetic equidistance result—A fundamental biological phenomenon overlooked for nearly half of a century[J]. Biological Theory, 2010，5(1)：40-52.

[303] Huang S. Primate phylogeny：Molecular evidence for a pongid clade excluding humans and a prosimian clade containing tarsiers[J]. Science China Life Sciences, 2012，55(8)：709-725.

[304] Huang S. New thoughts on an old riddle：What determines genetic diversity within and between species? [J]. Genomics, 2016，108(1)：3-10.

[305] Huang S. Evolution, prime numbers, and an algorithm for the creative process [J]. Mathscidoc 2019，1912：13001.

[306]黄益敏，夏梦颖，黄石. 遗传多样性上限假说所揭示的进化历程 [J]遗传，2013，35(5)：599-606.

[307]黄石.用与种系发生相关的 DNA 序列解读人类起源 [M]// 席焕久，刘武，陈昭. 21 世纪中国人类学发展高峰论坛论文集.北京：知识产权出版社，2014.

[308] Hobolth A, Dutheil J Y, Hawks J, et al. Incomplete lineage sorting patterns among human, chimpanzee, and orangutan suggest recent orangutan speciation and widespread selection[J]. Genome Research, 2011，21(3)：349-356.

[309] Hubby J L, Lewontin R C. A molecular approach to the study of genic heterozygosity in natural populations. i. the number of alleles at different loci in Drosophila pseudoobscura[J]. Genetics, 1966，54(2)：577-594.

[310] Lewontin R C. The apportionment of human diversity[M]//Evolutionary Biology. New York：Springer US, 1972：381-398.

[311] Johnson M J, Wallace D C, Ferris S D, et al. Radiation of human mitochondria DNA types analyzed by restriction endonuclease cleavage patterns[J]. Journal of Molecular Evolution, 1983，19(3/4)：255-271.

[312] Kasahara M, Naruse K, Sasaki S, et al. The medaka draft genome and insights into vertebrate genome evolution[J]. Nature, 2007，447(7145)：714-719.

[313] Kasinathan B, Colmenares SU III, McConnell H, et al. Innovation of heterochromatin functions drives rapid evolution of essential ZAD-ZNF genes in Drosophila [J]. eLife, 2020，9：63368.

[314] Kern A D, Hahn M W. The neutral theory in light of natural selection[J]. Molecular Biology and Evolution, 2018, 35(6): 1366-1371.

[315] Kimura M. Evolutionary rate at the molecular level[J]. Nature, 1968, 217 (5129): 624-626.

[316] Kimura M. The rate of molecular evolution considered from the stand point of population genetics[J]. PNAS, 1969, 63(4): 1181-1188.

[317] Kimura M. The number of heterozygous nucleotide sites maintained in a finite population due to steady flux of mutations[J]. Genetics, 1969, 61(4): 893-903.

[318] King J L, Jukes T H. Non-Darwinian evolution[J]. Science, 1969, 164 (3881): 788-798.

[319] Kumar S. Molecular clocks: Four decades of evolution[J]. Nature Reviews Genetics, 2005, 6(8): 654-662.

[320] Leffler E M, Bullaughey K, Matute D R, et al. Revisiting an old riddle: What determines genetic diversity levels within species? [J]. PLoS Biology, 2012, 10 (9): e1001388.

[321] Lei X Y, Huang S. Enrichment of minor allele of SNPs and genetic prediction of type 2 diabetes risk in British population [J]. PLoS One, 2017, 12 (11): e0187644.

[322] Lei X Y, Yuan D J, Zhu Z B, et al. Collective effects of common SNPs and risk prediction in lung cancer[J]. Heredity, 2018, 121(6): 537-547.

[323]雷晓云,袁德健,张野,等. 基于DNA分子的现代人起源研究35年回顾与展望[J]. 人类学学报,2018,37(2): 270-283.

[324]李难. 进化生物学基础[M]. 北京:高等教育出版社,2005.

[325] Luo D H, Huang S. The genetic equidistance phenomenon at the proteomic level[J]. Genomics, 2016, 108(1): 25-30.

[326] Margoliash E. Primary structure and evolution of cytochrome C[J]. PNAS, 1963, 50(4): 672-679.

[327]Nei M, Kumar S. Molecular evolution and phylogenetics[M]. New York: Oxford University Press,2000.

[328] Ohta T. Slightly deleterious mutant substitutions in evolution[J]. Nature, 1973, 246(5428): 96-98.

[329] Ohta T, Gillespie J H. Development of neutral and nearly neutral theories [J]. Theoretical Population Biology, 1996, 49(2): 128-142.

[330] Ponting C P, Hardison R C. What fraction of the human genome is functional? [J]. Genome Research, 2011, 21(11): 1769-1776.

[331] Pontis J, Planet E, Offner S, et al. Hominoid-specific transposable elements and KZFPs facilitate human embryonic genome activation and control transcription in naive human ESCs[J]. Cell Stem Cell, 2019, 24(5): 724-735. e5.

[332] Pouyet F, Aeschbacher S, Thiéry A, et al. Background selection and biased gene conversion affect more than 95% of the human genome and bias demographic inferences[J]. eLife, 2018, 7: 36317.

[333] Pulquério M J F, Nichols R A. Dates from the molecular clock: How wrong can we be? [J]. Trends in Ecology & Evolution, 2007, 22(4): 180-184.

[334] 钱学森，于景元，戴汝为. 一个科学新领域:开放的复杂巨系统及其方法论[J]. 自然杂志, 1991, 13: 3-10.

[335] Wilson A C, Sarich V M. A molecular time scale for human evolution[J]. PNAS, 1969, 63(4): 1088-1093.

[336] Scally A, Dutheil J Y, Hillier L W, et al. Insights into hominid evolution from the Gorilla genome sequence[J]. Nature, 2012, 483(7388): 169-175.

[337] Stringer C B, Andrews P. Genetic and fossil evidence for the origin of modernhumans[J]. Science, 1988, 239(4845): 1263-1268.

[338] Tsuzuki M, Sethuraman S, Coke AN, et al. Broad noncoding transcription suggests genome surveillance by RNA polymerase V[J]. PNAS, 2020, 117(48): 30799-30804.

[339] Underhill P A, Shen P D, Lin A A, et al. Y chromosome sequence variation and the history of human populations[J]. Nature Genetics, 2000, 26(3): 358-361.

[340] Wang M R, Wang D P, Yu J, et al. Enrichment in conservative amino acid changes among fixed and standing missense variations in slowly evolving proteins[J]. PeerJ, 2020, 8: e9983.

[341] Wolpoff M. Modern Homo sapiens origins: A general theory of hominid evolution involving the fossil evidence from East Asia[M]. New York: Alan R. Liss, 1984

[342] Wu X Z. On the origin of modern humans in China[J]. Quaternary International, 2004, 117(1): 131-140.

[343] Xiang A P, Mao F F, Li W Q, et al. Extensive contribution of embryonic stem cells to the development of an evolutionarily divergent host[J]. Human Molecular Genetics, 2008, 17(1): 27-37.

[344] Yuan D J, Zhu Z B, Tan X H, et al. Minor alleles of common SNPs quantitatively affect traits/diseases and are under both positive and negative selection [J]. Genomics, 2012, arXiv:1209.2911

[345] Yuan D J, Zhu Z B, Tan X H, et al. Scoring the collective effects of SNPs: Association of minor alleles with complex traits in model organisms[J]. Science China Life Sciences, 2014, 57(9): 876-888.

[346] Yuan D J, Lei X, Gui Y, et al. Modern human origins: Multiregional evolution of autosomes and East Asia origin of Y and mtDNA[J]. bioRxiv, 2017: 4.

[347] Yuan D J, Huang S. Genetic equidistance at nucleotide level[J]. Genomics, 2017, 109(3/4): 192-195.

[348] Ye Z, Shi H. Enrichment of de novo mutations in non-SNP sites in autism

spectrum disorders and an empirical test of the neutral DNA model[J]. Communications in Information and Systems，2019，19(3)：343-355.

[349] Zhang，Y，Huang S. The Out of East Asia model versus the African Eve model of modern human origins in light of ancient mtDNA findings [J]. bioRxiv. 2019.

[350] 张野，黄石. 古 DNA 的新发现支持现代人东亚起源说[J]. 人类学学报，2019，38(4)：491-498.

[351] 周长发. 生物进化与分类原理[M]. 北京：科学出版社，2009.

[352] Zhu Z B，Yuan D J，Luo D H，et al. Enrichment of minor alleles of common SNPs and improved risk prediction for Parkinson's disease[J]. PLoS One，2015，10(7)：e0133421.

[353] Zuckerkandl E，Pauling L. Molecular disease，evolution，and genetic heterogeneity，Horizons in Biochemistry[M]. New York：Academic Press，1962.